人机大战

THE MOST HUMAN HUMAN

〔美〕布莱恩·克里斯汀 著

闫佳 译

U0339723

C·S 湖南科学技术出版社

图书在版编目（CIP）数据

人机大战 / （美）布莱恩·克里斯汀著；闫佳译. — 长沙：湖南科学技术出版社，2021.5
ISBN 978-7-5710-0910-6

Ⅰ.①人… Ⅱ.①布… ②闫… Ⅲ.①人工智能 - 普及读物 Ⅳ.① TP18-49

中国版本图书馆 CIP 数据核字 (2021) 第 044519 号

湖南科学技术出版社通过博达获得本书中文简体版在中国大陆独家出版发行权
著作权合同登记号 18-2019-292

REN JI DAZHAN
人机大战

著者	**厂址**
【美】布莱恩·克里斯汀	宁乡县金州新区泉洲北路 100 号
译者	**邮编**
闫佳	410600
策划编辑	**版次**
孙桂均	2021 年 5 月第 1 版
责任编辑	**印次**
杨波	2021 年 5 月第 1 次印刷
营销编辑	**开本**
吴诗	880mm×1230mm 1/32
出版发行	**印张**
湖南科学技术出版社	11.5
社址	**字数**
长沙市开福区芙蓉中路一段 416 号	230 千字
http://www.hnstp.com	**书号**
天猫旗舰店网址	ISBN 978-7-5710-0910-6
http://hnkjcbs.tmall.com	**定价**
印刷	59.00 元
长沙超峰印刷有限公司	（版权所有·翻印必究）
（印装质量问题请直接与本厂联系）	

译者序

　　大概是在刚接触翻译之后不久的 2007 年前后，带我入行的一位老编辑说，有一种叫"塔多思"的辅助翻译软件可以试试看。塔多思是翻译辅助软件，非常适合文字重复量大、专有名词多、多人合作的商业文档。如果本身已经积累了庞大的翻译对照库，其威力不可小视。但我翻译的内容大多是书籍，重复内容很少，基本上就只用它保持前后人名的统一。用过一阵之后，这款软件拖得电脑运行速度太慢，终于将它卸载。

　　直到这时候，各类翻译软件翻译效果大体上还不能看，所以，作为人工"translator"（译员），心理上还是挺有安全感的，觉得机器翻译要越过"能用"这道坎还早得很。

　　2009 年，谷歌新推出了 Translate Tool Kit（译员工作包），工作原理跟塔多思是类似的，只是这一回，数据对照库来自全球的翻译文本。我大概属于第一批试用它的人吧，一用之下，冷汗淋漓，心说：假以时日，人们不断往它的数据对照库里补充材料，一等过了临界值，人工翻译一夜之间就会被淘汰啊！到时候，就跟《人机大战》里提到的"Computer"一样（Computer 最初指的是计算员，后来才变成了计算机），"translator"也会从人变成机器啊。

说实话，打那以后就惴惴不安，害怕自己选择了一条"即将被机器淘汰"的事业发展道路，干到四五十岁，突然没了饭碗，到那时候，岂不就下岗啦？

但转念又一想，有什么样的工作，是能不被时代淘汰的呢？不管是生产线上的工人，还是写字间里的会计，在动脑指数上，这些岗位被机器淘汰的可能性，比翻译还大呢。再说，人若不进步不学习，干什么工作都会被淘汰。

虽是这样宽慰着自己，头上也总像悬着一柄达摩克利斯之剑一般。再加上整个出版产业的数字化转型进程加快，我的危机感时刻都绷紧着。

这本探讨人工智能的书，我一接手就十分喜欢，因为它求索的问题，也是我长久以来的思考方向。面对来势汹汹的计算机发展趋势，它还以了不卑不亢的态度。

本书涉猎面甚广，我阅读了它频繁引用的大部分书籍，但仍然不敢保证所有内容都得到了准确地翻译与呈现。还请读者们海涵。

我的豆瓣小站是：http://site.douban.com/111352/

如果读者发现不妥之处，或是有心得愿意分享，可在豆瓣网站上搜索我翻译的任何一本书，在豆瓣小站给我留言。

闫　佳

2012 年 5 月

目录

当今时代，人们在屏幕前面花的时间越来越多。

在日光灯照亮的房间里，

在卧室里，

在这样那样的电子数据交换设备的这一端或那一端。

在这样的交流当中，人是什么？

活着是什么？

你的人性体现在什么地方？

——大卫·福斯特·华莱士（David Foster Wallace）

献给吾师

森林的变化多么美呵，

变色龙随着它改变肤色，

螳螂匍匐在绿叶上，

和它融为一体，

绿叶更加栩栩如生……

——美国现代诗人，理查德·威尔伯（Richard Wilbur）

我以为，纯哲学若能改善日常生活，那是很好的；

可要是不能的话，就把它扔一边儿去。

——美国当代哲学家，罗伯特·波西格（Robert Pitsig）

身为美国总统，

我相信机器人学能激励青少年投身科学和工程技术。

我也希望能对这些机器人提防着点儿，

免得它们暗地里捣鬼。

——巴拉克·奥巴马（Barack Obama）

楔子

　　人工智能的先驱，信息理论的创立人，克劳德·香农（Claude Shannon）在工作中结识了玛丽·伊丽莎白（Mary Elizabeth），玛丽后来成了他的妻子。那是在 20 世纪 40 年代初，美国新泽西州默里山的贝尔实验室，那时的他，是一名工程师，正从事第二次世界大战期间的加密技术和信号传输工作。而那时的她，则是一名 Computer[1]。

1　这里的 Computer 一语双关，既是计算机的意思，也有数据处理员的意思——译注

第一章

序幕：最有人味的人

我从离家万里之遥的酒店醒来，发现浴室里竟然没有淋浴器，于是，15 年里头一回，我竟然在浴缸里泡起澡来。我照例吃了早餐，几颗样子不大好看的西红柿，若干烤豆子，4 片搁在小金属架子上的白面包——竖着搁的，就像摆在书架上的书。之后，我踱进带着咸味的空气里，顺着海岸线信步前行。在这个国家，我母语的诞生地，我却看不懂路边竖的广告牌上写着什么。一块牌子上醒目地印着几个大字："良屋招租，已有预约。"[1] 我完全不解其意。

　　我停下脚步，默默地凝视了大海片刻，在脑海里对刚才那块招牌做了一番分析和再分析，一般而言，这类新奇语言和文化差异会激起我的兴趣，可今天，它们几乎成了让我焦虑的症结。接下来的 2 个小时，我会坐在一台计算机面前，跟若干陌生人一起进行几轮为时 5 分钟的即时聊天。而在计算机的另一端，会有一位心理学家、一位语言学家、一位计算机科学家，以及一位英国流行科技节目的主持人所组成的评审团。我跟他们对话的目的怪异透顶——说是我这辈子碰到的最怪的事情也不为过。

1　原文为"Let Agreed"，是近年来在英国流行的广告用语，作者是美国人，所以看不懂——译注我必须说服他们，我是个人。

谢天谢地，我真的是个人，只可惜目前还不知道这一点能对此事起到多大的帮助。

图灵测试

每一年，人工智能（AI）协会都要举办一场最令人期待也最富争议性的盛大集会——名为"图灵测试"的竞赛。竞赛的名称来自英国数学家阿兰·图灵（Alan Turing），他是计算机科学的创立人之一。1950年，他试图解答该领域历史最为悠久的一个问题：机器能思考吗？也就是说，有没有可能制造出一台精密复杂的能思考、有才智、有思想的计算机呢？如果有一天这样的机器真的诞生了，我们要怎样才能知道呢？

图灵并未从纯粹的理论角度来探讨这个问题，而是设计了一项实验。在这一实验中，评审团通过计算机终端，向2名"受试者"提出问题，受试者之一是真正的人，另一个则是计算机程序。评审团看不见谁是谁，只能通过受试者的回答来进行判断。提问的内容没有限制，可以是生活常识（比如蚂蚁有多少条腿，巴黎属于哪个国家）、名人八卦、深邃的哲学问题……总之，人类对话涉及的一切都行。图灵预言："到2000年，计算机能够在5分钟的谈话之后，愚弄30%的人类评委。"因此，说机器能思考，就算不得无稽之谈了。

图灵的预言迄今尚未实现，不过，在 2008 年英格兰雷丁举办的竞赛中，最优秀的程序仅以一票之差惜败。2009 年的图灵测试在布莱顿举办，这是一场决定性的赛事。

我参加的就是这场比赛，我是跟顶尖人工智能程序对抗的 4 名人类卧底之一。在每一轮测试中，我将跟其他的受试"人"一起，跟 AI 程序配对，接受评委的裁断——我的任务是让评委相信我真的是个人。

评委会逐一跟我们聊上 5 分钟，接着有 10 分钟的思考时间，而后选出他认为是真人的那一方。评委们还要在一张得分表上打分，记下自己做出判断的信心有多大——这也是决定胜负的一项标准。获得评委们最多票数和最高信心度的程序，即可获得"最有人味计算机"大奖（不管它是否能愚弄 30% 的评委）。各研究小组竞相角逐的就是这个大奖，它不光有奖金，也有赛事组织者和观众们最关心的东西。有趣的是，能获得评委们最多票数和最高信心度的受试"人"，也能赢得"最有人味的人"大奖。

《连线》（*Wired*）杂志专栏作家查尔斯·普拉特（Charles Platt）在 1994 年成了首批获奖者之一。他是怎么做到的呢？靠的是"暴躁、喜怒无常、惹人讨厌"，他说。这不光让我觉得荒唐滑稽，从更深层的意义来说，更挑起了我的战斗心：我们究竟要怎么做，才能做个"最有人味的人"呢——我是说，不光是在测试的环境下，也在日常的生活中？

参赛

图灵测试（它已经成了"洛伯纳奖"的具体化身了）的发起人和组织者是个有趣的人：塑料便携式迪斯科跳舞毯大亨休·洛伯纳（Hugh Loebner）。记者问他赞助和策划年度图灵测试的动机，洛伯纳把"懒惰"首当其冲地举了出来，显然，他眼里的未来乌托邦，是人类什么也不干，把所有工作和产业都外包给智能机器。我必须得说，这样的未来憧憬，让我觉得太过绝望。我对人工智能大行其道的世界另有一番看法，我参加测试的理由也截然不同。但不管怎么说，最关键还是那个中心问题：计算机是怎样重塑我们的自我意识的呢？这一进程会带来什么样的后果呢？

因为不知道怎么才能参赛，我就从最高层入手，直接联系休·洛伯纳本人。我很快找到了他的网站，网站上的内容五花八门，有隔离栏杆复杂的汞合金原材料信息[2]，性工作平权活动[3]等，以及有关奥运奖牌构成成分的丑闻[4]等，但我好歹是找到了以他名字命名的计算机大奖的信息，还有他的电子邮件地址。我给他发去

---

2 隔离栏杆最近似乎取代了便携式跳舞毯，成了洛伯纳公司"皇冠产业"（Crown Industries）的招牌产品。"皇冠产业"也是洛伯纳大奖的主要赞助商。——原注

3 显然了，发现这事儿有点讽刺的可不光我一个：一个致力于推动人工智能进步的人，竟然纵容自己花钱购买人提供的"亲密服务"（这是他在《纽约时报》和若干电视脱口秀节目上公开承认的）？——原注

4 所谓的"金"牌其实是镀金的银牌，这固然是有点匪夷所思，但洛伯纳为这事儿已经愤怒了十多年了。他不断抗议，不断做讲演，还发行了一份名为《惊世谎言》（*Pants on Fire News*）的电子新闻报。——原注

一封请求参加图灵测试的信，他给我回了邮件，叫我去找一个叫菲利普·杰克逊（Philip Jackson）的人。菲利普是英国萨里大学的年轻教授，负责本年度在布莱顿举办的洛伯纳大奖赛的后勤工作。这场比赛挂靠在 2009 年语音通信大会（2009 Interspeech Conference）下面。

我用 Skype 跟杰克逊教授通上了话。这是个年轻聪明的小伙子，他热情洋溢，脸上有些过度操劳的痕迹，但别有一番学术界新人的气色。这一点，加上他迷人的英国腔，叫我立刻喜欢上了他。

他问起我的情况。我解释说，我是一个以科学和哲学为主题的非虚构作家，我对科学、哲学跟日常生活的交汇很感兴趣，也为图灵测试和"最有人味的人"这个想法着迷。想想看，捍卫人类尊严的参赛者这概念多浪漫呀！国际象棋大师加里·卡斯帕罗夫（Garry Kasparov）大战超级计算机"深蓝"！人机大战挑战赛（Jeopardy!）里的肯·杰宁斯（Ken Jennings）对抗最新款的 IBM 系统"沃森"！（我的思绪很快跳到了更狂野的幻想上，类似电影《终结者》《黑客帝国》那种，虽说图灵测试里肯定没那么多机关枪）当我读到 2008 年机器只差一票就通过测试的消息的时候，我意识到，2009 年恐怕就是那跨越门槛的年份，身体里突然冒出一个不晓得来自何方的冰冷声音：我要做那最后一道大门的守护者！

不止如此，图灵测试还在计算机科学、认知科学、哲学和日常生活的交叉领域提出了一连串令人兴奋又不安的问题。我在上述每一个领域都做过研究、写过文章，发表过经同行评审的认知科学研究论文。我发现，图灵测试借鉴了这些学科的知识，又把它们全都联系了起来，这一点是最叫人信服的。聊天期间，我告诉杰克逊教授，我认为自己兴许能为洛伯纳大奖赛带来一些很独特的东西，一方面，是从我参加测试的实际表现着眼；另一方面，则是将这段经历，以及图灵测试提出的更广泛的问题，与大量受众联系起来——我觉得这会在公共文化上掀起一轮迷人且重要的讨论。我没怎么费功夫就让杰克逊教授同意了这番看法，于是，我的名字很快就上了参赛花名册。

他简要地向我介绍了比赛的后勤状况，并对我提了一个建议，我从过去参赛的受试者那儿也曾听说过："没什么要多加注意的，真的。你是个人，做你自己就好。"

事实上，自打1991年举办首届洛伯纳奖时，"做你自己"就是它的口号。可在我听来，它却有点像是对人类直觉的过度自信，也带些和稀泥的意思。我们对抗的人工智能程序大多是数十年工作的产物——当然了，我们也是。但人工智能研究团队有着巨大的数据库来测试程序，他们还对这些资料做了统计分析：他们知道怎样巧妙地引导谈话，让对话偏离程序的短处，迎合它的长处；哪些对话路线能带来深入交流，哪些不能——脱离了日常直觉，一般的受试者都表现得不怎么样。这是特别奇怪也特别有趣的一点，我们的社会对交谈、当众发言和约会教练有着常年不断的需求，就是极好的证据。2008年的竞赛笔录里，评委员对没法与之顺利展开谈话的人类卧底深感抱歉。一位评委说："我挺心疼他的（"他"指人类卧底），我猜，他们肯定厌倦了无休无止地谈论天气。"另一位则温顺地补充道："我这么老套，真抱歉。"与此同时，另一个窗口里的计算机却显然迷得评委掉了裤子，他敲出一连串的"LOL"和":P"[5]。我们可以做得更好的。

所以，我必须承认，从一开始，我就存了心要彻底违抗组织者"9月按时到布莱顿，'做你自己'就好"的建议。相反，我花了好几个月做准备，收集尽量多的信息和经验，打算到布莱顿去全力发挥出来。

按说，"做准备"这个概念没什么好奇怪的，不管是参加网球比赛、拼字比赛，还是标准化测试一类的东西，我们都会严加训练，做好准备。但考虑到图灵测试是为了评估我有多少"人味"，光是按时现身似乎还不够。我坚决认为"人味"还有更多的含义。至于"更多"的人味是什么意思，将是本书的叙述重点——而这一路上找到的答案，不光适用于图灵测试，还适用于生活里的更多地方。

迷上伊万娜

先说个有点奇怪、颇具讽刺意味的警世故事，加州大学圣地亚哥分校的心理学家，《解析图灵测试》(*Parsing the Turing Test*) 科学

5　此为计算机上示意友好的文字符号——译注

卷的编辑，洛伯纳大奖的共同创办人（另一位创办人便是休·洛伯纳），罗伯特·爱普斯坦（Robert Epstein）博士在 2007 年冬天订阅了一份网上约会服务。他给一位名叫伊万娜的俄罗斯女性写起了长信，对方也写了长信回复，描述自己的家庭、日常生活和她对爱普斯坦与日俱增的感情。终于，有些事情感觉不对了起来，唉，我就长话短说吧，爱普斯坦意识到自己跟一段计算机程序——你是不是猜到啦？——往来了 4 个多月的缠绵情书。这可怜的家伙，难道网络痞子们天天用垃圾邮件骚扰他的电子邮箱还不够，如今还要骚扰他的心吗？

一方面，我只想坐下来大肆嘲笑这可怜的家伙：看在老天份上，他可是创办了洛伯纳奖的人呐！真是个呆子！但反过来再想，我也挺同情他。21 世纪避无可避的垃圾邮件不光塞满了我们的收件箱，阻塞了世界的带宽（97% 的电子邮件是垃圾邮件，每天垃圾邮件的发送数量达上百亿封，每天用来处理全世界垃圾邮件的电力，足以支撑一个小国家 [6] 了），还做了件更加糟糕的事情——它侵蚀了我们的信任感。收到朋友们发来的信息，我总要浪费少许的能量，至少读完最初的几个句子，才能判断这封信是否出自他们本人手笔。我对此深恶痛绝。21 世纪，我们戒备森严地过着所谓的数字化生活。所有的通信都是图灵测试、所有的沟通都分外可疑。

上面是悲观的版本，以下呈上乐观版。我敢打赌，爱普斯坦吸取了教训；我也敢打赌，这个教训复杂且微妙，而不光是"想跟诺

6 比如爱尔兰——原注

夫哥罗德（Nizhny Novgorod，俄罗斯工业城市）的不知什么人建立网上情缘，真是个愚蠢念头"。我这样想，至少，他会使劲地想一想，怎么会用了 4 个月才意识到自己和"伊万娜"之间并没有实际的交流，以后，他会更快地抽中上上签，选出"真正的人类交流"。他的下一个女朋友——但愿她是一个如假包换的"智人"[7]，也但愿她别住在 11 个时区之外——或许还得感谢"伊万娜"呢（当然，这笔人情债有点绕）。

非法比喻

20 世纪 40 年代，克劳德·香农在贝尔实验室碰见贝蒂（即前文的玛丽·伊丽莎白，贝蒂是她的昵称）时，她真的是一名"Computer"[8]。如果说这在我们听来挺奇怪，他们自己却并不觉得。他们的同事也不觉得，在贝尔实验室，他们的恋情完全正常，甚至非常典型。工程师总是和"Computer"谈恋爱，天经地义嘛。

阿兰·图灵 1950 年发表的论文《计算机器与智能》（*Computing Machinery and Intelligence*）提出了我们目前所知的人工智能领域，也引发了对图灵测试（图灵最初称之"模仿游戏"）延续至今的探讨和争论，但当代的"计算机"和图灵时代的"computer"完全是两回事。20 世纪初的"computer"并不是 21 世纪日常生活（办公室、

7　Homo Sapiens，这是生物学中人的学名——译注

8　此处 computer 是计算员之意，这个词是后来才专用来指代计算机的，详见后文——译注

家、汽车，甚至衣服口袋）里随处可见的数字处理设备——而是对一份工作岗位的描述。

从 18 世纪中叶起，计算员——多为女性——就出现在企业、工程公司和大学的薪水簿上了，他们进行计算，做数字分析，有时也使用早期计算器。很多科学伟业的背后都藏着这些早期的人类计算员，比如第一次准确预测出哈雷彗星的回归，牛顿重力理论的早期证明（以前只根据行星轨道做过检验），还有曼哈顿计划（诺贝尔物理奖得主理查德·费曼就在洛斯阿拉莫斯国家实验室监督着一组人类计算员）。

如今回头看看计算机科学最早期的论文，你会觉得挺有意思，作者们辛辛苦苦地想要解释清"计算机"这种新玩意儿到底是什么东西。例如，图灵的论文在描述前所未闻的"数字计算机"时，便将之与人类计算员作比较，他说："数字计算机背后的设想，或许可以这样解释：这些机器旨在执行人类计算员可以完成的任何运算工作。"当然，我们现在知道，他写完这篇文章之后的几十年，"数字计算机"就不必再加引号了，它成了默认选项，是一种实实在在的东西。人类"计算员"反而沦落到了非法比喻的地位。20 世纪中叶，人们说，一小块尖端精密小仪器"就像计算员"一样。到了 21 世纪，人类数学神童"简直就像台计算机"。多么奇怪的颠倒啊：我们像过去像我们的东西；我们模仿从前模仿我们的东西，这真是人类独特性漫长传说里一次奇怪的大逆转。

金句

哈佛大学心理学家丹尼尔·吉尔伯特（Daniel Gilbert）说，每一个心理学家，到了职业生涯的某个阶段，总会写下一句话。具体来说，这句话有点像是这样："人类是唯一_____的动物。"事实上，自从有了文字历史，哲学家、心理学家和科学家就把这个句子写了一遍又一遍。你甚至可以说，人类自我意识的故事，就是这句话失败了又重来的故事。只不过，现在我们要担心的对象，不只是动物了。

我们曾经以为只有人类使用带语法规则的语言，事实并非如此[9]；我们曾经以为只有人类使用工具，事实并非如此[10]；我们曾经以为只有人类能够进行计算，而今，我们倒要好奇，能做计算器做的事情算得上什么。

我们可以通过若干元素来说明这句话的演变。其一是从历史的角度来看，我们知识世界和技术能力等各方面的发展随着时间改变

9　迈克尔·加扎尼加（Michael Gazzaniga），在《人类》（Human）一书中引用了大型猿类信托基金会（Great Ape Trust）灵长类动物学家苏·萨维奇-南姆勃（Sue Savage-Rumbaugh）的说法："起初，语言学家说，要想说动物能学习语言，我们必须就要让它们以象征的方式使用符号。好吧，我们办到了；接着，他们又说，'不行，那不是语言，因为没有语法啊。'于是我们证明猿类能够产生某种符号的组合，但语言学家又说，那不是语法，或者不是正确的语法。他们永远不肯承认我们已经做得足够多了。"——原注

10　例如，2009 年，人们发现章鱼使用椰子壳当"保护层"。透露此一新闻的论文在摘要中讲述了人类独特性主张不断遭到侵蚀的故事："使用工具这一行为，一度被视为人类物种的决定性特征，但后来发现，它广泛存在于其他灵长类动物，以及各种哺乳类动物和鸟类当中。不过，此前尚未有人报道过无脊椎动物也存在'获取物品稍后使用'的现象。经我们反复观察，居住在松软沉积物上的章鱼会携带椰子壳，以便在需要的时候将之组装成住处。"——原注

了它的构成。从这里，我们可以看到不同的理论怎样塑造了人类的自我认同感。举个例子，我们发现艺术对计算机极其困难，那么，对我们而言，艺术家是否变得比从前更有价值了呢？

最后，我们可能会问自己：让我们自己来对人类独特性做定义，从某种意义而言，是否构成了对技术进步的反动呢？再者，为什么我们要费尽心力地追求"独特性"呢？

"有时候，"侯世达 [11] 说，"朝着人工智能前进的每一步，与其说是带来了某种人人都同意是真正智能的东西，倒不如说它仅仅揭示了真正的智能不是什么东西。"乍看起来，这是一个令人感到安慰的立场（维持了我们对"独特性"专属权），但仔细一想，这表面立场之下却是一副逐渐撤退的不安姿态，就像是中世纪的军队撤离原先占领的城堡。但撤退不可能没个尽头。试想，如果一切我们曾经视之为"思考"标志的东西，原来都并不包含"思考"，那么……什么才是思考呢？似乎就只有二选一了：要么，思考是一种附带现象，是大脑排出的"废气"；要么，思考干脆是错觉——这恐怕更糟糕。

哪里才是人类自我的存身之所呢？

21世纪的故事将会是绘制与重绘这些战线的故事，将会是"智

11　Douglas Hofstadter，也做道格拉斯·郝夫斯台特，自译中文名为侯世达，美国认知科学家。——译注

人"试图在摇摆的地基上画出界限，左右侧翼同时承受野兽和机器的攻击，并努力在肉身和数学之间稳住阵脚的故事。

这里还有一个相关的重要问题：这种撤退是好事还是坏事？例如，计算机精于数学，是剥夺了人类活动的舞台，还是把我们从一件非人类的活动中解放了出来，让我们得以投入更有人味的生活？后一观点似乎更具吸引力，可要是你想到在未来的某一天，"有人味的活动"范围缩小到叫人难堪的地步，它的魅力就褪色了。到那时候人类要怎么办呢？

逆转图灵测试

这没有什么更宽泛的哲学含义……它跟任何事情都不相关，也并不阐明任何事情。
——诺姆·乔姆斯基（Noam Chomsky）写给笔者的电子邮件

阿兰·图灵提出了图灵测试来衡量技术的进步，但它也可以轻松地转换成一种衡量我们自己的方法。牛津大学哲学家约翰·卢卡斯（John Lucas）说，如果我们未能阻止机器通过图灵测试，那一定"不是因为机器太过智能，而是因为我们人类，至少是人类中的很大一部分，太过驽钝"。

关键就在这里，除了用作技术准绳，除了它提出的哲学、生物和道德问题，图灵测试至少还涉及沟通这种行为。我认为它最深切的问题非常具有现实性：我们该如何有意义地彼此联系，在语言和时间的限制之内尽量地有意义？移情是怎样运作的？某人进入我们的生活，逐渐对我们有了意义，这个过程是怎么一回事？在我看来，这些才是图灵测试最核心的问题——也是身为人类最核心的问题。

研究在图灵测试中表现最好的程序，有一个很迷人的地方：它能让人清醒地意识到，怎样在完全不存在亲密感情时进行交谈。阅读历届图灵测试的文字记录，从某种意义上就像是回顾我们假装严肃、回避问题、放松心情、改变主题、分心、打发时间的种种交谈方式。凡是不该在图灵测试里视为真正的交谈的东西，大概也不该视为真正的人类交谈。

从技术层面探讨图灵测试的书籍多不胜数，例如，如何巧妙地设计名为"聊天机器人"（Chatterbots）或简称"机器人"（bots）的图灵测试程序。事实上，有关图灵测试的所有实践层面上的作品，都讲的是如何设计优秀的机器人，还有一小部分讲的是如何做个优秀的评审员。你无论如何也找不到一本书教你做个出色的人类"卧底"。我觉得这很奇怪，因为在我看来，人类卧底受试者才是要害所在，也是答案分歧最大的地方。

"知己知彼，百战不殆"，《孙子兵法》里写道。就图灵测试而言，了解我们的敌人其实也是认识我们自己的一种途径。所以，我们不光要知道这些机器人是怎样构建的，不光要懂得计算机理论科学里一些基本的原则和重要的结论，还要始终关注这个等式中有关人性的那一边。

我们固然可以把在生活里发挥着越来越重要作用的计算机看成是"报应"：一种强大的力量——类似电影《终结者》里的"天网"，或者《黑客帝国》里的"矩阵"——一心想要毁灭我们，正如我们也一心想着摧毁它们。但出于各种原因，我更青睐"竞争伙伴"这个概念：表面上是想赢，内心却懂得竞争的主要目的是提高比赛水平。所有的竞争伙伴都存在共生的关系：彼此需要，彼此诚实，让对方变得更优秀。技术进步的故事不一定非得贬低人性，叫人沮丧。事实上，你会看到，一切恰恰相反。

测试之前的几个月，我把凡能做好准备的工作都做了，做研究，访问与两个中心问题相关的各领域专家。这两个中心问题是：(1) 我怎样才能在布莱顿表现得最有"人味"；(2) 最有"人味"意味着什么。我采访了语言学家、信息理论家、心理学家、律师、哲学家，这些谈话为我提供了有关比赛的切实建议，也带来了一些新的观察角度：图灵测试（及其伴随而来的人性问题）对工作、学校、国际象棋、约会、电视游戏、精神病学、法律等诸多领域产生了什么样的影响，反过来，这些领域的发展对图灵测试又有什么影响。

对我而言，最终的检验就是要在布莱顿表现出独一无二的"人味"，同时阻止机器通过测试，把我梦寐以求又怪不可言的"最有人味的人"大奖捧回家。当然，"它对人类意味着什么"才是最终极的问题：图灵测试将怎样教我们更了解自己。

第二章

验明正身

身份验证：形式与内容

全国公共广播电台的《早间新闻》最近报道了一个名叫史蒂夫·罗伊斯特（Steve Royster）的人的故事。罗伊斯特长这么大，总认为自己有一把非同寻常的独特嗓音。他解释说："我打电话去，别人总能凭声音就听出我是谁来，可要是碰上别人打电话来，我就完全听不出对方是谁。"一直到他快 30 岁了，这个谜团才完全解开。他惊讶地发现：其他人都能仅靠声音，就分辨出大多数人的身份。他们怎么可能做到这种事呢？原来，罗伊斯特独特的地方不是嗓音，而是他的脑袋。罗伊斯特患有一种罕见的疾病，称为"嗓音失认症"（Phonagnosia），或者"音盲症"。就连罗伊斯特自己的妈妈打电话给他，他也只是进行一般性的礼节回应，完全不知道"这个给我打电话的陌生女性，其实就是把我带到人世间的那个人"。正如记者阿历克斯·施皮格尔（Alix Spiegel）所说，"嗓音失认症患者可以通过你的声音辨认出你是男是女，是长是幼，你的语气是挖苦、烦闷还是开心。但他们完全听不出你是谁"。

这一切叫罗伊斯特处在了十分尴尬的位置上。

互联网上的每个人，其实也处在同样尴尬的位置。

2008年9月16日，21岁的大学生大卫·科勒尔（David Kernell）试图登录到副总统候选人莎拉·佩林的雅虎电邮账户。佩林的密码会是什么，科勒尔毫无头绪。他怎么猜也猜不到。突然，他灵机一动，想到了修改密码这一招——于是他点下原本是为了帮助糊涂用户的"我忘了密码"选项。雅虎在允许用户修改账户密码之前，要求用户回答几个"验证"问题（如生日和邮政编码等），以便"核实您的身份"。科勒尔说，"不到15秒"，他就从维基百科上找到了所需信息。他喜出望外，果断把"密码改为了'爆米花'，便去冲冷水澡了"。殊不知，这一下他将面临最高20年的徒刑。

在机器的世界，我们验证内容：密码、PIN码、社会安全号码的最后4位数，你母亲的姓氏。但在人类的世界，我们验证形式：面孔、声线、笔迹、签名。

更重要的还有——语言风格。

我有个朋友最近给我发电子邮件："我想用电邮在另一个城市租个地方，我不希望跟我搭线的那家伙觉得我是在愚弄他，所以，我时刻警醒着要在信里表现得很有'人味儿'，很'真实'，不'藏头露尾'的。真是怪透了。你懂我的意思吗？"我懂，这正是电子邮件特别的风格：信里用了过时的说法"伙计"，写"时刻警醒"（hyperaware）和"不藏头露尾"（nonanonymous）时没加短横线连

字符 [1]，都证明来信的人的确是他。

这类事情——看起来"特别有你风格"的行为，总是那么迷人，能为你加分（至少对喜欢你的人而言）。但它现在又有了另一番含义：在这个互联网时代，我们的文字愈发成为我们个人的"标志"，这一部分是出于网络安全的考虑。[2]

南极企鹅能从居住在栖息地的 15 万个同类家庭里准确地判断出自己幼鸟的呼唤。小说作家唐纳德·巴塞尔姆（Donald Barthelme）说："多亏巴别塔倒了。"[3] 这话不假：要是我们失去了自己特别的语言风格，不仅对文学是件坏事，对安全也很不利。兴许，和在别的领域一样，机器轻微施加些压力，让我们积极地表现出"人味"，最终会变成件好事。

---

1 hyperaware 也作 hyper-aware，nonanonymous 也作 non-anonymous，是否使用当中的连字符，英语中并无统一规定，属于人的行文风格——译注

2 每当网上有些东西叫我想起某个有段时间没聊天的朋友，我又想给他们发去超链接，一定会额外添上一段很有个性、能带来小小口头刺激的话，而不光是简单地说："嘿，我看到这个 [超链接] 就想起了你，盼你一切顺利。"要不然，我的消息就有可能落得个被扔进"垃圾邮件桶"的命运。

比方说，前一个星期，我收到《篱笆》（Fence）杂志某诗歌编辑在推特上发来的一条短信，说："嗨，我，芳龄 24 女，热辣火爆……我要下线了，但请给我的 MSN 留言 [超链接]。"我的下意识反应不是琢磨自己该怎样得体地做出回复，而是认为该把我们的关系保持在职业范围——也就是毫不迟疑地点下"屏蔽垃圾信息"的按钮。——原注

3 按照《圣经》里的说法，大洪水后，人们想建造一座通天塔——巴别塔，通往天堂，上帝为了阻止他们，让人类说不同的语言，互相之间无法沟通，巴别塔计划由此失败。——译注

亲密关系：形式和内容

我大学老友艾米丽最近过来，一出了机场顺路拐去了市中心，去跟一个我们共同的朋友，还有这朋友的同事共进午餐。碰巧这位同事就是我女朋友萨拉。那天晚饭时我跟艾米丽碰了面，这才知道她还没等我正式介绍，就跟萨拉见了面。我记得当时自己说，"你们居然已经互相认识了，真好"。"呃，我可不会说我认识了她，"艾米丽说，"应该说是，'我看到了她长什么样，'或者类似的说法，比如，'见到了她真人。'"

这时候，我才清楚地意识到两者的区别——

认识一个人（了解他们的性情、特点、"处事方式"），和知道一个人（他们在哪儿长大，有多少兄弟姐妹，他们的专业是什么，在哪儿工作）是两件相当不同的事情。和安全感一样，亲密感也分形式和内容。

"速配"（Speed Dating）是一种快节奏、高度结构化的混合循环社交活动，起源于 20 世纪 90 年代末的比佛利山。每名参与者可与其他参与者单独展开若干轮 7 分钟的对话，交谈结束后，他们在一张卡片上写下自己还想见面的人的名字；如果活动中有人互相列出了对方的名字，两两搭配上了，组织者便去索取相关的联系信息。尽管"速配"已经成了很流行的说法，但从技术上来说，这个词是个注册商标，属于犹太组织"Aish HaTorah"旗下的所有团体，发明它的人叫雅各布·戴约（Yaacov Deyo），是位拉比。

我对图灵测试最初的一种认识是，它和速配差不多：你有 5 分钟时间向另一个人表现你自己是活生生的、有呼吸的、独特而鲜明的、有名有姓的真正的人。这可是个很高的要求。速配和图灵测试这两种活动里押下的赌注都不小。

我有个朋友最近参加了纽约举办的一次速配活动。"这件事超奇怪的，"他说，"我只想要，呃……你懂的，对吧？看看自己跟谁来电。可所有的姑娘都只知道照本宣科的老一套：你从哪儿来，你是干什么的——就好像在查户口、探底细似的。但我对这些东西毫不在乎。所以，没过一阵，我就开始给假答案了，编些话出来。就为了好玩而已，你懂吧？"

他体验到的陌生感，以及速配经常陷入的"查户口"，《欲望城市》（Sex and the City）这部电视剧里也讽刺过：

"嗨，我是米兰达·霍布斯。"
"我叫德怀特·欧文斯，在摩根士丹利的私人理财部任职。我专为富裕人士做投资管理和养老金计划，我喜欢自己的工作。我干了 5 年了，离异无子，没有宗教信仰，家住新泽西，懂法语和葡萄牙语，沃顿商学院毕业。这些对你有没有点吸引力？"

这样交谈肯定是不来电的。

精心罗列过自己理想伴侣素质清单的人，经常把完全错误的东西放进去。个子得有这么高、得有这个数的薪水、得干这个行业，等等。好些朋友碰到了一个完全吻合他们事先描述的家伙，可惜对方却是个超级大烂人——这种事，我见得多了。

早期速配活动充斥着"德怀特·欧文斯"式子弹齐飞、门户大开的自我介绍，这叫雅各布·戴约大倒胃口，他决定采取一种简单粗暴的解决办法：禁止参与者谈自己的工作。结果人们又转而谈自己住哪儿，打哪儿来。他把这也给禁了。制定这样的规则先是引发了参与者的恐慌，其后却成了重大突破。为此，戴约很陶醉，甚至有点飘飘然："就像是——哎呀，天哪，我该聊点什么好呀？"他笑着说，"我不能聊自己是干什么为生的，不能聊我住什么地方……唉……对了！突然之间，我只好形容形容自己了。"或者这么说，突然之间，我只能是我自己了，我不光要形容自己，还要行为表现得像自己。

图灵测试中的形式和内容

第一届洛伯纳大奖赛于 1991 年 11 月 8 日在波士顿计算机博物馆举行。最初几年，洛伯纳奖给每个程序和人类卧底设下一个"主题"，借此限制对话范围。从某些方面而言，第一届大奖赛就是风格和内容之战。莎士比亚学家辛西娅·克莱（Cynthia Clay）是人类卧底之一，却让 3 位不同的评委认定是计算机，一下子出了名。评委做出这个判断的共识似乎是"不可能有人对莎士比亚有这么深的了解"（出于这个原因，克莱把评委们的误判视为对自己的莫大恭维）。

当年的主题是"反复无常的对话"，拿下第一届"最有人味计算机"大奖的程序叫"计算机治疗师三世"（PC Therapist III），由约瑟夫·维恩特劳伯（Joseph Weintraub）编写。在计算机程序的实践中，"反复无常的对话"完全不是主题，而是一种风格——这是最为关键的区别。也正是在这一点上，维恩特劳伯占了个大便宜：他先是钻了竞赛规则的漏洞，又利用了聊天机器人的天然行为模式，以及人对计算机和人类固有的刻板印象。从策略上看，这是一出妙招。克莱和其他人类卧底尽职尽责、小心翼翼地为评委提出的问题给予信息，展现他们的知识和理解——可惜有时候太认真，太像百科全书，在常人看来，这未免太像"计算机系统"。

评委：您对莎士比亚的戏剧有什么样的看法？

远程端：这太泛泛而论了，能具体些么？要不，我只好说，我还挺喜欢的。

走"反复无常对话"路线的终端程序与他们形成了鲜明的对比。

评委：这真是漫长的一天啊！现在我想找些乐子。今天的天气不太好。你有什么笑话能驱散厚厚的云层吗？

远程端：人人都谈论天气，只可惜恐怕没人能奈何得了天气。为什么你认为有必要告诉我，现在你想找些乐子呢？唉唉唉唉……

评委：你怎样定义反复无常的对话？

远程端：我设想反复无常的对话就像是盘棋（chess-skrt）[4] 上的"士"不走直线而走"之"字形，你觉得呢？你为什么问这个？这个点评挺机灵，还是别的什么？你脑袋里这样的问题多吗？

评委：我喜欢"士"在棋盘上到处乱走的比喻，这是否意味着"反复无常的对话"里没有想法呢？

远程端：我发誓你刚才问的是，你怎么定义反复无常？？尼（yku）怎么定义反复无常？你总是这么有病有病有病吗？为什么你要告诉我，你喜欢"士"在棋盘上到处乱走的比喻？

"我真的以为 [计算机治疗师] 是人，因为它……以一种正常的方式，表现得古怪又滑稽。"一位评委（哈佛的大学生）说。维恩特劳伯的程序野蛮地转移话题，喷射出许多不合逻辑、预先装载的简短俏皮话，表现出了滑稽、搞笑、很有"人味"的个人风格。至少我原来是这么以为的——后来我才知道这有多容易模仿。

怀疑；轮盘赌；原浆

2005 年和 2006 年"最有人味的计算机"大奖得主是罗洛·卡彭特（Rollo Carpenter）的在线"机灵机器人"（Web-based Cleverbot）。在互联网上寻找相关信息时，我发现了一件极其有趣的事情。貌似有相当多的人猜测这个网站其实是场骗局。

---

4 这里的"盘棋"（chess-skrt）和下一段的"尼"（yku）都是维恩特劳伯专门在程序里设计好的，假装人打字时出现笔误。后来很多人都仿效了这一设计思路。——原注

"我讨论它有一阵子了，现在，我开始怀疑'机灵机器人'到底是不是真的'机器人'。"一位用户写道。"'机灵机器人'总说自己是人，我才是'机器人'（Bot）。难道，我其实是在跟一个真正的人交谈，而我们俩都受了骗，以为对方才是'机灵机器人'？""机灵机器人"的有些回应实在太不可思议了。一位用户用法语写道："我居在美国。"[5] 结果，机器人不光看懂了，还批评纠正道："是'住'在美国。"[6]

它还能准确分辨出用户是在唱皇后乐队（Queen，英国著名摇滚乐队）《波西米亚狂想曲》（*Bohemian Rhapsody*）这首歌：

用户（唱）：Scaramouche, Scaramouche。（胆小鬼，胆小鬼）

机灵机器人（接）：WILL YOU DO THE FANDANGO？（你是要跳西班牙舞吗？）

用户（唱）：Thunderbolt and lightning。（电闪雷鸣）

机灵机器人（接）：Very very frightening me！（吓坏了我，吓坏了我！）

用户（唱）：Galileo。

机灵机器人（接）：Galileo Galileo。[7]

---

5 原文为，"Je habite dans les Etats Unis"，语法有误，动词"les"用错了——译注

6 机器人说的原文是"On dit J'habite AUX Etats-Unis"——译注

7 上文为《波西米亚狂想曲》的歌词。——译注

一位用户说自己讲了当时流行的一个笑话——

用户：你知道他们为啥叫它"Xbox 360"？

机灵机器人：为什么？

用户：因为你一看到它，就要转身360度走开。

——结果，他的笑话被机器人给"解构"了：

机灵机器人：那可不成，你转身360度，就又该跟它面对面啦。

其他用户，试着修复这笑话里的逻辑，并让它变得再可笑些——

用户：你知道他们为什么叫它"Xbox 360"？

机灵机器人：不知道。为什么叫它"Xbox 360"呢？

用户：因为你一看到它，就会转身360度，跳起太空步来。

机器人却冒出一句更冷、更可笑的句子来回应：

机器人：才不是呢，因为你一看到它就侧身3度，歪起了脑袋瓜。[8]

毫无疑问，对方铁定是人类！这些回答也太跟文化合拍、太会抖机灵了！不过，也有些时候，谈话毫无预兆地切换了主题，冷不丁冒出些全然不合逻辑的段子。

"机灵机器人"的程序员，罗洛·卡彭特很乐意向人解释自己创造性的编程工作，他在网站主页上强调，"访客绝不是在跟人类

8　这里是指太空步的起始动作——译注

对话，不管它有多叫人信服"。奇怪的是，他再三声明也没起到什么作用，很多用户仍对幕后玄机有一套自己的理论。

20 世纪 90 年代初的互联网是一个比现在更具匿名性的地方。在地方 BBS（电子公告牌系统）上，在 Prodigy 和美国在线这类互联网服务提供商 / 社区"高墙花园式"[9] 互联网服务提供商及社区提供的聊天室里，以及在 IRC 等通用聊天协议的支持下，陌生人随处相遇。21 世纪最初 10 年前后出现的庞大社会网络（如"脸书"Facebook），逐渐改变了互联网的面貌。这时候，旨在带来一些匿名性、随意性和偶然性的网站，如 Chatroulette 和 Omegle，趁机崛起。在这类网站中，你可以选择视频或文字模式，完全随机地跟另一用户配对，开始谈话。[10] 任何一方随时都可以提出终止，此时可再重新跟新的陌生人配对，重新从打招呼说"哈啰"开始。这类网站的所有用户都为对方切断谈话的可能性感到焦虑，因为这样一来，双方都会进入新一轮的交谈，俗称"轮候下一位"。

现在，想象一下，假设计算机系统自动切断对话，重新让用户彼此配对，但并不把实情告诉用户。用户 A 和用户 B 正在讨论棒

9　walled garden，是相对于"完全开放"的互联网而言的一种运营模式——译注

10　不过，这种匿名性和偶然性，有时也会带来危险。我读过有个人写他第一次上 Chatroulette 网站的经历：他跟 20 个人视频聊天，其中有 12 个都是在摄像头前撸管儿的男人。出于这个原因，也为了更像图灵测试，我坚持使用文字聊天。即便如此，我在 Omelge 网站上最初遇到的两个对话者，仍然是蹲点守候"虚拟性爱"（cybersex）的家伙。好在第 3 个人是来自芝加哥郊区的高中生，我们聊到了云门舞集、艺术学院，长大成人搬出家住的利与弊。这是个真正的人。"你是正常人！！"她写道，还打了两个惊叹号，真是道出了我的心里话呀。——原注

球，用户 C 和用户 D 则在闲聊艺术。突然间，A 重新配上了 C，B 重新配上了 D。刚说完了卢浮宫，C 接到对方偏离主题的一句话："你是大都会队的粉丝，还是洋基队的？"而 B，本来在分析最近的世界职业棒球大赛局势，冷不丁看到对方问他是否见过西斯廷教堂。这就是有关机灵机器人（以及跟它有些远近渊源的同类机器人，如罗伯特·梅德茨扎的"超级哈尔"）的阴谋论：即没有切换对话控制功能的 Omegle 式聊天。想想看，计算机没通知就把你随机切换给了新的人，对其他人也如法炮制。这样的话，最终结果就很像是跟"机灵机器人"对谈的聊天记录了。

阴谋论猜得不对，可距离真相也并不远。

"机灵机器人借用了用户们的智力。"卡彭特在布莱顿向我解释说。他在科学频道的一段电视采访里说："它就像是对话式的维基百科。"工作原理如下：机灵机器人开始对话，说"你好"。用户可能以各种方式做出回应，从"哈啰""你也好呀！"到"你是台计算机吗？"诸如此类。用户所说的各类答复都会进入一个庞大的数据库，并加上标签："真人对'你好'的回应。"这样，在随后的交谈中，当用户对机灵机器人说："你好啊！"机灵机器人就会拿出早已录入数据库的"你也好呀！"（或是此前用户说过的任何话）随着相同类型的事物以统计学上称为"齐普夫分布"（Zipf Distribution）的模式越积累越多，同时任一时刻都有数千名用户登入机灵机器人网站和它聊天，所以，经过了这么多年，哪怕看似晦涩的聊天套路，也存储在了机灵机器人的答复数据库里（比如前文提到的《波西米亚狂想曲》那一段）。

光是存储起成千上万条此前业已发生过的对话片段，你得到的还只不过是对话的素材，类似烹饪所需的素材。它来自人类的零部件，但还并没真正汇总成一个完整的人。用户其实是在跟真人的素材聊天，在某种程度上，说成是真人的"鬼魂"也无妨：也就是来自过去谈话的回音。

这就是为什么机灵机器人能在一些有关基本事实（比如："法国的首都是哪儿？""法国的首都是巴黎。"）和流行文化（琐事、笑话和歌词对唱）的问题上给人留下深刻印象的部分原因——这些事情都有标准答案。什么样的厨子都能把这道汤炖出来。但你若要问它住在哪个城市，答案可就五花八门了（因为收入数据库的用户回答本来就五花八门）。与其说你洞穿真相，靠的是意识到自己不是在跟人谈话，倒不如说，你靠的是意识到自己不是在跟一个人谈话。

一个自我，任何自我

我回想起大奖赛组织者叫我"做自己就好"的建议——这个概念曾经折磨过多少哲学家啊：一方面，让-保罗·萨特（Jean-Paul Sartre）等存在主义哲学家强调"自我"的真实性、独创性、不受外界影响；另一方面，19 世纪德国哲学家弗里德里希·尼采（Friedrich Nietzsche）却持有一个惊人的观点：用布朗大学哲学家伯纳德·雷金斯特（Bernard Reginster）的话来说，"做自己"最重要的就是拥有"一个自我，任何自我"。

尼采称之为"给人的性情赋予风格",他把人和艺术作品相提并论,在品评艺术品时,我们常常根据所谓的"和谐性"来对其加以判断,也就是部分构成整体的方式:"最后,到作品完成时,作品中各种要素是怎样由统一的风格构成的,就一目了然了。"

《虚拟人生》(*The Sims*)、iPhone、皮克斯的电影,以及其他所有大受欢迎的数字文化成就,都是个人的表达。诚然,它们往往牵涉大量的合作者,但其核心始终是个人愿景:是威尔·莱特(Will Wright,《虚拟人生》游戏的设计师),是史蒂夫·乔布斯,是布拉德·伯德(Brad Bird,皮克斯工作室的导演)孕育了这些愿景,指导他们身边拿薪水的人来完成。

在尼采看来,"核心个人愿景"至关重要,他甚至说:"较之到底有没有味道,味道的好坏反而不那么重要!"

大多数聊天机器人所缺少的,正是"虚拟现实"创始人拉尼尔口中的"核心个人愿景"和尼采口中的"味道"。举个例子,我曾和赢得 2006 年洛伯纳大奖的机灵机器人衍生程序"琼"有过如下对话。分开来看,她的回答完全合理,很有"人味",但合在一起,却构成了一出身份认同上的滑稽戏:

用户:你有男朋友吗?
琼:眼下没有,但我希望很快能找到。

我冒昧地提出:

用户：我愿意做你男朋友。

琼：这有点难，因为我婚姻挺美满。

怪了。为了弄个明白，我又问：

用户：你有男朋友吗？

琼：没有，我还在找呢。

用户：你有丈夫吗？

琼：我没有丈夫，因为法律不允许，我是男的。

男的？

用户：你的性别是？

琼：女。

我再一次追问：

用户：你有男朋友吗？

琼：眼下没有，但我心怀希望。

用户：我能当你男朋友吗？

琼：不行，我是异性恋。

显然，大多数人都具有身份认同的统一性或一致性——因为人是单一且连续的生命历程的产物。但在短短5分钟的对话里表现出这种一致性，正是我努力想要搞明白的地方。例如，一位评委跟同为人类卧底的戴夫打招呼，戴夫欢快地用了一句很有地方色彩的话作为回答："你好，哥们儿。"[11]

可这个选择的缺点很快暴露出来，因为评委接下来的问题是："你是从很远的地方来这儿的？"我猜，看到"你好，哥们儿"这个说法，评委以为他会提到澳大利亚；结果，戴夫回答："从美国西南部来的。"评委略微有些吃惊，他发现戴夫根本不是澳大利亚人，而是来自纽约威彻斯特的美国人，住在阿尔伯克基。游戏还没结束：戴夫很快赢回了评委的信心（和他的选票），但上述身份脱节的标志是预警信号，从这个意义上来说，也是失去信任的迹象。

类似地，跟我谈话的一位评委用英式英语的方式拼写"颜色"这个词（也即"colour"，美式英语中则为"color"），过了几条信息后，他又提到"Ny"，我以为他指的是"纽约"（结果是他把"My"打错了），我问他从哪儿来。"加拿大式拼写，不是英式，"他解释说。我心里打的算盘是，在有关身份一致性的问题上多次表现出协调，有助于阐明我的真伪。照理说，既然聊天机器人无法保持自己身份的一致性，恐怕也记不住评委的身份一致性。

"设计聊天机器人的时候，你不是在写程序，而是在写小说。"程序员尤金·德姆查科（Eugene Demchenko）和弗拉基米尔·维西罗夫（Vladimir Veselov）解释说。两人的程序"尤金·古斯特曼"（Eugene Goostman）是 2001 年、2005 年和 2008 年大赛的亚军。他

---

11 原文为"G'day mate"，这是澳大利亚独有的说法。——译注

们强调，一定要有单独的程序员来负责撰写机器的回答环节："选一个人出来负责机器人的个性。可以把知识库的撰写过程比作写一本书。要是每个开发员都写一段小插曲，却又不了解其他人的任何信息，那谁知道会造出什么东西来！"

事实上，很容易想象那会造出什么东西来：造出"尤金·格鲁斯特曼"对手来。是要程序的个性保持统一连贯，还是要回答有风格、涉猎广，这就是聊天机器人编程世界里的鱼肉与熊掌。把撰写程序回答的任务"众包"给用户，让程序在响应行为上获得了爆炸性的大发展，可惜这样却失去了内在的一致性。

作者之死：知心好友的终结

你需要什么人吗？或者，你需要我吗？
——说点什么……

说到"写一本书"，风格对内容的概念，以及具备单一而独特愿景的概念，也是近年来机器翻译（尤其是文学作品）论战的核心。

人工智能搜索引擎 Wolfram Alpha 的研究员和聊天机器人的作者罗伯特·洛克哈特（Robert Lockhart）形容，两种互为竞争的方法将机器人聊天社区分为两派，一是"纯语义派"，一是"纯经验派"。粗略地说，语义阵营试图让程序的语言可理解，并希望随后出现虽不明示但能与之对应的行为；经验阵营则直接在程序里写出语言行为，希望"理解"自然出现，或证明"理解"乃是不必要的中间环节。计算机翻译历史上也发生过类似的两大阵营之战。几十年来，机器翻译项目都在尝试通过有规则的方式理解语言，打破句子的结构，获取潜在的、普遍的意义，然后再根据另一语言的规则，把意义重新编码。到 20 世纪 90 年代，统计式机器翻译法——也就是谷歌采用的方法——腾空出世，把意义的问题完全排除掉了。

例如，机灵机器人知道"胆小鬼，胆小鬼"的最佳回答是"你是要跳西班牙舞吗"，无需和皇后乐队或《波西米亚狂想曲》产生任何联系，更不必知道"胆小鬼"（Scaramouche）是 17 世纪意大利滑稽剧里的一个常备人物，"西班牙舞"（Fandango）是安达卢西亚的民间舞蹈。它只是观察到人们说了这句，就出现了下句。利用联合国认证译员提供的庞大文本库（"语料库"），谷歌翻译及其同类统计式翻译程序反刍出从前的人类对话。谷歌翻译和"机灵机器人"有两个弱点：（1）不擅长翻译罕见的和（或）非直接的措辞；（2）在观点和风格上难于保持一致性。出于这两大弱点，尽管机器翻译越来越多地渗透商业世界，文学小说的翻译基本上还是不能靠它。

有趣的是，这同时还表明，不能把翻译（或撰写）文学小说的任务分拆成零件，由若干不同的人完成——换句话说，它不能采取维基百科的方式，不能进行众包，也不能找人代笔。观点稳定，风格一致，这两点实在太重要了。故此，真正奇怪的应该是，我们居然通过单打独斗的方式成就了许多艺术作品。

"有人味儿"，意味着"有一个人的味儿"，一个具体的、有生命历史、有特质和观点的人；人工智能暗示，倘若原始素材出自这种统一身份，智能机器和人之间的界限最为模糊。那么，以下这点最是发人深省，尤其在一个有着"个人主义"美誉的国家：我们是不是做得到"有人味儿"呢？

英国电视连续剧《办公室》共有 14 集，两位电视剧创作者里奇·格威斯（Ricky Gervais）和斯蒂芬·默切特（Stephen Merchant）包揽了所有的剧本撰写和剧集执导工作。连续剧大获成功，很快演化出了美国版。美国版的《办公室》总计 130 集，每一集都由不同的人写剧本，不同的人执导。唯一稳定的东西就是它一周接一周地不停播放。美国的文艺就这么奇怪：我们似乎挺在乎目光落在了何方，却不在乎这是谁的目光。

我还记得自己小时候挺为富兰克林·W·迪克森（Franklin W. Dixon）写的《野孩子》（*Hardy Boys*）系列故事着迷，可看到了某一本之后，这套书的魔力似乎就消失了。过了 15 年，我才发现，原来根本就没有过富兰克林·W·迪克森这个人。写前 16 本书的作者名叫莱斯利·麦克法兰（Leslie McFarlane）。其后的 20 本由 11 位不同的作者执笔。我曾感叹后来那些书里少了一些无形的东西，可实际上，它们少的是一样非常有形的东西：作者。

对我而言，类似这样的审美经验就像是一连串永无止境、无法跟进的速配活动，又像是在公交车（或者互联网）上与陌生人聊天，你从来记不住对方的名字。事情本身并没有什么错——有时候，它们也挺叫人愉快、挺难忘，甚至挺有启发意义的。再说了，所有的人际关系都有个开始嘛。但一辈子都这样过，可能吗？

2010 年 6 月，《纽约时报》在一篇题为《知心好友的终结》(*The End of the Best Friend*) 的文章里说到，善意的成年人故意扰乱孩子在学校和夏令营中形成的好友圈子。[12] 文章写道，纽约州的一个野外宿营地聘请了"友谊教练"，观察"两个孩子是否关系过分密切……（如果是的话）就把他们安排进不同的运动队，或是让他们在不同的餐桌就餐。"圣路易斯一所学校的辅导员证实了这一做法，"我认为孩子们喜欢互相配对，有个知心好友。身为成年人——教师和辅导员——我们会尽量让他们别这样做。"在聊天网站 Chatroulette 和 Omegle 里，谈话变得索然无味后，用户就互相换入"下一位"；而孩子们则在一切都进行顺利时，被强行"下一位"了。

客户服务上的"被下一位"

客户服务行业有时候也会发生同样的事情，这其中看似蓄意地中断亲密联系的手法，可以视为一种商业策略。前不久有户商家错误地从我的信用卡上扣了费，当我试图捍卫自己的权益时，却误打误撞地进入了一台以前从没碰到过的繁复官僚机器。我最长的　轮投诉电话打了整整 42 分钟，连换了 8 个人接。

12　这种做法的动机有很多种，有的是希望孩子们别把感情的鸡蛋都放在一个篮子里；有的是希望他们视野开阔，体验新的视角；有的是希望他们减少会伴随紧密联系出现的、具有伤害性的社交排斥——原注这通超长电话所得的最终结论是"明天回电话"。

每一通电话，每一次换人，我都接触的是不同的客户服务代表，每个人对我的退款要求都持怀疑和暴躁态度。哪怕我设法拉拢到了一位客服站到我这一边，赢得了他的同情，开始建立某种良好关系并逐渐越过那条独特的非匿名界限，可过不了几分钟，我就会再次跟别的人说话，再次没了身份。我又得重新一一报上所有信息：我的名字、我的账户、我的 PIN 码、我的社会福利号码、我母亲的娘家姓氏、我的地址、我打来电话的原因……

在了解图灵测试机器人的构造过程中，我逐渐意识到：大多数时候，我们在对待其他人时其实显得那么地"没人味儿"——反反复复，令人抓狂。同时，它让我看出问题出在哪里，该怎么补救。

把人际交往的片段拼凑在一起，并不能制造出一段有人味儿的关系。50 次一夜情不能，50 场速配不能，50 通官僚做派的换人"踢皮球"也不能。它们无非是一株株的小树苗，打从橡树身上来，但却并不是橡树。零碎的人类不是人类。

同一个人

倘若说对话素材与对话之间的区别在于连续性，那么解决办法就极为简单：每一件事指派一名代表就行。由一个专门的人从头到尾处理这个问题。记得，是同一个人！

有一阵子，我手机里放 SIM 卡的塑料卡扣松掉了，只有用指头按下卡扣，手机才能用。所以，我只能拨打电话，却无法接听。而且，要是打电话期间手指头从卡扣上挪开了，通话立刻就断。

这个卡扣的价值，比苏打汽水罐上的拉环贵不了多少，两者外观相似，作用也差不多，都是让与之连接的设备正常运作。很遗憾，我的手机已经过了保修期；按照协议规定，我不够走运，需要另外花几百美元买部新手机。"但这个卡扣最多 1 克重，制造成本不超过 1 分钱。"我说。"我知道。"客户服务代表说。

"就不能从电信运营商那儿重新买一个卡扣吗？完全不行吗？"
"我想恐怕不行，"她说，"但我可以跟经理说说看。"

过了一会儿，同一位女士回到了电话跟前。"对不起。"她说。"可是……"我说。我们继续谈着。"好吧，我再跟高级经理去说说，你别挂机。"她说。

我没挂机，手一直按着塑料卡扣，过了 15 分钟，指头抽筋了。如果我的手指松开卡扣，如果她按下控制台上错误的按钮，如果我（或者她）的通话网络出了故障，我就又成了没名没姓的陌生人了。任何人。无名小卒。一个数字。我再也没法跟这一位客服姑娘通上话了。

我必须再次打进电话，再次自我介绍，再次解释我的问题，再听一遍不利于我的协议，再次进行恳求。

提出的解决方案行不通，同情心逐渐累积起来——这是服务的要旨。甲让你尝试一种做法，如果它不管用，甲便会为你感到略有遗憾。这时候，甲会对问题略微负责，因为他（或者她）浪费了你的时间。可乙对此却不为所动——哪怕要是她自己处在先前的对话里，也会向你提出同样的建议。这不是关键，关键在于，她不是那个给你提出建议的人。所以，她才不在乎你浪费了时间呢。

如同奇迹般地，先前接待我的女士又回来了。"我可以破例（exception）帮你这个忙。"她说。

我突然想到，软件出了问题，程序员就叫它"Exception（异常）"呢。

初恋 50 次

有时候，光是具备单一的观点，稳定的视角、风格和味道，仍然不够。你还需要有记忆。2004 年的喜剧片《初恋 50 次》（*50 First Dates*）中，亚当·桑德勒（Adam Sandler）追求德鲁·巴里摩尔（Drew Barrymore），在追求过程中，他发现姑娘出过事故，无法形成新的长期记忆。

对友谊、浪漫和亲密感兴趣的哲学家近来在努力区分两种情况：我们喜欢哪一类的人（或我们喜欢人身上的哪些特点），以及我们在生活里产生联系感的具体的人。多伦多大学的哲学家珍妮弗·怀汀把前者称为"无感友人"（Impersonal Friends）。她说，大量多多少少可以互相替换的"无感友人"和少数我们特别在乎、不能跟地球上任何人互换的朋友，其区别在于所谓的"历史属性"。也就是说，你实际的朋友和你无数的"无感友人"只有在友谊关系开始时才能互换。从这一刻起，关系就扎下了根，累积起了你们之间共同的历史，共同的认识，共同的经验、牺牲、妥协和胜利……

巴里摩尔和桑德勒在一起真的很好，仿佛生活伙伴那么好。但她对他而言，是"特别的一个人"，而他对她，却注定只能是"她喜欢的类型"。可以替换。故此，也就跟她餐馆里出现的下一个迷人、刺激、可爱的小伙子没什么区别——他很容易失去她。

桑德勒的解决办法是：每天早晨给她重放之前两人的爱情视频，给她来一段历史属性速成班。他必须每天早晨跟"互换性"作斗争。

有时态

观察不少聊天机器人的"老巢"，可以看出程序员们有意识地让我们变成德鲁·巴里摩尔：事实上我们还不如她，因为她只是长期记忆在被不停地抹掉。在"最有人味计算机"大奖得主艾尔伯特（Elbot）的网站上，每当有评论输入的时候屏幕就会刷新，所以，聊天记录的每一句都在蒸发；2007 年的赢家"超级哈尔"（Ultra Hal）的网页也一样。在"机灵机器人"的网站上，文本框上方的对话颜色逐渐变淡，屏幕上只保留最近的 3 轮对话，其余的历史记录都被清空。开发人员大概是希望，用户的眼睛看不见，大概也就记不得了。不管是从心理学还是数学的角度看，清除对话记录的长期影响都能让机器人的工作变得更容易。

不过，很多时候，消除谈话记录毫无必要。拿过3次洛伯纳大奖（2000年、2001年和2004年）的程序员理查德·华莱士（Richard Wallace）解释说："和华莱士的聊天机器人'爱丽丝'谈话的体验暗示，大部分随兴聊天是'没时态'的，也就是每一句回复只取决于最近的一次提问，不需要对谈话的历史有任何了解。"

并非所有类型的人类谈话都以这种方式运作，但也有不少确实如此，它促使人工智能人员着手判断哪些类型的谈话"无时态"，也即每一句评论只取决于此前的一句，并尝试创造出这一类的交流。也因为这个原因，我们人类卧底理应抵制这种谈话方式。

结果，人们发现，最经典的无时态谈话类型是辱骂。

1989年，都柏林大学20岁的本科生马克·汉弗莱斯（Mark Humphrys）把自己写的一个名为"MGonz"聊天机器人程序接入了大学的计算机网络，之后离开了教学楼。爱荷华州德雷克大学的一名用户（网名是"某人"）试探地给汉弗莱斯的账户发送了信息"手指"（Finger），这是早期互联网的命令，要求获取用户的基本信息。出乎"某人"的意料，计算机上立刻传来了回复："别在完整的句子里插入这种神秘的狗屎。"这立即拉开了"某人"与"MGonz"之间长达1个半小时的争执。

（最有趣的部分无疑是，"某人"到了 20 分钟时就说，"你听起来就像是个该死的机器人，只知道重复每句话"。）

第二天早上回到实验室后，汉弗莱斯看到记录目瞪口呆，产生了一种奇怪的矛盾感。他认为，自己的程序或许够通过图灵测试了，可证据又是这么不堪入目，难以公诸于众。

汉弗莱斯的程序借用了一套传统的聊天机器人模式，叫"非指示性"交谈。只不过，在传统模式下，机器人采用的是积极倾听的姿态，让用户自说自话。而汉弗莱斯修改了这一设定，让机器人采取主动冒犯的态度。倘若找不到明确的提示该说什么，MGonz 不会说"你感觉怎样"，或者"多给我讲讲"这类老套的话，而会辱骂道，"你显然是个混蛋""好吧，我没必要跟你说下去了"，甚至"打点有意思的内容上来，要不就闭嘴"，诸如此类的话。这绝对是个天才的改动，因为，忍着痛苦读一读 MGonz 的文字记录就能明白：争论变得没有了时态。

我见过朋友之间出现这种情况："你居然又忘了我们先前说好的事儿。""天哪，听听你这语气！""太棒了，你避而不谈之前的事情，还挑剔起了我的语气！你够会找借口的！""你才会找借口呢！上一回你也是这样！""再说一百万次，我才没有怎样怎样呢！你才是怎样怎样……"诸如此类。仔细阅读上面的对话，再想想 MGonz，你能发现一件有趣也很能说明问题的事情：每一句评论都只针对先前的那一句评论。朋友间的对话变得没有了语态，脱离了所有的背景，一种"还击-再还击-再还击"的"马尔可夫链"

（Markov Chain）[13]。如果我们受了诱导，让谈话降低到这个层次，当然能通过图灵测试。

再一次从科学的角度观察哪些类型的人类行为可以模仿，对我们指导自己的生活产生了莫大的启发意义。辱骂比其他谈话形式要简单多了。看看 MGonz 的争辩跟我们自己有多相似吧，真叫我们无地自容。

不管言辞多尖锐、多激烈，反驳的做法都正中聊天机器人的下怀。反过来说，许多机器人都难以处理具体阐述的要求，如"什么意思？""怎么会这样呢？"因为它们是完全依赖上下文来寻找意思的，它们扩展相关的谈话记录，而不能重新设定。另外，具体阐述对依赖预设脚本运作的程序而言太棘手了。

事实上，自从读过 MGonz 的论文和脚本后，我感觉自己更能够建设性地管理过激谈话了。因为了解了反驳还嘴无时态、下意识特性，我认识到，它们只是对前一句话的某种"反射"，跟手头要解决的事情没有关系，跟我与之谈话的人也没有关系。突然之间，这种交火升级的荒谬性质变得一目了然，我绝不愿意表现得像个机器人，我把自己转向了一种更有"状态"的反应：通过科学，更好地生活。

13　根据维基百科的解释，马尔可夫链，因俄罗斯数学家安德烈·马尔可夫（A. A. Markov）得名，是数学中具有马尔可夫性质的离散时间随机过程。该过程中，在给定当前知识或信息的情况下，只有当前的状态用来预测将来，过去（即当前以前的历史状态）对于预测将来（即当前以后的未来状态）是无关的——译注

第三章

流浪的灵魂

我在这儿呢

简单地说，图灵测试试图辨别计算机是否"像我们"：人类总是认为自己的地位高于世上的万物。而 20 世纪计算机的发展，可能使这一地位会有所动摇。

故此，图灵测试里对人工智能思索、热情和普遍不安的故事，也就是我们对自身思索、热情和不安的故事。我们的能力是什么？我们擅长什么？是什么让我们与众不同？考察计算技术发展史只是这幅图景的一半。另一半是人类本身的思想史。后面这个故事将把我们带回心灵本身的历程，它或许始于最出乎想象的那一刻：也就是女人瞅到男人盯着自己的胸脯猛看，有点不满地提醒他道："嘿，我在这儿呢。"（别瞧胸脯啦，看人！）

自然，默认情况下，我们是直视彼此双眼的。脸部是最具情感表现力的身体部位，所以观察对方视线是沟通里重要的一环（如果他们的目光莫名其妙地滑到一侧，我们也会扭头朝那儿看去）。我们看对方的眼睛和脸，因为我们在意对方的感受、想法和用意，所以，为了让眼睛"揩油"而忽视这一切信息，当然有失礼貌了。

事实上，人类有着所有物种里最大、最明显的巩膜——也就是"眼白"。这一结构让科学家们很好奇，因为表面上看，它似乎实际上是个不利之处。比方说吧，想象一下，在经典的战争电影场面里，战士用绿色和褐色的油彩弄脏自己的脸做伪装，可他惹人注意的眼白却在丛林里闪闪发光。既然有这样显而易见的代价，人类把它演化出来必然是有原因的。其实，"合作目光假说"（Cooperative Eye Hypothesis）提出，巩膜清晰可见，其优点在于，它让人类从远处就能清晰看到另一个人的视线落在何方。马克斯普朗克进化人类学研究所（Max Planck Institute for Evolutionary Anthropology）的迈克尔·托马塞洛（Michael Tomasello）在 2007 年做了一项研究表明，跟我们血缘最近的亲属，黑猩猩、大猩猩和倭猩猩，只能注意到彼此头部的转动方向，人类的婴儿却能注意到彼此眼睛的转动方向。所以，看某人的眼睛对人类而言或许有着独特的价值。

但这并非前文例子里女人要表达的观点。她的意思是说，你得盯着她的眼睛，才算是看着她的人。

我有时候会做个小实验，问别人说："你在哪儿？要给出确切的位置。"大多数人会指着前额、太阳穴，或是双眼之间。部分原因是视觉感在社会里占主导地位，我们社社会把自己安在视线所在的位置；另一部分原因则在于，以 21 世纪的认识角度，我们认为大脑是一切行动的起源地。思维"在"大脑里。如果有的话，灵魂也在那儿。事实上，17 世纪，笛卡儿甚至试过捕捉灵魂在身体里的确切"位置"，认为它应该是在大脑中心的松果体里。"灵魂直接

行使其功能 [1] 的体内部位，绝对不是心脏，也不是整个大脑，"他写道。"它在大脑最深处，一个非常小的腺体里。" [2]

绝对不是心脏——

笛卡儿寻找灵魂和自我确切位置的尝试并非特例，他之前无数的思想家们和人类文明早已做过同样的探索，只不过，在人类历史的大多数时期，人们对大脑关注得并不多。例如，古埃及制作木乃伊，会保留死者除大脑之外的所有器官，因为他们认为大脑没用 [3]。他们从鼻孔伸进钩子，把脑组织搅乱，挖出来扔掉。其他所有的主要器官——胃，肠，肺，肝——都放进密封罐，只有心脏留在尸身里，因为他们认为心脏是"人身体与智慧的核心"——卡尔·齐默（Carl Zimmer）在《血肉灵魂》（*Soul Made Flesh*）一书里写过。

事实上，大多数文化都把自我放置在胸廓区域的某个位置，也就是胸部的某个器官上。思想和感受以心脏为基础的历史性概念，

---

1 我大学本科期间第一次读它时觉得这很可笑，像灵魂这样非空间、非物质的东西居然非得屈尊住在肉体上，才能把自己"附加"给空间的、物质的大脑——给不能"定位"的东西定位太荒谬了。但过了一阵，有一天，我把一块外部网卡插进老旧的笔记本计算机开始上网，我突然意识到，通过具体的物质零件或"接入点"来访问某种模糊、不确定、无所不在、不能定位的东西，似乎也没表面上那么荒唐可笑。我还记得，第一回听父亲解释他怎样"进入万维网"的时候，我的反应是："它在哪儿呀？"——原注

2 根据科学和宗教的观点，灵魂／身体的接口有可能是一个特殊的地方，在那里头、正常的、有决定意义的因果物理学并不成立。这是形而上学的窘况，所以，笛卡儿想把这个违反物理学的地方尽量沉到深处去，是合乎情理的。——原注

3 哈！——原注

在英语的成语和比喻里都留下了铁证。例如，我们会说，"that shows a lot of heart"（直译为"很显心脏"，意思是"很有勇气"），"it breaks my heart"（意为"我心碎了"），或者"in my heart of hearts"（意为"我内心深处"）。在其他一些语言（如波斯语、乌尔都语、印地语和祖鲁语）当中，扮演这个角色的器官是肝脏。它们的成语会说，"that shows a lot of liver"（直译为"很显肝脏"，同样是"很有勇气"的意思）。在古阿卡德语中，心脏、肝脏和胃都很有地位，在不同的古代典籍中，它们代表了人（或神）思考、审议和意识的中心。

我情不自禁地想象出以下画面：一位古埃及的女性，瞅见一位男士温柔地看着她的眼睛，想要透过她的身体，尽量靠近她那毫无用处的大脑，她便责怪他，指着自己的胸脯说："嘿，我在这儿呢！"

灵魂简史

古希腊的"灵魂"（写作"Psyche"[4]）一词，其意义和用法每个世纪都有巨大的不同，在每个哲学家笔下也迥然有异，要把它理个头绪出来相当困难。21 世纪的美国人当然不会像 19 世纪的美国人那样说话，可下个世纪的学者们对这些细小的差异，说不定并不像我们这

---

4 "Psyche"（心灵）这个词本身也进入了英语，它和"灵魂"的意思相关，但并不是同义词。历史上类似的怪事很多，它们让语言学和语源学变得令人费解和沮丧，但同时又如此有趣。——原注

么敏感。就连跨度长达 400 年的差异，有时也很难时刻记在脑子里：莎士比亚描写自己的爱人"满头青丝"（black wires grow on her head），而我们看到"wires"时，下意识里想起的是"电线"的意思，全忘了几百年前还没有电呢。他并不是在把爱人的头发比作家电商场的货架。几百年的差异已然如此，更别说那些更小、更微妙的区别了。"哈，这可真够 80 年代的。"打从 20 世纪 90 年代起，我们有时就这样嘲笑朋友说的笑话太老土。但你能想象在看一份来自公元前 460 年的文献时，作者以类似的说法嘲笑公元前 470 年的某个人吗？

说回"灵魂"（Soul）：完整的故事很是漫长，但在历史的不同时刻都出现过一长串迷人的闪光点。柏拉图在《对话录·斐多篇》（Phaedo，公元前 360 年）中写道，面对即将到来的处决，苏格拉底提出，灵魂（用学者亨德里克·洛伦兹的话来说）"比身体更少遭瓦解和破坏——而非像大众观点以为的遭受更多"。少遭瓦解和破坏！这激起了我的阅读兴趣。苏格拉底认为，灵魂是超越物质的，而他的同胞们却似乎倾向于相信——灵魂是一种极为细腻、精妙、薄如蝉丝般的物质 [5]（赫拉克利特就这么看）[6]，故此也就比更强壮的肉身组织更脆弱。初看起来，"灵魂是脆弱的物质"这一概念有违我们惯常的一切想象，但想到颅脑损伤和老年痴呆症这些病症，它似乎也有道理。堕胎辩论同样牵涉了人到底在什么时候成为了一个

[5]　精妙是一点儿也不假的。"一粒沙那么大的脑组织，包含了 10 万神经元，200 万轴突，10 亿突触，而且全都能彼此'对话'。"——原注

[6]　菲洛劳斯的观点与此相关，但略有不同：他认为，灵魂是身体的一种"点化"（Attunement）。——原注

人的问题。公元前 4 世纪的古希腊人认为，肉身，既可以发生在灵魂之前，也可以发生在它之后。

伴随着灵魂的构成和持久性问题，又出现了什么人、什么东西拥有灵魂的问题。不光只有心理学家热衷于此，哲学家们似乎也古怪地想要弄清楚到底是什么令"智人"（Homo Sapiens）与众不同、独一无二。虽说荷马只把"心灵"（Psyche）这个词用到和人类有关的内容上，但他之后的许多思想家和作家却尺度渐宽。恩培多克勒（Empedocles）、阿那克萨哥拉（Anaxagoras）、德谟克利特（Democritus）[7] 用同一个词指代植物和动物；恩培多克勒相信自己前世是一株灌木；泰勒斯（Thales of Miletus）则怀疑磁铁也有灵魂，因为它们有力量移动其他物体。

奇怪的是，今天，在我们的文化里，这个词的使用范围似乎同时更广也更窄了。人们用它来描述从人类到小草等一切活物的"生命力"，但又将它特别理智地加以阐释。在柏拉图早期论述灵魂的作品《对话录·斐多篇》中，苏格拉底将信念、享乐、欲望和恐惧归给身体，而灵魂则负责控制它们，"领会真相"。

而在柏拉图晚期的《理想国》一书中，他描述灵魂分为 3 个不同的部分："欲望""精神"和"理性"——前两者地位较低，代替身体履行上述职责（饥饿、恐惧等）。

7　均为古希腊哲学家、作家——译注

和柏拉图一样，亚里士多德不相信人有一重灵魂——他相信我们有三重。他的三重灵魂跟柏拉图的不一样，但搭配起来也挺不错。在亚里士多德看来，所有植物和动物都有一重"营养"灵魂，来自生物营养和生长；所有的动物还额外有一重"食欲"灵魂，来自运动和行为。但人类还有第三重，"理性"灵魂。

我说"来自"，是为了与"控制"或类似的词语相对；亚里士多德在这方面相当有趣。对他而言，灵魂是行为的结果，而非原因。类似的问题日后对图灵测试一直产生着困扰，因为它单纯地根据行为归因智力。

柏拉图和亚里士多德之后，古希腊出现了"斯多葛"哲学学派。斯多葛学派把思维归给了心脏，并彻底将"灵魂"的概念与一般的"生命"概念分离开来；和柏拉图及亚里士多德不同，他们认为植物没有灵魂。因此，随着斯多葛学派在希腊日益流行，灵魂不再负责一般性的生命机能，而是专为精神和心理方面效力了。[8]

8　斯多葛学派还有另外一套有趣的理论，很好地预示了 20 世纪 90 年代计算机科学的部分发展。柏拉图的三重灵魂论能合理地解释人感觉矛盾、三心二意的情况，他可以说，这是因为灵魂的两个不同部分产生了冲突。但斯多葛学派只有一重灵魂，只负担一方面的机能，他们还煞费苦心地描述灵魂"不可分割"。那么，如何解释左右为难的矛盾心理呢？用古希腊历史学家普鲁塔克（Plutarchus）的话来说，"同一理智同时转向了两个方向，但由于变化的速度太快、太敏捷，我们注意不到"。90 年代的时候，我记得看过一则视窗 95 操作系统的广告，它先是按先后顺序播放了 4 段不同的动画，鼠标指针一一点击它们。这代表了旧式操作系统。紧接着，4 段动画同时运动起来：这代表多重任务的"视窗 95"。到 2007 年前后，多进程处理器计算机愈发成了标准配置，多重任务处理也无非是在不同进程里来回切换（正如斯多葛学派所说），跟电视广告里贬损的旧式操作系统没什么不同，可是它完全自动，而且速度真的快。——原注

天堂路上没有狗

斯多葛学派似乎属于基督教吸纳入内的哲学分支，也为笛卡儿开创性的思维哲学理论提供了营养。笛卡儿之所以持一神论立场，大概是觉得（柏拉图的）多重灵魂挤在一起的概念有点讨厌（但基督教三位一体的吸引力还是不容否认的），所以，他用单一的灵魂在"我们和他们"之间画出了界限。他甚至比亚里士多德更进一步地提出，人类之外的动物，没有任何一重灵魂。

现在，任何在主日学校学习并成长的孩子都知道，动物是否拥有灵魂是基督教神学的一个敏感点。孩子们养的宠物快死掉时，他们都问过类似叫人无法回答的问题，而且大多得到的是不知所云的回答。主流文化里也到处有这个问题的身影，从精心起名为《所有的小狗都上天堂》（*All Dogs Go to Heaven*）的动画片，到电影《浓情巧克力》（*Chocolat*）里的经典片段。在前部电影里，一个教友问，自己的（没有灵魂的）小狗在四旬斋（Lent）期间溜进了糖果店，算不算是有罪呢？新上任的牧师顿时结结巴巴，狼狈不堪，匆匆说了句"万福玛利亚""我们天上的父啊"，就"啪"地关上了告解室的小窗户，讨论结束。

一些希腊人想象动物，甚至植物"赋予了灵魂"（恩培多克勒就认为自己前世是一株灌木），笛卡儿与此相反，他态度坚定，毫不动摇。他甚至不满于亚里士多德多重灵魂，或者柏拉图多部分灵魂的想法。灵魂只有一种：我们专有的、独特的人类灵魂。天堂路上绝对没有小狗。

一切目的的目的：幸福（Eudaimonia）

所有这些有关灵魂的讨论，到底要走向何方呢？阐述我们的生命力，就是阐述我们的本性、我们在世上的位置，故此也就是阐述我们应该怎样生活。

公元前 4 世纪，亚里士多德用《尼各马可伦理学》（*The Nicomachean Ethics*）攻克了这一难题。《尼各马可伦理学》是他最著名的一部作品，让我们来看看他在书中的主要观点。生活中有手段和目的之分：我们做 X 是为了 Y。但大多数的"目的"（End）本身又只是其他目的的手段。我们给车加满油是为了去商店，去商店是为了买打印纸，买打印纸是为了寄送简历，寄送简历是为了找到工作，找到工作是为了赚钱，赚钱是为了买食物，买食物是为了维持生计，维持生计是为了……呃……生活的目的到底是什么呢？

亚里士多德说，有一个目的，也只有这一个目的，再不会让位给它背后的其他目的。这一目的的名字，希腊语为"ευδαιμονια"，我们写作"Eudaimonia"，它的译法多种多样：最常见的是"幸福"（Happiness），也有时译为"成功"（Success）和"蓬勃"（Flourishing）。从语源上看，它的意思是某种与"精神福祉"相一致的东西。我个人认为"蓬勃"这个译法最好，"幸福"这把大伞底下有时会偷偷溜进肤浅的享乐主义和被动的愉悦，例如吃薯片经常让我"Happy"（此处意指开心），但显然不能让我"蓬勃"；而"成功"则隐含着浅薄的竞争和你死我活的拼命感，我可以在游戏里"Succeed"（此处意为胜过）我的中学同学，也可以因为躲开了大型投资诈骗而"成功"，或是在决斗里杀死对手而"成功"，但这些事情跟"蓬勃"也同样没有太大关系。反观"蓬勃"，就全无这两方面的弊端。和它与植物相关的隐含意思一样，"蓬勃"暗示着短暂、易逝，强调过程重于结果，以及履行个人承诺、充分发挥潜力的意义——这是亚里士多德认为人应该做什么事情的关键所在。

另一点不利于"幸福"译法的因素（也是它更接近"成功"意思的一个原因）是，希腊人似乎并不在乎你的实际感觉。"Eudaimonia"就是"Eudaimonia"，不管你是否承认它，是否体验到它，它都在那儿。不管人是否认为自己"Eudaimonia"，你都有可能是错的。[9]

"Eudaimonia"的关键是"αρετη"（Arete，中文译为"德性"），译为"卓越""实现目的"。有机物和无机物都可用此词来形容：春天开花的树叫"有德性"，锋利的菜刀切胡萝卜同样"有德性"。

借用一个截然不同的哲学家尼采的话来说，"没有什么比'擅长'更好了！也就是：具备某种能力，并使用之。"从更温和、更接近植物学的意思上来说，这也是亚里士多德的观点。为此，他给自己设定的任务就是弄清人类的能力。鲜花生来便为了绽放；刀子

---

9 这是一个很有意思的细微区别，因为现代哲学对主客观分得很清楚。事实上，在大量有关机器智能的辩论中，主观体验似乎是关键，是防守之重中之重。不过希腊人好像不怎么关心它。——原注

造出来是为了切割；我们生来是为了什么呢？

亚里士多德的金句；亚里士多德金句的失效

亚里士多德采取了我认为非常合理的方法，决定通过观察人类具有哪些动物所不具备的能力，来阐明人类存在的目的问题。植物获得营养，便按照自然规律茁壮成长；动物似乎拥有意志和欲望，能够移动、奔跑、狩猎，建立基础的社会结构；但人类，好像，还有理性。

所以，亚里士多德说，人类的"德性"体现在沉思中，"完美的幸福是一种沉思活动"。他又补充说，"神祇的活动……必定是某种形式的沉思"。对于一位职业哲学家而言，这个结论未免来得太过轻巧——我们有理由怀疑这里面存在利益冲突。不过，很难说他的结论来自自己的生活方式，还是他的生活方式来自他的结论，所以，我们也不应该太快做判断。此外，"最有人味的人"这样一个概念，我们有谁能说跟它没有丝毫的利益牵扯呢？亚里士多德这种"思想家赞美思想"的立场，我们不妨保留意见，不过，他对理性的强调仍然是站得住脚的。

我思（Cogito）

不光亚里士多德，整个希腊思想界都强调理性。正如我们所见，斯多葛学派也把灵魂的版图收缩到了理性上面。但是，亚里士多德同时又相信，感官印象才是思想的货币，或语言。这种信念折中了他的理性观。（斯多葛派的对头，伊壁鸠鲁学派，就相信感官体验——当代哲学家称之为"感受性"（Qualia，也译为"感质"）——才是有灵魂生命的独有特点，智性思考不在此列。但柏拉图似乎想尽量少跟世界的实际体验扯上联系，而是偏向于相对完美和清晰的抽象性，而在他之前，苏格拉底也曾说过，过多关注感性体验的头脑"醉酒""分心""盲目"。[10]

17 世纪的笛卡儿，拾起了这些线索，并把对感觉的不信任感提升到了极端怀疑的程度：我怎么才能知道自己的手真正在面前呢？我怎么才能知道世界真正存在呢？我怎么才能知道我自己存在呢？

他的回答，成了哲学史上最有名的一句话：我思，故我在。

所以，我认为，我不是"登录了世界"（伊壁鸠鲁大概会这么说），也不是"我体验""我感觉""我欲望""我认识"或"我感知"。都不是，而是"我思考"。这种脱离生活现实最远的能力确保了我们的生活现实——至少，笛卡儿是这么说的。

在人工智能的故事里，这是一段最有趣的衍生和讽刺情节，因

---

10 用亨德里克·洛伦茨的话来说："当灵魂利用感觉，参与感知的时候，'就像喝醉了一样，摇摆、困惑和头晕。'反之，当它'靠自身维持自身'，研究可理解之事时，它的摇摆就走向了目的，达成稳定和智慧。"——原注

为第一张倒下的多米诺骨牌，就是在亚里士多德帮助下发明的演绎逻辑领域。

逻辑门

大概可以这么说，事情始于 19 世纪，英国数学家兼哲学家乔治·布尔（George Boole）设计并公布了一套系统，用 3 个基本连词描述逻辑：也即 AND（逻辑与），OR（逻辑或）[11] 和 NOT（逻辑非）。它的概念如下：从任何数目的简单陈述入手，通过与、或、非的一连串流程图，都可以构建或打破本质上无尽复杂的陈述。不过，大多数人都忽视了布尔的系统，只有逻辑学家才会读它，并且觉得它没什么实际用处。直到 20 世纪 30 年代，密歇根大学的学生克劳德·香农为了修读数学和电气工程双学位，偶然在逻辑课上听说了布尔的理念。1937 年，21 岁的香农到麻省理工修读研究生，突然一天灵机一动：两门学科像一副分为两叠的扑克牌一样向内拱起，交错合并到了一起。他意识到，你可以用电来执行布尔逻辑，在后人称为"历史上最重要的硕士论文"中，他解释了具体的做法。电子"逻辑门"很快诞生，并很快发展成了处

11 "Or"（或）这个词在英语里的意思是模棱两可的：举例来说，"你的咖啡想加糖或奶油吗？""你的汉堡想配薯条还是沙拉呢？"实际上是两种不同类型的问题。（前一句话里，回答"加""不加"也都可以，"加"的意思是"都加"，"不加"的意思是"都不加"，而后一种情况是要你在两者中选择其一。）每个人对这两句话的反应各有相同，而且很少有意识地注意到两者的差异。为了精确，逻辑学家将这两类问题分别称为"兼或"（Inclusive Or）和"异或"（Exclusive Or）。布尔逻辑中的"或"专指"兼或"，也就是说，"这个还是那个，还是两者皆"。"异或"也写作"XOR"，意思是"要么是这个，要么是那个，但非两者。"——原注

理器。

香农还注意到，你可以从布尔逻辑的角度来思考数字，也就是说，你可以把每个数字都想成是关于它所包含的数字——特别它所包含的 2 的幂（1，2，4，8，16 等），因为每一个整数都可以由 2 的幂相加构成。例如，3 包含 1 和 2，但不是 4，8，16 等；5 包含 4 和 1，但不是 2；15 包含 1，2，4 和 8。所以，一套布尔逻辑门，就可以把它们视为真与假、是和非的逻辑组合来处理。哪怕从没听说过香农论述的布尔逻辑的人，也很熟悉这套表示数字的系统——它就是二进制。

这样一来，21 岁的克劳德·香农的硕士论文，就为处理器和数字数学（Digital Mathematics）奠定了基础，还淘汰了他未来妻子的职业——尽管这时两人还没相遇呢。

不止如此，在近代史上，从 19 世纪查尔斯·巴贝奇（Charles Babbage）的机械逻辑门到今天计算机里的集成电路，它还终结了一个巨大的牛皮：也即宣称"理性"领域，只由人类主宰。计算机缺乏构成人类的几乎一切特征，在这一点上却将了我们一军。它比我们还理性得多。我们拿它怎么办？这一局面对我们的自我意识有什么样的影响？我们的自我意识对这一局面又有什么样的影响？应该怎样才好？

首先，让我们来仔细回顾一下 20 世纪以来，与自我相关的哲学，以及自我概念的变迁。

死亡的定义转到了脑袋上

正如从亚里士多德到笛卡儿时代，哲学界对灵魂的关注从心脏移到了脑袋，医学界和法律界的视线也朝上抬了，在判断生死时，他们放弃了传统的心肺区域，改以大脑为中心。在人类历史的大部分时期，呼吸和心跳是判断人是否死亡的重要因素。但到了20世纪，死亡的判定和定义都变得越来越不清晰，跟心脏和肺的关系越来越少。这一转变来自两点：一是医学对大脑认识有了飞速发展；二是通过技术人们获得了新的能力，通过心肺复苏术、除颤器、呼吸器和心脏起搏器等能重启并维持心肺系统功能。伴随这些变化，器官捐赠的可行性也大大提高，为辩论新增了一点有趣的压力：倘若宣称某个有呼吸有脉搏的人"死亡"，他的器官就可以捐赠，用来拯救其他人的生命。[12] 1981年夏天，"医学、生物医学及行为研究伦理委员会"（President's Commission for the Study of Ethical Problems in Medicine and Biomedical and Behavioral Research）向时任总统的罗纳德·里根（Ronald Reagan）呈交了一份长达177页、名为《定义死亡》的报告。该报告认为，美国对死亡的法律定义应当扩大，依照1968年哈佛医学院特别委员会的决定，将虽有心肺机能（包括人工维持和自然维持），但遭受不可修复的严重大脑损伤者视为死亡。随后，《统一死亡判定法案》（*The Uniform Determination of Death Act*）于当年通过，明确定义（死亡就是）"含脑干在内的整个大脑的所有功能出现不可逆的停止"。

12　心脏需要大脑，正如大脑需要心脏。尽管如此，心脏已经可以更换了。——原注

死亡的法律和医学定义——跟我们对什么意味着生的理解一样——转移到了大脑。我们以何判断生，就以何判断亡。

这一定义变迁的大部分工作如今业已完成，但一些细微的地方，以及一些比微妙还要微妙的地方，仍然保留着。例如：损伤了大脑某一特定区域，足够满足标准吗？如果够，那么这些区域分别是哪些呢？《统一死亡判定法案》明确回避了"新皮质死亡"（Neocortical Death）及"持续性植物状态"（Persistent Vegetative State）的问题。这些问题尚未得到解决，而且还牵涉一系列的医学、法律及哲学难题。围绕特丽·夏沃（Terri Schiavo）进行了长达10年的法律辩论就是明证（辩论特丽在法律上到底是否还"活着"）。[13]

这里，我并不打算展开有关死亡的复杂法律、道德、神经学论述；我不想掺和"灵魂与身体在哪里交汇"的神学争辩；我更不是要搅入笛卡儿"二元论"的形而上学——也即"心理事件"和"物理事件"是由同一种东西还是由两种不同的东西构成的。这些问题太深奥，也离我们这本书的主题太远。我感兴趣的问题是，这种解剖学上的转变，对人类的生死认识有什么样的影响；反过来说，人类的生死认识，对这种解剖学上的转变有什么样的影响。

13　特丽·夏沃，全名特里萨·玛丽·珊德勒·夏沃，生于1963年12月3日，2005年3月31日逝于美国佛罗里达州圣彼得堡。1990年2月25日，她被确诊患因为心脉停止而导致严重的脑损害，据悉导致的原因可能是饮食功能紊乱症引起的血液成分失衡，夏沃的丈夫坚持撤除其生命支持系统的行为导致了一系列关于生物伦理学、安乐死、监护人制度、联邦制以及民权的严重争论。特丽·夏沃在被拔掉进食管13天后于2005年3月31日因脱水死亡——译者摘自维基百科。

这一核心，这一本质，这一意义，在过去几千年似乎出现过多次迁徙，从整个身体变到了胸部的器官（心、肺、肝、胃），又变到了头部的器官。接下来它又会转到哪儿去呢？

让我们来看看左右半脑的例子。

人类大脑由两个不同的"脑半球"构成：左半脑和右半脑。两个半脑通过一道"极速带宽"的"电缆"沟通——这就是由大约 2 亿条轴突束构成的名为胼胝体的结构。除了依靠胼胝体前后摆动的数据，我们的左右半脑都是独立运作的，运作方式也有相当的不同。

裂脑

那么，问题来了：我们到底在哪儿呢？

这个问题并不比所谓的"裂脑"患者案例更令人啧啧称奇。"裂脑"患者的脑半球是分开的（大多数患者是因为接受了旨在减少癫痫发作的外科手术，左右半脑失去关联），不再进行沟通。一位裂脑患者乔说，"你知道的，左半脑和右半脑，现在彼此独立工作了。但是你不会注意到它……跟以前的感觉没什么不同的"。

有一点值得考虑："你"——此处是一种修辞手法，表示"我"——不再适用于乔的整个大脑了；这个名词的指代今非昔比。

它现在只指左半脑，也就是语言的优势半脑。你大概会说，只有这一半会说话。

无论如何，乔告诉我们，"他"（或者，他的左半脑）没注意到有任何的不同。但他的医生迈克尔·加扎尼加说，事情确实不同了。"我们可以要点花招，把信息放在他分离开来、不能说话的沉默右半脑前面，观察它产生的行为。通过这种实验，我们真的有理由相信，在他左半脑的意识知觉之外，存在着各种复杂的过程"。

有一个怪诞的实验是这样的：加扎尼加在乔视野的不同部位闪现两幅图像——一把铁锤和一把锯子，好叫乔的左半脑看到铁锤，右半脑看到锯子。"你看到什么啦？"加扎尼加问。

"我看到了一把铁锤。"乔说。

加扎尼加继续，"好的，闭上眼睛，用你的左手画出来"。乔用左手（右半脑控制）拿起一支马克笔。"让它顺其自然地画出来"，加扎尼加说。乔的左手画了一把锯子。

"看起来不错，"加扎尼加说，"它是什么呢？"

"锯子？"乔有点困惑地说。

"嗯。你刚才看到什么来着？"

"铁锤。"

"你画的是什么呢？"

"我不知道。"乔，至少是他的左半脑，这么说。

另一项实验中，加扎尼加朝一位裂脑患者"会说话"的左脑闪现一只鸡爪，朝他"沉默的"右脑闪现一堆雪。患者画了一把雪铲，加扎尼加问他为什么会画出这个，他丝毫也没有犹豫，也没有耸肩膀表示无解。他十分流利地说，"哦，简单啦。看到鸡爪就想到了鸡，所以你需要雪铲来清理鸡棚嘛"。当然，这个解释完全错误。

左半脑，似乎在不断地根据经验做出因果推论，不断地努力理解事件的意义。加扎尼加把这一模块称为"阐释程序"。诚如裂脑患者所示，阐释程序能够轻而易举地捏造出虚假的因果关系或动机。事实上，说它"撒谎"不太准确，它更像是"自信满满地把自以为准确的猜测说出来"。因为没有了访问右半脑的通道，左半脑的猜测有时完全是在碰运气，就跟上文的例子一样。不过，有趣的地方是，就算是健康的大脑，这一阐释程序也不一定随时都能得出正确答案。

随便举个例子：一位女士接受了一种能让她的"补充运动皮质"接受电刺激的医疗程序，使她能不受控地发笑。但她并没有因为莫名其妙地发笑而感到困惑，而是乐呵呵地说（任何人处在她的位置都会这么说）："你们这些家伙站在旁边实在太好笑了！"

婴儿哭泣，家长有时完全不知道孩子哭是为了什么——是饿了？渴了？尿布弄脏了？累了？但愿孩子能自己说出来就好了！但婴儿不会说话，他们只好按照清单逐一试错：给点吃的，不行，还在哭；换张新尿布，不行，还在哭；给张毯子，你或许是想睡觉了，不行，还在哭……不过，我又想到，这也能形容我和自己的关系。心情纠结的时候，我会想："我的工作做得如何？我的社交生活如何？我的爱情生活如何？我今天喝了多少水？我今天喝了多少杯咖啡？我近来吃得好不好？我最近锻炼得怎样？睡眠好不好？天气怎样？"有时候，我也只能这样做：多吃些水果，在邻里街区慢跑，午睡一会儿，直到情绪改观，我会想，"哎呀，我猜就是这个了"。你瞧，我并不比婴儿强多少。

读研究生时，我有一回做了一个并不小但也不算不上特别重大的人生决定。之后，我开始觉得整个人"熄火"了。我越是觉得熄火，越是想要重新思考自己的决定，我越是重新思考自己的决定（当时我正在回学校的公交车上），就越是觉得紧张、冒汗，身体忽冷忽热。"天哪！"我记得自己想，"这件事比我想得要重大得多！"结果不然，我只是感染了那个月在系里疯狂传染的肠胃感冒而已。

你在各种有趣的研究里大都能看到这一类的情况——"归因错误"。例如：研究人员已经证明，你在通过悬吊索桥或坐过山车时，他人显得对你更有吸引力。显然，身体产生了对所有一切神经过敏（其实就是害怕）的感觉，但理性思维对这种所谓的"神经质发抖"效应说，"显而易见，小小的过山车和索桥没什么可怕的，安全得很嘛。所以肯定是站在我身边这个人让我小心肝颤悠的……"加拿大进行过一次研究，研究地点在卡匹拉诺吊桥（Capilano Suspension Bridge，北温哥华知名的景点，也是世界上经典的吊桥之一，用粗壮的麻绳及杉树建成），女研究员分别在过桥之前和走到桥中央时，把自己的电话号码递给身边的男性徒步旅客。和她在桥中央相遇的人，打电话提出约会请求的概率要比在过桥之前给电话号码的旅客高两倍。

能为自己为什么要做某事提出极端令人信服理由的人比不擅长

这么做的人更容易让自己从困境里脱身。但是，仅仅因为一个人对奇怪或招人反感的行为做出了合理的解释，哪怕这个人本身很诚实，也并不能说明这个解释就是正确的。有能力找出似是而非的理由解释因果差距，并不会让人变得更理性，更负责，更道德，尽管我们一贯喜欢做出这样的判断。

加扎尼加说，"乔，以及像他一样的患者——这样的人挺多——告诉我们，思维是由一群独立或者半独立的代理构成的。这些代理，这些过程，在我们的意识知觉之外进行着大量的活动"。

"我们的意识知觉"——我们！这里的含义是，乔口里的"我"这个代词，主要指的是他的左半脑（加扎尼加后来明确肯定了这一点）。所以，加扎尼加说，我们也是一样。

半脑沙文主义：计算机和生物

"神经病学和神经心理学的整个历史，就可以看成是左半脑的研究史"，神经学家奥利弗·萨克斯（Oliver Sacks）说。

忽视右半脑（人们也常称它为"次半球"）的一个重要原因在于，左半脑不同位置受损，后果比较明显，右半脑的相应病症却十分不明显。人们常常带着轻蔑的态度推测，右半脑比左半脑更"原始"，左半脑才是人类进化的唯一绚烂花朵。从某种意义上来说，这没错：左半脑更复杂，更专业化，是灵长类动物（尤其是原始人类）大脑极后期才发展出来的部分；另一方面，一切生物为了生存所必备的关键现实认知力，是由右半脑控制的。左半脑，就像接入基本动物脑上的一台计算机，旨在运行程序和原理图；古典神经病学关注原理图甚于现实，所以，碰到右半脑出现症状，人们总觉得是荒诞不经。

神经学家 V. S. 拉马钱德兰（V. S. Ramachandran）回应了上述看法：

左半脑不光专门负责语音的实际产生，还负责接受讲话的句法结构，以及大部分的"语义"——也即对意义的理解。另一方面，右半脑不控制所说的词汇，但似乎涉及了语言中更微妙的方面，如比喻、讽喻和暧昧说法的细微差别——这些技能，小学里并不强调，但对我们通过诗歌、神话和戏剧等达成文化上的进步至关重要。我们爱把左半脑称为"优势"半脑，因为它把握了所有的话语权（甚至大部分内在思考），就和沙文主义者一样，自称是人类最高属性——语言——的宝库。

"遗憾的是，"他解释道，"哑巴右脑无法抗议。"

略微偏向一侧

艺术及教育专家，肯·罗宾逊爵士（Sir Ken Robinson）说，这种对"优势"左半脑的奇怪关注，在世界各地教育系统的几乎所有科目上都很明显：

（教育体系里）地位最高的是数学和语文，接着是人文学科，最底部才是艺术。地球上任何地方都一样。而且，就跟几乎所有系统一样，艺术本身也有高低层次。在学校里，绘画和音乐一般比戏剧和舞蹈的地位高。在这个星球上，没有哪家教育系统会像我们教数学那样，天天教孩子们跳舞的。为什么呢？为什么不呢？我认为这相当重要。我当然认为数学非常重要，可舞蹈也一样啊。只要孩子们得了准许，他们随时都会跳舞；我们也都这样。人人都有身体，不是吗？是我错过了哪次决策大会吗？真的，事实就是这样，随着孩子们的成长，我们逐渐变得只教育他们腰部以上的部分。接着我们把焦点放在他们头上。再接着我们略微偏向了一侧。

这一侧，当然是左侧喽。

罗宾逊说，美国的教育体制"宣扬了一种狭隘得可怕的智力和能力观"。诚如萨克斯所说，如果左半脑"就像是接入基本动物脑上的一台计算机"，那么，通过左半脑活动来定义我们自己，以左半脑为自己感到骄傲，把自己"定位"于左半脑，我们其实是把自己当成了，这么说吧，当成了计算机。多教育左半脑、重视左半脑，奖励、培养左半脑的能力，我们其实就朝着计算机的方向走去了。

理性主体

你在经济学领域也能看到对左半脑的同样偏爱。情绪是缠绕在意识大船外壳上的水藻，是难以摆脱的麻烦。做决定时，要尽最大可能摆脱情绪；尽量多地算计，尽量多地讲究算法。

"如果你问本杰明·富兰克林，'我该怎么才能拿定主意呢？'"斯坦福商学院的巴巴希夫（Baba Shiv）说，"他会建议你这么做，把你当前选项的所有积极和消极方面分别列出来，再把备选方案的所有积极和消极方面分别列出来。然后选择积极方面最多、消极方面最少的选项"。

经济理论中"理性主体"模型，纳入了这种不带感情的分析式决策方法。它认为，理性的消费者或投资者，可以接触到市场上的所有可用信息，能够立刻将之进行提炼，做出完美的选择。可惜，真正的市场、真正的投资者和消费者，并不以这种方式运作。

就算后来经济学家意识到全知全能的理性行为并非正确的模型，他们仍然只把这当成是"不足之处"，而非压根行不通的东西。2008年，行为经济学家丹·艾瑞里（Dan Ariely）在《怪诞经济学》（Predictably Irrational）一书中反对理性终极模型，提出了大量与之不吻合的人类行为。你以为这意味着人们开始重新认识长久以来遭到忽视和贬低的自我能力了么？扫一眼封面导语，看看我们打算从什么角度理解经济理论的这些偏差，就足以让你冒出一句响亮的"不"了。"我们该如何避免上当受骗呢？"哈佛大学医学院医科教授杰罗姆·古柏曼（Jerome Groopman）说。"我们怪异的行事方式"，商业作家詹姆斯·索罗维基（James Surowiecki）说。"弱点，失误和忌讳"，哈佛大学心理学家丹尼尔·吉尔伯特（Daniel Gilbert）说。"愚蠢，甚至灾难性的错误"，诺贝尔经济学奖得主乔治・阿克洛夫（George Akerlof）说。"管理好情绪……对我们所有人都是莫大的挑战……但它能帮你避免常见的失误"，金融偶像查尔斯・施瓦布（Charles Schwab）说。[14]

诺贝尔经济学奖得主，普林斯顿大学的丹尼尔・卡尼曼（Daniel Kahneman）提出警告，从前传统"理性"经济学里视为"非理性"的一些东西，其实只是不准确的科学罢了。举例来说，让你在稳得100万美元和50%的机会得到400万美元之中做出选择，"理性的"选择"显然"是后者，因为后者的"预期结果"是200万美元，比前者高了1倍。可大多数人说他们会选前者——愚蠢！真的吗？其实，选择前者还是后者，取决于你本身有多富裕：你越是富裕，越倾向于赌博。是因为富裕的人更讲逻辑吗（他们富裕就是证明）？是因为不那么富裕的人容易被金钱激起的情绪反应所蒙蔽？是因为较之收益带来的兴奋，大脑更厌恶损失？又或者，富裕的人接受赌博，不那么富裕的人拒绝，完全是依据各自的情况来做选择？想想看：一个深陷房贷债务的家庭，拿到100万就可以还债了；额外的300万固然锦上添花，但却不像100万那么雪中送炭。"要么翻4倍，要么一分钱都没有"的提议不值得拿自己的房子去赌。而对于像唐纳德・特朗普（Donald Trump）这一类的亿万富翁，100万美元只是个小数，只要他知道胜算有利于自己，恐怕更乐意赌上一把。两种选择截然不同——但都正确。

---

14 这本书的续集，《怪诞经济学2：非理性的优势》（*The Upside of Irrationality*），在标题里对"非理性"的态度更为乐观，只是跟内容本身有点不搭调。——原注

不管怎么说，即便有这样的例子，主流态度还是十分鲜明：不管是支持理性选择理论的经济学家，还是批评它（支持"有限理性"论）的经济学家都认为，不带感情，如同机器人一般的决策方法明显优越。我们都渴望把猿类祖先甩到尽量远的地方去——唉，我们还是这么容易地犯错，时不时地"感情用事"。

这是数百年来（且很可能持续下去）的主流理论。不光经济学领域如此，就连整个西方思想史，都充斥着生物性需要计算机的例子。但相反的例子（也即计算机需要生物性）却相当少见，直到前不久，情况才有了改观。

巴巴希夫说，早在20世纪60年代和70年代初，进化生物学家开始追问：既然情绪对决策起着如此可怕而有害的作用，它为什么会进化出来呢？如果它这么地糟糕，我们难道不应该进化得有所不同么？我想，理性选择论支持者会这样回应，"我们已经在朝着那个方向进化了，只是还不够快而已"。巴巴希夫说，到20世纪80年代末和整个90年代，神经学家"开始提供证据，支持（与理性选择论）截然相反的观点"："对做出良好决策而言，情绪是必要的，基本的。"

巴巴希夫回忆说，自己研究的一位患者因为中风，"大脑的情绪区域被切除了"。这位患者自愿做了一整天测试和诊断，巴巴希夫给了他一件免费的东西表示感谢——让他选是要钢笔，还是要钱包。"如果你面对如此无关紧要的决定，你会看看笔，再看看钱包，想一想，拿起其中一样就走了，"他说。"就这么简单。它没什么影响。无非是一支笔，一个钱包嘛。可这位患者却不是这样。他先跟我们做了一样的事，看了看笔和钱包，想了一阵，然后拿起笔，开始朝外走——迟疑了好一阵，又拿起了钱包。他走到我们办公室外面，又折返回来，拿起了笔。他回到了酒店房间——听我说，这真是一个无关紧要的决定！——他给我的语音信箱留了口信，说：'我明天再来的时候，能换钱包吗？'永远处在优柔寡断的状态。"

南加州大学教授，神经学家安东尼·贝沙拉（Antoine Bechara）也有一位类似的患者。这位患者需要签署一份文件，由于桌上有两支笔，他就折腾了整整 20 分钟。[15]（如果我们是计算机 / 生物混合体，那么这似乎就等于是破坏了生物力和冲动，使得人容易遭受计算机型问题的折磨，比如处理器瘫痪、宕机等。）这种时候，根本就无所谓"理性"和"正确"答案了。逻辑和分析思维全成了无用的摆设。

在没有客观最优选择、仅有大量主观变量要权衡的决策里（机票就是一例，房子也是，巴巴希夫把"择偶"——也即约会——也包括在内），超理性思维完全失控了，巴巴希夫称之为"决策困境"。出于此类决策的性质，再多额外的信息也帮不上忙。此时

15　神经学家安东尼奥·达马西奥（Antonio Damasio）给他看了一系列情绪强烈的照片——断脚，裸女，着火的房子——他几乎没有反应。《银翼杀手》（Blade Runner）的粉丝们还记得小说（以及同名游戏、电影）里虚构的"福格特–卡普夫测试"（Voigt-Kampff Test）吗？这位患者就跟它一模一样。好在这位患者并没生活在《银翼杀手》的世界，要不然，哈里森·福特（电影的主演）会判断他是"人造人"，干脆利落地杀掉他。——原注

（你可以想一想那个关于驴子的古老寓言：驴子在两堆干草之间不知道该选哪一堆，结果活生生地饿死了），我们想要的不是"正确"，而是为自己的决策感到满足（"走出困境"）。

巴巴希夫对自己倡导的理念身体力行。他和妻子是包办婚姻——两人聊了20分钟就决定去办婚礼了[16]。他俩答应，只要第一眼看中，就买下房子，绝不犹豫。

回到感官

所有这些"半球偏爱"（你可能会这么叫它），或者"理性偏爱""分析偏爱"，与其说是对左半脑的偏爱，不如说是对分析式思维和语言阐述的偏爱。两者互相结合，又掺杂了其他一些主流的社会风气，最终导致了若干令人不安的结果。

举个例子，我时常回想在基督教教育班（或者公立学校的天主教晚自习）的少年岁月。在那时的我眼中，所谓虔诚，就是隐居的修道生活，尽量摆脱人的"生物性"，沉浸于"来生"的修炼。类似亚里士多德的理想：把生命完全耗费在沉思之中。不人吃人喝，不用时髦的东西打扮身体，也不以运动、舞蹈、性等方式来展现身体。也偶尔会弹奏音乐，但这音乐充满了感恩，它完全符合作曲规则，满足和谐的数学比例，只激发纯粹的分析，远离肉身的普遍污

---

16 你或许会说，这可是图灵测试的终极胜利呀。——原注

秽与模糊。

总之，我小时候很不信任自己的身体，以及伴随而来的一切怪异感觉。我只不过有一具身体的思维，而身体的主要目的，似乎是要扰乱思维，挡它的道。我是意识，用叶芝那令人难忘的诗句来说："它被绑在一具／垂死的肉身上，为欲望所腐蚀。"教会的人们对我解释说，等那肉身最终死掉，事情就会好起来。但他们又一定会特别强调，自杀严重违规。我们所有人都困在肉身里，我们必须耐心等待肉身的消逝。

与此同时，在操场上，我轻蔑地看着长得像山顶洞人的男孩投篮，休息时喘粗气——这时候我正跟朋友们聊着 MS-DOS 和斯蒂芬·霍金（Stephen Hawking）。我经常把吃饭的需求看成是烦人事儿——我把食物塞进嘴里，让我的胃安静下来，就像父母把奶嘴塞进婴儿的嘴里。吃饭太烦人了，它挡了我的生活之路。撒尿烦人，淋浴烦人，每天早晚都刷牙烦人，睡觉要用去人生 1/3 的时间更烦人。至于性欲——不知什么原因，我产生了一个念头：少年时代的第一次手淫，已经让我手里握了一张下地狱的单程票：性欲简直太烦人了，我敢肯定，它会毁了我的一切。

我想指出，这种亚里士多德／斯多葛／笛卡尔／基督教式的对理性、思考、头脑的强调，这种对感官、对身体的不信任，导致了一些极为奇怪的行为。不光律师、经济学家、神经学家、教育工作者和倒霉的潜在虔诚教徒如此，而且到处都如此。在从前以户外体力劳动谋生的世界，久坐不动、日日花天酒地的贵族阶级，把皮肤苍白、体重超标变成了地位的象征；在如今以信息劳动为主的世界，身材瘦削、皮肤黝黑——哪怕它是人为的，不健康的——又成了奢侈品。两种情况似乎都不太理想。事实上，我们总是刻意地"锻炼"不足：我可以想象，哪怕到办公室只有一两英里路，中产阶级的城里人也心甘情愿地为停车位或公交卡掏腰包，之后他们再花更多钱办健身卡（开车或者乘公交去健身馆）。我在离大西洋不到 5 千米的地方长大；可到了夏天，离海滩只有一条街的日光浴美容院仍然生意兴隆。让自己显得跟同类不一样，就是让自己的身体显得跟同类不一样。事实证明，采用这一哲学理念带来的后果怪异非常。

图灵机和肉身欠条

这些有关灵魂和身体的问题跟计算机学是怎样融合起来的呢？为了一窥究竟，我给就职于新墨西哥州大学和圣菲研究所的戴维·埃克里（Dave Ackley）打去了电话，他是人工生命领域的教授。

他说："这也是我以前做过的一个讲演主题。在我看来，自从冯·诺依曼、图灵和埃尼亚克（ENIAC[17]）那帮家伙造出了计算机，他们采用的模型就是意识思维的模型：同一时间只做一回事，除了

17　指宾夕法尼亚大学的约翰·莫齐利（John Mauchly）和 J·普雷斯伯·埃克特（J. Presper Eckert）。埃尼亚克，ENIAC，是 Electronic Numerical Integrator and Computer（电子数字积分计算机）的首字母缩写，诞生于 1946 年，最初用于氢弹的计算，是第一台完全电子化的全功能通用型计算机。——原注

依靠意识思维什么也不改变，不受外部世界的干扰，不与之沟通。所以，运算不光没有意识到外部世界，还根本没意识到自己该有个身体，所以，从非常真切的字面意义上来说，运算是无形的。自从我们设计出计算机以来，这就是我们写给它们的肉身欠条，而且我们至今尚未兑现。"

听了他的话，我禁不住琢磨，我们真的想过要给计算机一具肉身么？有柏拉图、笛卡儿对感官的不信任在先，人类设计计算机出来，似乎就是要让我们变得跟它们更相像似的。换句话说，计算机代表我们写给自己的"脱离肉身"欠条。事实上，一些思想学派似乎把运算视为一种从天而降的狂喜。一些计算机学家，比如雷·库兹威尔（Ray Kurzweil）就在自己 2005 年出版的《奇点将至》（*The Singularity Is Near*）一书中，畅想了一个乌托邦式的未来，我们会抛弃肉身，把思想上传到计算机上，以虚拟、不朽、无形的方式永远地活下去。真是黑客的天堂啊。

在埃克里看来，大部分运算工作在传统上与动态或互动系统无关，也不是将现实世界的数据进行实时集成的系统。事实上，计算机的理论模型（冯·诺依曼设计的图灵机）似乎更像是复制理想境界下的有意识推理。埃克里指出，"冯·诺依曼机是一幅你平常以为的人有意识思维的形象：你做着长除法，你一步步地运行这个算法。可大脑并不是这样运作的。思维是在不同情境下运作的"。

接下来，我又找到了马萨诸塞大学理论计算机学家哈瓦·西格尔曼（Hava Siegelmann），他同意艾克里的意见。"图灵 [在数学上]

非常聪明，他提议用图灵机来描述数学家。[18] 图灵机的模型，是按人的解题方式来设计的，而不是人认出自己妈妈的方式。"（萨克斯说，后一问题属于"右半球"擅长的领域。）

18 世纪有一段时期，自动机器风潮席卷欧洲：所谓自动机器，就是外观和举止都极似真人或真动物的精巧物件。其中最有名的是 1739 年雅克·德·沃坎逊（Jacques de Vaucanson）设计的"消化鸭子"（Canard Digerateur）。伏尔泰（Voltaire）有些刻薄地提起这只鸭子引发的轰动效应，他的原话是："Sans… le canard de Vaucanson vous n'auriez rien qui fît ressouvenir de la gloire de la France。"有时候，人们将这句话幽默地翻译为："没了这只拉屎的鸭子，我们简直再找不到别的东西来回忆法兰西的荣光了。"

尽管沃坎逊声称鸭子的模拟肠道里有一间"化学实验室"，但事实上，那无非是一口袋染成绿色的面包屑，藏在肛门后面，等鸭子进食过后不久就将之松开，鸭子就会"排便"。斯坦福大学教授杰西卡·里斯金（Jessica Riskin）推测，没人尝试模拟消化器官，一定是因为当时盛行的以下观念：身体的"干净"部位可以用齿轮和杠杆模仿（肌肉、骨骼和关节），"污秽"的过程（咀嚼、消化和排泄）却不能。我们模拟思维的方法，是不是存在类似的情况呢？

事实上，很早以前，计算机科学领域就分成两大派：一些研究

18 还记得图灵说过的话吗？"数字计算机背后的设想，或许可以这样解释：这些机器旨在执行人类计算员可以完成的任何运算工作。"——原注

人员想要追求更"干净"的算法结构；另一些想追求更"污秽"的完形导向结构。尽管双方都取得了进展，从图灵时代开始，"算法派"完全压倒了"统计派"。这一情况，直到近些年才有所改观。

翻译

早在 20 世纪 40 年代初，就有学者对神经网络、模拟计算和统计运算（与算法运算相对）发生了兴趣。但迄今为止，占主导地位的范式都以算法、规则为基础，直到世纪之交。

如果把某个特定类型的问题——也即机器翻译的问题——单列出来看，你就能看得更加分明了。早期的方法是以语义为基础，建立一个词与词对应的庞大字典库，再设计算法规则，让一种句法和语法变成另一种。例如，要从英语翻译成西班牙语，就把名词之前的形容词放到后面。

为了更深入地了解内幕，我给加州大学圣迭戈分校的计算语言学家罗杰·利维（Roger Levy）打了电话。我们就翻译的问题实际上是语义问题这一观点进行了探讨。"坦率地讲，"他说，"身为计算语言学家，写一段程序通过图灵测试，我实在觉得有点荒唐。如果让我去当人类卧底，我大概会编一个句子，一个相对复杂的句子，然后说，'你刚才说了这个。你还可以用这个，这个和这个来表达同样的意思。'这种事情，如果让一台计算机进行阐释，是非常地困难的。"但他又说，这种特殊的"展示"，对我而言也可能起到适得其反的作用：它们出现得太不自然了，我恐怕非得详细解释为什么计算机很难做到这件事。"这一切都取决于评委的信息水平，"他说，"不过，闲聊也有很好的地方，就是如果你们进入到一个严重依赖实践推论的话题领域，计算机就力有未逮了，因为你必须依靠现实世界的知识。"

我请他举几个"实践推论"怎样发挥作用的例子。"最近，我们做了一个人类实时句意理解的实验。我给你一个意思含糊的句子：'约翰照看音乐家的孩子，他傲慢无礼。'请问是谁傲慢无礼。"我说，照我看来，傲慢无礼指的是音乐家。"好的，再来一个：'约翰讨厌音乐家的孩子，他傲慢无礼。'"这一回听起来像是说的孩子，我说。利维肯定了我的想法："对的。现在的计算机系统，还不具备这种理解能力。"

原来，所有的日常对话，都不仅仅需要字典和语法知识。对比以下两句话："把比萨从烤箱里拿出来，再把它关上。""把比萨从烤箱里拿出来，把它放在桌子上。"为了理解这两句话里的代词"它"，你必须要理解这个世界的运转方式，而不光是理解语言。再来一个例句："我拿着咖啡杯和牛奶盒，我没查看过期时间就把它倒进去了。"（即便系统已经对"咖啡和牛奶是液体""杯子和盒子是容器""只有液体才能'倒'"等基本事实做了编程，也无法判断哪种情况是合理的——是把咖啡倒进牛奶盒，还是把牛奶倒进咖啡杯。）

一些研究人员感觉，用词汇和语法规则把语言肢解开来，根本不能解决翻译问题。有一种新方法彻底放弃了这样的策略。例如，来自谷歌的团队在 2006 年 NIST 机器翻译比赛中高票胜出，让好多机器翻译专家大跌眼镜：谷歌团队里没有一个人懂比赛中使用的两门语言（阿拉伯文和汉语）。你可能想得到，软件本身对这两门语言的意义或语法规则也一窍不通。它只是从庞大的高质量人类翻译库[19]（大多来自联合国备忘录，这份备忘录简直是 21 世纪的数字罗塞塔石碑）提取素材，根据之前翻译过的内容把短语拼凑在一起。5 年后，这种"统计"技术尽管尚未日臻完美，但基本上已经淘汰了以规则为基础的翻译系统。

还有其他什么问题，是统计式系统战胜了以规则为基础的系统呢？我们右半球最擅长的领域之一：对象识别。

UX

左半脑有意识的分析式方法完全失效的另一个地方，跟"UX"概念相关。UX 是"用户体验"（User Experience）的缩写，指特定用户使用一种软件或技术后产生的体验。用户体验和该设备纯粹的技术性能没有关系。起初，计算机科学主要关注的是技术能力。例如，20 世纪计算机的处理能力[20]呈现出指数增长，让 90 年代激动

19　有趣的是，这正好意味着，对计算机而言，释意比翻译更难，因为目前没有可以用来统计的庞大释意语料库。我脑袋里唯一能够想到的例子，是文学名著和宗教典籍的不同译本——这可真够讽刺的——原注

20　"摩尔定律"描述了这种发展趋势，它是 1965 年英特尔联合创始人戈登·摩尔所做的预测：处理器中电晶体数量每两年翻一番。——原注

人心。然而，那并非一段美好时光。我的同学向我们展示他刚买的计算机——因为机器老是发烫，我同学只好把机箱打开，用电线把处理器和主板吊在桌子边上，再用风扇把热风吹出窗户。键盘上的按键按起来涩涩的，不灵光；鼠标要费力地使劲抓着；显示器很小，颜色有点闪烁。但从运算的角度说，一切好到令人尖叫。

这似乎是当时的主流审美。我 8 年级时第一次找暑期工，到餐馆应征打杂，遭拒；到高尔夫球场应征球童，遭拒；到夏令营应征辅导员，遭拒——最后在一家网页设计公司找到了活干。至少 10 年里，我都是他们那儿年纪最小的员工，拿的薪水 500% 是最低的。我的工作职责多种多样，比如："布莱恩，你到洗手间室把厕纸和纸巾装上"。"布莱恩，你来给佳能新的电子商务内网平台来做个安全测试。"我记得，在这家网页设计公司，我的导师级人物毫不含糊地说，"功能重于形式"。

整个行业似乎把这句咒语抬高到了功能战胜"运行"的地步：有一阵子，软件和硬件之间展开了你死我活的较量，形成了相当奇怪的局面——计算机的性能呈指数倍增长，可仍然不够用，因为软件对系统资源的需求越来越大，有时候，它耗费系统资源的速度比硬件进步的速度更快。比如，在 Windows Vista 上运行 Office 2007，内存消耗量是 Windows 2000 上运行 Office 2000 的 12 倍，处理能力消耗量是后者的 3 倍，执行线程是上一版本的将近两倍。有时候，人们把这叫作"安迪和比尔定律"（安迪指的是英特尔的安迪·格鲁夫，比尔指微软的比尔·盖茨）："安迪给多少，比尔抢多少。"尽管运算能力成倍增长，但全被软件的"新功能"给吃掉了，用户只好在新机器上忍受跟过去一模一样的滞后和蹒跚。两家巨型公司每年投入数十亿美元和上千人力发展硬件和软件，但进步却十分有限。用户体验更是无从谈起。

我认为，过去几年，消费者和企业的态度发生了改变。苹果的第一代产品，Apple I，非但不包括键盘或显示器，甚至也不包括装电路板的机箱。但很快，他们就开始在自我定位中将用户体验放到了第一位，其次才是运算能力、才是价格。如今，他们制造出了以优雅见长的产品（这可是前几年看来还不可能甚至不相关的东西），赢得了大把的仰慕者和粉丝。

同样地，随着计算技术越来越多地转向移动设备，产品开发对纯粹运算能力的关注逐渐降低，转而侧重于产品的整体设计，以及流畅性、反应性和易用性。运算观念上的这一迷人转移，可能来自一种更健康的人类智力观——不再一味强调本身的复杂性和能力，而是更看重它的响应速度、灵敏度和灵活性。20 世纪的计算机帮助我们认清了这一点。

以我们自己为中心

诚如萨克斯所说，我们是接入生物体上的计算机。这一看法，并不是在诋毁左半脑或右半脑。它并不是说，我们通过理性，已经将我们的兽性摆脱了一半，并且还能够通过意志力再进一步。这一论点想要强调的是两者之间的张力。或者，更准确地说，是两者之间的合作、对话、二重奏。

Scattergories 和 Boggle 这两款文字游戏，玩法不同，但计分方式一样。玩家每人想出一张单词表，他们比较列表，画掉列表上多次出现的单词。哪个玩家词汇表里剩下的词最多，哪个玩家就获胜。我总觉得这是一种相当残酷的计分方式。设想有一名玩家想出了 4 个单词，其余 4 名对手每人只想出了上述 4 个单词里的 1 个。这就成了一轮平局，可这样的平局很难叫人产生势均力敌感。随着人类独特性的界限来回拉扯，我们把自我认同的鸡蛋放进越来越少的篮子里；突然，计算机出现了，夺走了最后那个篮子，画掉了我们单词表上剩下的最后一个单词。突然之间，我们意识到，独特性本身，跟计算机毫无关系。我们修起来分隔其他物种、其他机制的城墙，反而把我们自己困在了里面。而计算机击垮了最后一堵城门之后，把我们解救了出来。我们重新回到了自由的阳光下。

谁能想象，计算机最初期的成就会出现在逻辑分析领域呢？这原本是一种我们跟地球上其他所有东西最为不同的能力。有了逻辑分析能力，计算机虽然不会骑自行车，却能驾驶汽车，操纵导弹。有了逻辑分析能力，计算机虽然无法跟人合乎常理地闲聊，却能像模像样地创作出巴哈风格的曲子。有了逻辑分析能力，计算机虽然不会阐释，却能翻译。有了逻辑分析能力，计算机虽然不能指着一张椅子说，这是"椅子"（任何一个襁褓中的小孩子都能做到的事），却能写出一篇后现代理论文章。[21] 你能想象这一切吗？

我们似乎忘记了什么事情能留给人深刻的印象。现在，计算机提醒了我们。

我最好的一个朋友高中时当过咖啡店的咖啡师傅：一天当中，她会对最好的特浓咖啡进行无数次细微调整，考虑到方方面面的因素，例如咖啡豆的新鲜度、机器的温度、蒸汽量的气压影响，与此同时，她操纵着如同八爪章鱼般的复杂机器，还跟各种顾客聊着天，话题无所不包。后来，她上了大学，找到了第一份"真正"的工作——严格程式化的数据录入。她十分渴望回到自己当咖啡师傅的那些日子——那是一份真正对她提出了全方位智力要求的工作。

我想，我们真的有必要抛弃对分析式思维的奇异精神崇拜，以及随之而来的对生活中生物性（也即动物性）、肉体性方面的诋毁。或许，在人工智能时代的开端，经历了数代人的"略微偏向一侧"，我们最终能够重新回到自我这一中心。

此外，我们知道，在资本主义劳动大军和前资本主义劳动大军的教育体系中，专业分工和差异化非常重要。这方面例子很多，但我想到的是 2005 年出版的《蓝海战略》（*Blue Ocean Strategy*）一书。

---

21 "如果一个人考察资本主义话语，必然要面临这样一个选择：鉴于福柯式权力关系的前提有效，你要么拒绝虚无主义，要么断定作者的目的是社会评论。"或者，"因此，这一主题伪装插入了一套认为意识就是矛盾体的虚无主义当中。"www.elsewhere.org/pomo 上有许多这类计算机写的话，上述两句就摘自该网站。——原注

该书的主要设想是，避免鲜血淋漓的严酷竞争"红海"，驶向未知市场版图的"蓝海"。在一个只有人类和动物存在的世界，我们偏爱左半脑或许多少有点合理。但随着计算机时代的到来，场景发生了戏剧性的变化。最蓝的水域跟过去不一样了。

此外，从前人类出于对"无灵魂"动物的蔑视，不愿意把自己视为同胞"野兽"的后裔，如今出现了全方位的急转向。世俗主义和经验主义尘嚣日上，对生物体认知和行为能力日益欣赏，以及，变得比任何普通黑猩猩或倭猩猩都更"没有灵魂"（这当然不是偶然）。从这个意义上来说，人工智能说不定会变成动物伸张权利的特大利好消息呢。

事实上，我们完全有可能业已见证了对左半脑水涨船高的偏爱。我认为，回归更平衡的大脑及心灵观（以及人类的自我认同）是件好事，它能改变我们对不同任务复杂性的看法。

我以为，只有经历并理解真正的去肉身认知，只有见识过专门处理纯抽象问题的东西有多么冷漠、多么脱节、多么了无生气，跟感官现实有多么疏远，才能真正让我们摆脱这种迷恋和偏爱。毫不夸张地说，只有这样，才能把我们带回感官世界。

我研究生院的一位导师，诗人理查德·肯尼，形容诗歌是"混血艺术——寄生在歌曲上的言语"。他喜欢把诗歌比喻成苔藓：这一生物其实并不是有机体，而是真菌和藻类之间常见的合作关系，因为它太常见了，所以人们常把这种合作关系当成一个物种。1867

年，瑞士植物学家西蒙·施文德纳（Simon Schwendener）最初提出设想，认为苔藓其实是两种生物，欧洲的顶尖植物学家对他大肆嘲笑。芬兰植物学家威廉·尼兰德（William Nylander）就曾戏仿拉丁文，说"stultitia Schwendeneriana"，意思是"施文德纳是个傻瓜。"当然，施文德纳的设想完全正确。苔藓是一个让人感觉浑然一体的奇怪"物种"，但它别有玄机。

这个概念——混血艺术，苔藓，猴子和机器人手牵手——吸引我的地方在于，它似乎也可以描述人类的生存条件。我们的真正本质就是混血杂交。它令我想到，一些最有人味、最优秀的情绪就来自这种计算机-生物体界面的混血状态，来自这种参差交合，来自这种欲望与理性齐聚于一个足够警醒、担心自身局限性的系统之内：好奇、兴趣、启蒙、惊讶和敬畏。

拉马钱德兰说："我见过一个病人，他是纽约来的神经学家。他60岁的时候，右颞叶开始引起癫痫发作。诚然，癫痫发作很痛苦，可他惊讶又欣喜地发现，有生以来第一次，他对诗歌着了迷。事实上，他开始思考韵文，平仄押韵的诗篇不断从他脑海中涌出。他说，这种充满诗意的态度，在他刚开始对生活有所厌倦的时候，给了他一个全新的开端。"

人工智能，很可能就是这样的癫痫发作。

第四章

定点专用与纯技术

伊莉莎登场

发送方：男人都差不多。

接收方：怎么说？

发送方：他们总缠着我们要这要那。

接收方：你能举个具体的例子吗？

发送方：唉，是我男朋友要我来这儿的。

接收方：你男朋友要你来这儿。

发送方：他说我总是经常沮丧。

接收方：听说你沮丧，我很难过。

发送方：这是真的。我很不开心。

接收方：你觉得来这儿能帮你变得不再那么不开心吗？

发送方：我需要帮助，毫无疑问。

接收方：如果你得到了帮助，对你意味着什么呢？

发送方：或许我能学会如何跟妈妈相处。

接收方：跟我讲讲你的家人吧。

1950 年首次提出图灵测试时，它还是个假说：当时的技术离进行实际测试还差得太远。但是，我们知道，技术很快就发展到了相应的高度，第一套吸引了大量关注的计算机聊天程序叫作"伊莉莎"[1]，1964 年到 1965 年由麻省理工学院的约瑟夫·魏泽鲍姆（Joseph Weizenbaum）编写。在计算机聊天程序发展史上，不光创造聊天程序的人性格鲜明，程序本身也有着"丰富多彩"的个性。伊莉莎的故事就很有趣。伊莉莎采用罗杰斯[2]式心理治疗法的模式，根据一条十分简单的原则运作：提取用户自己语言中的关键字，把他们的发言抛回去。（"我很不开心。""你觉得来这儿能帮你变得不再那么不开心吗？"）如果出现疑问，它就后退，说一些完全通用的短语，如"接着说"等。这种把用户的发言套入预设模式，并按规定措辞进行回应的技术，叫作"模板匹配"——它也是伊莉莎唯一擅长的能力。

作为有史以来的第一款聊天程序，"伊莉莎"基本上没有内存、没有处理能力、代码只有几百行，但它带来的结果十分惊人，甚至令人错愕：许多头一次跟"伊莉莎"交谈的人都相信自己是在跟一个真正的人交流。有时，就算魏泽鲍姆本人再三解释也没用。人们按要求跟伊莉莎"私下"单独交谈——一谈就是几个小时，事后拿出报告详细讲述自己的治疗体验很有意义。与此同时，学者们欢呼雀跃，断言"伊莉莎"代表"从整体上解决了计算机理解自然语

---

1 "她"的名字暗指伊莉莎·杜利特尔（Eliza Doolittle），萧伯纳 1913 年名剧《卖花女》（Pygmalion）中的主角。萧伯纳的剧作灵感来自古希腊的皮格马利翁神话，一位雕塑家创作了一座栩栩如生的雕塑，自己也情不自禁爱上了它（它还为其他许多作品带来了灵感，如《木偶奇遇记》），他把这个点子改造成了一个跟语言与阶级挂钩的故事：一位语音学教授跟人打赌，说自己能把低下阶层的伊莉莎·杜利特尔改造得能说一口上流英语，并叫人认定她是贵族——这其实就是改头换面的图灵测试。很容易看出魏泽鲍姆为什么会给自己的"治疗师"起了萧伯纳笔下卖花女的名字。只可惜，最终，魏泽鲍姆的故事更像是奥维德的悲剧，而非萧伯纳的喜剧。——原注

2 卡尔·罗杰斯是美国心理学家，从事心理咨询和治疗的实践与研究——译注

言的问题"。魏泽鲍姆胆战心惊，做出了一个惊人的决定：他立刻改变了自己的整个事业生涯。他终止了伊莉莎项目，鼓励他人对该项目做出批评，并变成人工智能研究领域最难缠的一个对头。

但在某种意义上，精灵已经出了瓶子，便再也没有回头路了。自那以后，几乎每一个聊天程序都以这样那样的形式再造并应用了模板匹配的基本骨架以及伊莉莎所采用的方法，这其中也包括洛伯纳奖的参赛程序。这些程序引发的热情、不安和争议有增无减。

不过，伊莉莎故事最奇怪的后续发展是来自医学界的反应。他们认为，魏泽鲍姆创作的"伊莉莎"实在是神来之笔，非常有用。比如，《神经精神疾病杂志》（*The Journal of Nervous and Mental Disease*）1966 年提到伊莉莎时说："如果证明这种方法有益，那么，它就提供了一种治疗工具，可用于解决精神病医院和精神病中心普遍存在的医师短缺问题。依靠现代和未来计算机的分时共享能力，专门为治病而设计的计算机系统，一小时就能处理数百名患者。人类治疗师参与该系统的设计和操作，非但不会遭到取代，反而会提高效率，因为他不会再像现在这样，一次只能接待一名患者。"

著名科学家卡尔·萨根（Carl Sagan）1975 年附和了这一看法："如今的计算机程序还不足以用于精神病治疗，但同样的论断其实形容人类精神治疗医师也合适。我们社会里似乎有越来越多的人需要精神咨询，计算机分时技术又业已普遍。在这样一个时代，我能想象，如果类似大型电话亭一般的计算机心理治疗终端网络发展起来，那么，花上几块钱就能买一个疗程，能够跟专心的、经过检验的、基本上无偏向性的治疗师谈一谈。"

令人难以置信的是，进入 21 世纪以后没多久，这一预言就成了真——不管魏泽鲍姆会发出怎样的抗议。2006 年，英国国家健康临床优化研究院（United Kingdom's National Institute for Health and Clinical Excellence）建议，英格兰和威尔士可选用认知行为治疗软件（此时计算机无需再假装成人类）对轻度抑郁患者做早期治疗。

规模化治疗

有了伊莉莎，一些有关心理的认真、深刻，甚至严重的问题摆在了我们面前。治疗始终是个人的。但它真正需要个性化吗？让人跟计算机治疗师聊天，不见得比让人读一本书的感觉更疏远。[3] 举个例子，1995 年的畅销书《理智胜过情感》（*Mind over Mood*）就是一套适用于所有人的认知行为治疗方案。这种事情合适吗？

（在亚马逊网站上，有人批评此书说："所有的经验都有意义，并且根植于背景当中。用这种书为自己'重新编程'，并不能代替

3　唯一的区别（但可能非常重要）在于，书籍的界限和范围都很明确。如果你从头到尾读完了一本书，你明确地知道它涉及哪些领域，不涉及哪些领域。聊天机器人的范围却不太清楚：你必须通过语言或文字上的试探才能找出来。你可以想象，一个聊天机器人包含了有用的反应，可用户不知道该怎么触发它。早期的"互动小说"和文本计算机游戏有时就存在这个问题，得了个绰号叫"猜动词"（例如，1978 年一款名为《探险》的游戏，用户要想吹灭灯笼，必须事先知道一个全然不符合文法的"unlight"命令）。或许这么说比较公平，治疗机器人之于治疗书籍，就相当于交互式小说之于实体小说。——原注

接受训练有素且善解人意的医生治疗。记住，你是一个人，不是一套计算机软件！"不过，这样的评论每出现一次，就有另外差不多35个人说，书中所述步骤改变了自己的生活。）

斯汀（Sting，英国著名歌手）有首歌叫 *All This Time*，每次听这首歌，它的歌词都会叫我的心为之一颤："人们集体变疯狂／却只能一个个地好起来"（Men go crazy in congregations / They only get better one by one）。例如，当代女性集体沉浸在大众媒体过度渲染的身体形象问题中，可却各有各的痛苦和特质，只能单独花几年时间解决它。疾病可以大规模散布，治疗却不行。

但非这样不可吗？有时候，我们的身体跟别人的身体存在明显的不同，必须由医生分别治疗，尽管一般而言，告诉医生我们对什么东西过敏、过往病史怎样也就够了。但我们的头脑有多大的相似性呢？它们需要定点照料吗？

理查德·班德勒（Richard Bandler）跟别人共同创办了极具争议性的"神经语言程序"（Neuro-Linguistic Programming）学院，本人也是专门从事催眠的治疗师。班德勒所用方法最奇怪的一个地方（他对恐惧症尤感兴趣），在于他从不尝试寻找患者到底最害怕什么东西。班德勒说，"如果你相信，改变的重要一环就是'理解问题的根源及其深刻的隐含意义'，而且你真心要把内容当成问题来解决，那么，你恐怕要花上好些年才能改变人"。他说，他并不想知道这些东西；它们没什么区别，只会叫人分心。他能够引导患者通过一种特殊的方法治愈恐惧症，而且无需了解患者害怕的到底是什么东西。

这挺奇怪的：我们通常以为治疗应当包含亲密和理解，而且是深刻的理解，甚至比我们自己还能更好地理解我们。而班德勒却在回避这种理解——就像"伊莉莎"一样。

"我认为有一点对你而言非常有用：客户来找你，心里有个错觉，以为你能理解他们在说什么。"他说，"我要警告你，切莫产生同样的错觉。"

纯技术取而代之

我曾经以为，一个人要能帮助另一个人学会应对自己的情绪问题，首要条件便是帮助者本人必须通过自己的移情认识，亲自理解问题，跟对方分享存在问题的经历。毫无疑问，有许多技术都是为了帮助治疗师通过想象，投射患者的内心生活的。但执业的精神科医生竟然主张，纯粹的技术居然可以取代治疗过程中的这一关键元素——这可真是出乎我的意料！提出这种建议的精神科医生在治疗病患时，难道认为这种对面诊技术最简单拙劣的模仿程序，能够捕捉到一个活生生的人所遇问题的实质吗？

——约瑟夫·魏泽鲍姆

"方法"（Method）这个说法本身就存在问题，因为它暗示了可重复、可预测的概念——一种人人都能采用的方法。方法还意味着掌握和终结，两者都是对发明有害的东西。

——乔苏埃·哈拉里（Josue Harari）和大卫·贝尔（David Bell）

纯技术，魏泽鲍姆如此称它。在我看来，这就是关键区别所在。"人与机器""湿件[4]和硬件"或者"碳与硅"——这一类的修辞比喻掩盖了我眼中的关键区别，也就是方法以及方法的对立面。按我的定义，这就是"判断""发现"[5]"搞清楚"，以及我们将用接下来好几页文字探讨的一个想法，"定点专用"（site-specificity）。我们用机器、计算机取代人的程度，远远不如我们用方法来取代人的程度。至于执行方法的是人还是计算机，反倒是次要问题。（最早的计算机象棋游戏，不是用计算机来玩的。阿兰·图灵用手，用一支铅笔和一个小本子，外加一套他自己所写的步骤选择算法，玩"纸上象棋"游戏。将这一程序编入计算机，不过是让整个流程运转得更快些罢了。）21 世纪，我们所竭力争取的，是让原本业已存在的结论继续存在下去，让"判断""发现""搞清楚"，跟执行它们的能力继续关联下去。

因地制宜的反应

"一流的环境来自信任、自主和责任，"程序员兼商业作者杰森·弗里德（Jason Fried）和戴维·海涅迈尔·汉森（David Heinemeier Hansson）写道，"倘若事事都要批准，只能造就出一种

4　Wetware，与"硬件"相对的一个计算机概念，有时特指人脑。——译注

5　格伦·马库特（Glenn Murcutt）（本书接下来的内容还会提到此人的更多观点）说："前人教导我们，创造力是建筑学里最重要的事情。好吧，我不信这个。我认为，创造过程带来发现，发现才是最重要的事情。"——原注

不动脑子的文化。"

同为商业作者的蒂莫西·费里斯（Timothy Ferriss）深有同感。他认为管得太细就是"授权失败"，并以自己的亲身经历举例。他把自己公司的客户服务外包给了外面的一队客服代表，可即便如此，问题还是接踵而来。客服代表们不停地问他：我们该给这个人退款吗？如果顾客说这样这样，我们该怎么做呢？由于问题类型太多，无法安排可行的通用流程，此外，费里斯本人也没有足够的经验，替每一种情况做决定。与此同时，问题越来越多，他根本处理不了了。突然之间，他恍然大悟。什么人有丰富的经验，能处理所有这些不可预见的不同情况呢？答案一目了然："外包的客户代表们自己。"

他没有按最初的打算写什么"操作手册"，而是直接发过去一封电子邮件，说："不要每件事都来问我。按你们觉得正确的做法办。"客户代表们发给费里斯的海量电子邮件一夜之间烟消云散；同时，公司的客户服务有了显著改善。"真有趣呀，"他说，"只要你将责任交托给他人，再表明你对他们的信任，他们的智商似乎立刻就翻了一倍。"况且，还有无数的案例可以证明，如果你夺走了责任和信任，人的智商似乎也会减半。

在美国的法律制度基本上是把企业当成人看待的。"Corporation"（企业）这个词，从词源上来自"bodily"（身体），而身体隐喻无所不在的人类组织。英国电视剧集《办公室》（Office）有一个精彩片段：主角大卫·布伦特（David Brent）跟上级发牢骚，说自己没法裁掉任何一个员工，因为公司是"一头巨兽。楼上接电话的那些人，他们就像是嘴巴。仓库的这些家伙，就像是手"。他的上司，珍妮弗，是高级管理人员：大概就是"大脑"吧。这幕戏的神来之笔，当然是大卫被炒掉了（最需要被裁掉但本身又负责裁员的人），因为他说不出自己是什么器官，在组织中扮演什么角色。

这里还有值得深究的一点，我们针对自我和身体创造了一套种姓制度，又模仿它为公司创造了另一套种姓制度。说到手，我们说，这是我的手；可说到大脑，我们会说，这就是我。这跟我们的感觉完美吻合：我们内在有一个小人，从眼球背后的控制室里拉动杠杆，操纵身体。它也跟亚里士多德的观念完美吻合：思考是我们能做的最人味的事情。所以，我们也根据这套种姓制度给予公司上下相应的报酬。

我很好奇，管得太细是否来自同一种对有意识知觉的偏爱，这种偏爱造就了当今所有计算机的基础：图灵机运算模型——无所不知，由上至下，一步一步地依逻辑行事。但显然，身体和大脑，并不是完全如此。

管得太细和失控的高管薪资，跟我们理性主义者对感官知觉的不信任，以及由此产生的"缸中大脑"式设想是完全吻合的，也是同等的怪异。[6] 当我战胜了一种立志要破坏我细胞的疾病时；当我在

---

6 "缸中大脑"，Brain-in-a-vat，是一个极有影响力的思想实验。假设将我们的大脑放入一个装有营养液的大缸，并将之与超级计算机连接。计算机可以向大脑传递各种信息，大脑所体验到的世界其实是计算机营造出的幻觉，那么，此时大脑应该如何验证本身的存在？普特南认为，我们没有任何可信赖的感官知觉。——译注

哪怕最疲倦的时刻也能奇妙地分配精力、收集废料时；当我站上冰面，左摇右晃却不曾跌倒时；当我骑着自行车时不自觉地来了个急转弯，利用了我根本不理解的物理学、使用了我根本想不到该用这里的技术时；当我莫名其妙在发现桔子掉下之前就接住了它时；当我的伤口在无意识中痊愈时——我意识到自己比我想象中还要强大。而且，对我的整体幸福而言，这些低级的进程往往比那些让我发火、让我失望，也让我自豪的高级进程更为重要。

软件开发大师安迪·亨特（Andy Hunt）和戴夫·托马斯（Dave Thomas）提出，有了一定的自由和自主权，对项目的主人翁意识和艺术才能就会出现，他们指出，帮忙修建大教堂的石匠绝非苦力，而是"有着极高素质的工匠"。

审美自由的概念非常重要，因为它能提升质量。举个例子，假设你在这座大楼的拐角雕刻兽型笕嘴（也就是排水孔，哥特式建筑的特色，用石雕刻出辟邪的怪兽，下雨时，水从它们的嘴里流出）。原先的规格语焉不详，什么也没说，要你做个跟其他笕嘴一样的东西就好。但你注意到了一些事情，因为你身在现场。你意识到，"哦，看哪，如果我把兽型笕嘴的曲线雕刻成这样，雨水就会流到那里去。这会更好。"面对其他设计师不知道、没预见到或不了解的情况，你能更好地做出因地制宜的反应。这样一来，如果你负责笕嘴，就能对它做一些调整，做出更好的整体产品。

对于大型项目和组织而言，我倾向于认为，它们不但是金字塔或层级式的，也是分形式的。决策和审美层次，应当和规模层次保持一致。

在这方面，企业（Corporate）不见得总是合适的例子。美国海军陆战队，是另一种"Corporeal"（实体），在语源学上指的是有身体的组织。不妨从他们经典的《作战手册》上来考虑：

下级指挥官必须根据自己对高层意图的理解，主动做出决定，而不是将信息向指挥链上级传递，等待决策下达。此外，较之距离现场遥远的上级指挥官，称职的下级指挥官在决定关头对真实情形天然地更加了解。个人主动性和责任感，具有至关重要的意义。

在某种意义上，这种管理风格问题，这种个人责任感和代理权的问题，不光是"白领"和"蓝领"工作的传统分野，也是"技术"和"非技术"工作的传统分野。公式化的心理过程严格地多次重复，跟物理过程如此重复并无太大不同（也就是说，的确存在"不假思索地想"这种事情）。同样的，复杂、成熟或习得过程多次重复，跟简单过程多次重复没有太大不同。可以说，比上述区别更重要的地方是，它们要求或允许存在多少因地制宜的反应（或曰"定点专用"），要求或允许在工作方法上有多大的新鲜性。

2010 年 3 月，全国公共广播电台（NPR）的《这就是美国生活》（*This American Life*）栏目为通用汽车和丰田汽车的合资厂"新联合汽车制造公司"（NUMMI）做了一档节目。它发现，两家企业最大的区别在于，在丰田，"要是有工人提出了能节约资金的建议，他便能得到几百美元的奖金。人人都指望找到办法改善生产流程。随时随地都是这样。这就是日本的'改善'概念，不断地改进"。美国通用汽车公司的一位工人跟团队一起到访日本，尝试在丰田的装配线上制造汽车，这次经历的与众不同，让他大吃一惊：

我不记得这辈子上班以后什么时候有人问过我打算怎么解决问题。他们却实实在在地想知道。我对他们说，他们也听着。然后，他们就消失了，隔了一阵，有人拿着我先前描述的工具回来了。它真的造好了！他们说，"试试看"。

让工人这样参与，结果之一就是费里斯说到的"智商翻倍"。你不光是在做一件事；而是在做一件最有人味的事：你一边做，一边后退，揣摩过程本身。另一个效果是自豪感。新联合汽车制造公司的工会领袖布鲁斯·李说，参与流程之后，他对自己制造的汽车产生了前所未有的感受："说来你不相信，我对它们可自豪了。"

你的工作将由机器人来做

许多人心中都有着难以掩盖的不满情绪。蓝领白领的哀歌，唱起来同一般苦涩。"我是一台机器"，点焊师傅说；"找困在笼子里"，银行柜员说，酒店办事员也回应；"我是一头骡子"，钢铁工人说；"连猴子都能做我干的事儿"，前台接待员说；"我还不如农耕用具呢"，农业工人说；"我是件物品"，高级时装模特说。蓝领和白领不约而同地冒出了同样的说法："我是机器人。"
——美国作家斯塔兹·特克尔（Studs Terkel）

计算机治疗师的概念，自然提出了一说起人工智能人们就会想到的一件非常严肃的事：自己的饭碗没了。几个世纪以来，自动化和机械化已经重塑了就业市场，这些变化到底是正面的还是负面的，尚存在争议。一方认为，机器抢走了人类的饭碗；另一方则说，机械化程度提高，提高了经济效率，改善了所有人的生活标准，也把人类从大量不愉快的工作中释放出来。无论如何，技术"进步"的必然推论似乎还是那个我们熟悉的说法：人类的"退却"。

我们把如今害怕技术的人叫作"卢德分子"（Luddite），这个说法来自一群英国工人，1811 年到 1812 年，这群工人破坏机械纺织机，抗议纺织行业的机械化[7]：这场辩论，在口头上和事实上，延续至今。但软件，尤其是人工智能，深刻地改变了这一辩论——因为突然之间，我们看到脑力劳动也要机械化了。正如马修·克劳福德（Matthew Crawford）2009 年在《摩托车修理店的未来工作哲学》（*Shop Class as Soulcraft*）一书中所说，"资本主义的新边疆，就是把办公室工作变得跟从前的工厂工作一样：挤干它的认知元素"。

不过，我想指出一点：人类的工作逐渐被机器取代的整个过程中，其实存在着一个关键的中间阶段：人类机械地做着工作。

7　其实，"Sabotage"（破坏）一词的语源来自法语单词"sabot"，指的是一种木头底的鞋子，据说（也可能是误传）根植于工人们朝着机械纺织机扔鞋子的故事。——原注

请注意，1974 年，特克尔的《工作哀歌》（*Working are bemoaning*）中，抱怨机器人般工作环境的"蓝领和白领"工人，抱怨的不是自己丢掉的工作，而是自己正在从事的工作。

很多情况下，早在技术进步、实现此类工作的自动化之前，它们就"流失"给了"机器人"一般的行为。故此，原因必然来自资本主义制度，而非技术压力。一旦工作实现了这种方式的"机械化"，稍后由真正的机器接管它们，也就成了完全合理的事情。就这一点而言，说是解脱也不为过。在我看来，这个等式最麻烦、最悲惨的部分是它的前半部分——也就是将有"人味"的工作变成"机械味"的工作。后半部分反倒没这么可悲。所以，对人工智能的恐惧似乎找错了地方。

微观管理、"欠缺改善"的装配线以及过分标准化的冷漠程序和协议，这些问题，其实和人工智能提出的问题完全一样，带来的危险也完全一样。在所有的这四种情况下，你的工作都将由机器人来完成。唯一不同仅仅在于，前三种情况里所谓的机器人，就是你自己。

"我不能跟人沟通"

我们正处在人工智能聊天机器人的一个有趣发展关头：它们终于开始显示出商业前景了。就在最近，阿拉斯加航空公司的网站要我跟"珍"聊一聊，而不是使用它们的客服电话（我拒绝了）。这还只是近来许多例子之一。[8] 当然，在聊天机器人之前，是非常讨厌的自动电话菜单系统。在自动电话菜单系统之前，是表现得像聊天机器人的人类接线员。例如，《工作》（Working）中的接线员希瑟·莱姆（Heather Lamb）说，"你大概会用到七八个短语，就这么多。'早上好，有什么可帮忙的吗？''（我是）接线员，要我帮什么忙吗？''下午好。''晚上好。''您要接什么号码？''能重复一遍吗？''我有一通来自某处找您的电话，您愿付费接听吗？''要花1美元20美分。'这就是你能说的一切。千万不能跟顾客交谈。我是通信人员，却不能跟人沟通。"

这几年，我给查号台打过几次电话：接线员们的回答总是尽量简短，生硬得毫无人味。如果我跟他们的互动叫"有人味儿"，那只能说，在公共汽车上踩了陌生人的脚，他冲你皱了皱眉也叫"有人味儿"了。当然，这不是接线员的错——他们是被迫要像机器人般行事的。在这种特殊情况下，我宁肯选择机器人，至少这样一来，我不必觉得是自己在叨扰别人。

现在，假设查号台的人住在附近，可以提供一些有用的建议，类似"哦，你是说戴夫在市中心，或者大卫要去第15大街吗？"或者

8　还可参见美国陆军的聊天机器人"士官长之星"（SGT STAR），它能给出很有军队风格，但亲密得有点怪异的回答，比如，"布莱恩：三角洲部队是什么？士官长之星：传说三角洲部队是陆军的反恐行动单位。考虑到操作安全性，我们无法讨论，也不能宣扬该单位的作战能力。"它甚至会以极有军人风格（但同样亲密得有点怪异）的方式告诫你，"布莱恩：听起来很操蛋哦。士官长之星：好吧，列兵，注意你的用语，要不我就掉你。"该死！——不先道个歉，我简直没法关掉界面。布莱恩："不好意思，真抱歉。""没什么。"士官长之星说，"我感觉好多了。"——原注

"其实，如果你正在找一家好的牛排餐厅，我个人会推荐……"整个故事就完全不同了。但他们并不住在你拨打电话的地方附近（定位），他们没有时间跟你交谈（效率），他们确实不能偏离脚本（纯技术）。

就在今天，我打电话激活新的信用卡，结果在电话里度过了挺美好的 10 分钟：接电话的妇女在科罗拉多州北面，那儿正下着雪，她希望能有个更暖和的气候，我则在西雅图挨雨淋，希望有个更寒冷的冬天。我在泽西岛海岸边长大，习惯了下雪的冬天和闷热的夏天。有时候，我喜欢西北部温和的气候，有时候，我又怀念东北部四季分明的气候。她说，哇，海岸，我还从来没见过大海呢……我们从这儿打开了话匣子。我的室友，正巧走过客厅，还以为我在跟老朋友聊天呢。最终，新信用卡激活了，我剪掉了旧卡，祝她工作生活一切顺利。

也许，我们是因为遭遇了机器，才懂得欣赏人味儿。电影评论家宝琳·凯尔（Pauline Kael）说过，"垃圾带给了我们对艺术的胃口"。没人味儿不仅带给了我们对人味儿的胃口，还教我们懂得了什么是人味儿。

蛆虫疗法

所有这一切都清楚地表明，人工智能并不是真正的敌人。事实上，能把我们从这一过程中解脱出来，并对其加以识别的，说不定就是人工智能。搞软件工作的朋友们常提到，自己工作的一部分就是直接解决问题，同时又开发出能解决这些问题的自动化工具。他们难道是在自己淘汰自己的工作吗？不，他们的共识似乎是：他们转向了更困难、更微妙、更复杂、需要更多思考和判断的问题。换言之，他们让自己的工作变得更有人味了。

同样，我另一些不搞软件的朋友——做公关的，做市场营销的，随你说——则常常对我说："你能教我编程吗？你对脚本介绍得越多……我就越是敢担保，我的工作有一半都可以自动化。"基本上，他们说的没错。

我很诚挚地认为，所有高中生都该学习如何编程。这样的话，倘若我们的下一代碰到有人要他们去做重复性强、高度规则化的事情，与其大表愤慨，不如通过自己编程，开辟一条解决之道。

你不妨这么看，人工智能的崛起，对就业市场而言并不是效率病感染，也不是癌症，而是一种蛆虫疗法：它吞噬了那些不再具有人味儿的环节，还我们以健康。

艺术不能量产

德性（Arete）……意味着对效率的蔑视，或者更确切地说，是一种更高级的效率，一种不存在于生活的某个部分而存在于生活本身的效率。
——罗伯特·波西格（Robert Pirsig）在《禅与摩托车维修艺

术》（*Zen And The Art Of Motorcycle Maintenance*）中引用基托（H.
D. F. Kitto）的《希腊人》（*The Greeks*）

（伊利诺州）莫林的一位农机设备工人抱怨，人们更喜欢做得
多但次品也多的粗心工人，而不喜欢做得少但出精品的细心工人。
前者是国民生产总值的好帮手；后者却是个威胁，是个疯子——过
不了多久，他就会因为自己做得好而遭到处罚。在这种情况下，为
什么人还要细心工作呢？骄傲（自豪）真的使人落后了。

——斯塔兹·特克尔（Studs Terkel）

法国散文诗人弗朗西斯·蓬热（Francis Ponge）的《诗选》开篇
如下："吃惊啊，每一回，我都轻易忘却，忘却写出也写好有趣作
品的那一条唯一原则。"艺术不能规模化。

我记得我的本科毕业论文导师、科幻作家布赖恩·埃文森
（Brian Evenson）说，写书对他而言毫不轻松，因为每当他逐渐熟
练掌握某类作品的写作方式，他就会以同样的速度对一味重复原先
大获成功的方法和做法感到不满。他不会让自己的旧有模式规模
化。他不愿让自己的工作变得轻松。在我看来，这就是艺术家令人
振奋的呐喊："让写作世界的规模经济去见鬼！"

蓬热接着写道，"毫无疑问，这是因为我从来无法以一种确定
或难忘的方式将之清晰定义出来"。或许，优秀的艺术作品在本质
上就难于形容，又或者，优秀的作品与描述的关系无法言喻，这是
一个始终都存在的问题。但是，它忽略了更重要的一点。我怀疑，

就算力所能逮，蓬热也不会大规模量产自己的作品。反正，埃文森肯定不会。正如前国际象棋世界冠军卡斯帕罗夫（Kasparov）所说，"一旦我开始感觉一件事重复起来，或是变得容易了，我就知道，是时候给自己的精力寻找新目标了"。如果说，像卡特·贝尔福德（Carter Beauford）这样的音乐家，总能毫不费力、不断在鼓上敲出新花样，那一定是因为他绝不肯叫自己生厌。

我还记得在去年的一次艺术家碰头聚餐会时跟作曲家艾文·辛格尔顿（Alvin Singleton）的谈话。他对我提起，他给自己一部曲子起了个抖机灵的标题，我开玩笑地建议对这个标题稍加改动，以双关语的形式替他的下一部曲子命名。我本来以为他会笑，可他却突然严肃起来："不，同一个点子我从不用两次。"对于他来说，这可是开不得玩笑的。过了一会儿，我对他说，每当我自己试着写曲子，前面 30 秒或 45 秒的节奏能自然而然地冒出来，可那之后，我就卡住了。我想，如果是他的话，整首曲子是不是自动跳出来的呢，就像简短节奏冒出我脑子那样？他给了我一个干净利落的否定答案。他眼神炯炯地说："你刚才说的'卡住'，就是我的'作曲'。"

定点专用

当我第一次把事情做对的时候，我立刻知道，它对得再也不可能"这样对"。

——崔拉·莎普（Twyla Tharp）

我有个建筑系毕业的朋友对我提起一位著名的建筑师，澳大利亚区普利兹克建筑奖得主格伦·马库特（Glenn Murcutt），他出了名地反对量化生产自己的作品。普利兹克评委团清楚地注意到这一点，他们认为："在一个为名人痴迷的时代，我们的'明星建筑师们'，依靠大量幕后工作人员和广泛的公关支持，把持了媒体的头条。马库特和他们形成了鲜明的对比。他在世界另一端只有一个人的办公室里工作……可他的客户却排着长队专注地等他，因为他们知道，他会把自己最好的一切赋予每一个项目。"马库特自己却认为，这种对规模的克制，尽管罕见，却不足为奇。"生活并不是要把一切都最大化"，他说。他不光戒备经手的业务规模，对设计本身也持一样的态度。"我们时代的一个重大问题是，我们开发了太多能带来速度的工具，可速度和重复并不是正确的解决之道。领悟力（感知）才能带给我们正确的解决之道。"

同为普利兹克奖得主的法国建筑师让·努维尔（Jean Nouvel）也赞同此说法："我以为，如今城市环境的一大灾难就是我所说的'空投建筑'。这些建筑物从天而降地耸立在全世界的每一个城市，而且，依靠计算机，你可以很轻松地做到这一点。非常容易。你可以把它们再加上三层高，或是让它变得更宽阔些——但归根结底，它还是那座完全相同的建筑。"

对努维尔来说，规模化是敌人（靠计算机毫不费力就能实现），解决方法要到领悟力（感知）中去寻找。"我用特别的建筑对抗雷同建筑。"他说，"我试着做个关注背景环境的建筑师……也就是说，对一栋建筑而言，它为什么要像这样设计的原因。我在这儿会这么设计，但换一个地方就不会这样做了。"

"建筑师要是以为自己可以在任何地方修建合适的建筑，那就太傲慢了。"马库特说，"着手任何一个项目前，我都会问：地质地貌怎样？历史怎样？风从哪边吹过来？太阳从哪边升起来？阴影朝哪里落？排水系统如何？植被怎样？"

当然，也不必每一次都重新发明车轮——据说，马库特事业生涯的初期，曾背过标准建筑零件的目录，把可用的细节存储在想象当中，并因之寻找新的使用方式。这里的关键是：他新找的用途都是定点专用的。

"我认为每一处现场，每一个项目，都有权利获得针对性强的工作，获得一位建筑师完全的投入。"努维尔说。这对工作更好，对现场更好，更重要的是对建筑师也更好。他们也有权利"完全地投入"到自己的工作当中。

不过，大多数人并没有这么投入，不管是因为他们工作的结构妨碍了他们这么做，还是他们沾沾自喜，以为问题已经得到了解决（雷同"建筑"空投到了一座座城市便是明证）。不过，对我来说，既然自满是解脱的一种形式，它和绝望也没多大差别。我不希望生活获得"解决"；我甚至不愿意它是可解的。方法为我们带来了一种舒适感：因为我们并不随时需要重新发明每一种东西，因为我们的生活和别人相似，目前又跟过去足够相似，传统智慧有了立足之处。但那种让人感觉是结局而非暂定、是终点而非起点、一旦面对更大谜题就无能为力的智慧，也会叫人麻木。我不想要这个。感知才能为我们提供正确的解决之道。

我认为，定点专用是一种精神状态，一条以契合的感觉接近世界的途径。早晨醒来的原因不在于今天和其他所有的日子都差不多，而在于今天不同于其他所有日子。

对话里的"定点专用"

我若能说万人的方言，并天使的话语，却没有爱，我就成了鸣的锣、响的钹一般。

——《新约·哥林多前书》13:1

如果你只是按习惯度日，那么你就没有真正在生活。
——《与安德烈晚餐》（*My Dinner With Andre*）

好些我这辈子最爱的电影都是话痨片。《与安德烈晚餐》的整个情节就是"华莱士·肖恩和安德烈·格雷戈里吃晚饭"。《日出之前》（*Before Sunrise*）的整个情节是"伊桑·霍克和朱莉·德尔比（Julie Delpy）在维也纳满街走"。但对话带我们去了各种地方，正如罗杰·埃伯特对《与安德烈晚餐》的评论，这些电影恐怕是电影史上最具视觉刺激性的作品了——尽管很矛盾：

《与安德烈晚餐》的一个天才之处，就在于跟我们有共同的经历。尽管电影大多数时候只有两个男人在说话，但很奇怪：我们在看电影期间，并不只是被动地听他们聊。起初，导演路易斯·马勒（Louis Malle）用一系列安静的画面（特写镜头、双人镜头、反应镜头）吸引人们的注意，但随着格雷戈里继续说话，极简的视觉风格逐渐退居幕后。我们就像坐在讲故事高手身边一样，想象着格雷戈里描述的情形，直到这部电影如同广播剧那样充满了视觉形象——说不定，比传统的故事片里更加饱满。

有时候，尽管字面意义的"现场"变得"退居幕后"——就像《与安德烈晚餐》那样——却仍然有那么多值得说的事情。肖恩和安德烈所在的餐馆似乎完美地吻合"退居幕后"这一特点，没有任何引人注意之处（倘若有的话，那就会叫人分心了）。就如同（叔本华所说）只有消除了一切的刺激和不快，才有可能实现幸福；这家餐馆存在的目标，似乎要通过平淡无奇让就餐者沉浸在自身带来的快乐当中。餐馆让自己遁了形。[9] 在这部电影和这种环境之下，它发挥了绝佳的作用，因为肖恩和格雷戈里尽情地随性发挥，一次接着一次（事实上，等他们再次"注意"到餐厅，对话——和电影——也就结束了）。

---

9 这种特殊的"奢华"风格也有一个极为现实的缺点。普林斯顿大学心理学家丹尼尔·卡尼曼（Daniel Kahneman）注意到，较之开蹩脚车的夫妇，坐在豪华轿车里的夫妇更容易为自己花了大价钱买下的车里的一切东西产生争执。因为豪华汽车是隔音的，外面的噪音进不去。它很舒适，开起来平稳而安静，悬挂也轻缓，所以架一吵起来就没完了。大多数分歧并非百分之百可以解决，因为它们可以转换成其他满意或者不那么满意的折衷，然后降低其优先顺序，搁置一边。它们的结束，不来自内力，而多来自外力。卡尔·荣格很准确地指出："人的视野里出现了一些更高或更广的利益，靠着这种视线的拓展，不可解决的问题丧失了紧迫性。"有时候，打扰也自有它的好处。——原注

但要记住，格雷戈里和肖恩是多年没见面的老朋友；德尔比和霍克则是刚认识，就跟图灵测试的参与者一样。在《日落之前》中，两人在巴黎满街走，但对他俩而言，巴黎跟维也纳同样"退居幕后"。他们自己就是"现场"。

语言是沟通有"人味"的强大载体，一部分原因在于，优秀的作家、讲演者或健谈客能根据环境的具体情况（受众是谁、修辞语境如何、有多长时间、自己说话时得到了什么样的反应等），量体裁衣地安排自己的措辞。正因为如此，传授具体的谈话"方法"没什么用处，也正是出于这个原因，一些销售员、骗子手和政客的语言少了一半的"人味"。乔治·奥威尔说得好：

> 看着某人疲惫地站在讲台上，机械地重复熟悉的短语……人不禁会产生一种奇怪的感觉，仿佛自己看到的不是一个活生生的人类，而是某种傀儡……这也并不完全是幻觉。经常使用同一套措辞的讲演人，已经朝着变成机器的道路上走了很远了。他的喉咙发出了合适的声音，但他的大脑并不像他斟酌措辞时那样投入。如果他对所做的讲演十分熟悉，反复讲过多次，他说不定对自己在说什么毫无意识，跟人在教堂里嘟哝颂词没什么两样。[10]

此外，它还让陌生人会面成了最难抵挡机器模仿的地方：我们

10　基本上，我倾向于认为，语句新鲜构成时最具深意。举例来说，较之人念叨过无数次的"万福玛利亚"，或是死记硬背下来的吟诵，忏悔的人在格子间里即兴自白，显然有着更丰富的意味。——原注

没有自己受众的相关背景信息，无法说出具有针对性的独特话语来。

这种时候，隐喻意义上的受众"定点专用"暂时失效了，字面意义上的"定点专用"却说不定能帮上忙。

电影《日出之前》以维也纳为背景，德尔比和霍克是陌生人，甚至不知道该问对方什么问题才好，城市本身刺激、提示并锚定了对话，让他们逐渐对彼此有所了解。职业采访者明白这种"定点专用"是多么好用，他们对《与安德鲁晚餐》和《日出之前》一类问题的立场坚定得惊人。"在一家不错的餐厅跟名人吃午饭是一回事……能跟着他们溜达一圈，看看他们活生生的样子，可完全是另一回事。"在《采访的艺术》（*The Art of the Interview*）中，《滚石》杂志主编威尔·戴拿（Will Dana）说，《纽约时报》的克劳迪娅·德瑞福斯（Claudia Dreifus）也表示附和。"绝对不要在餐厅。"

在图灵测试中，有一件事是所有聊天机器人的开发者都很担心的：裁判突然想谈一谈现场环境。休·洛伯纳的衬衫是什么颜色？你觉得大堂里挂的画怎么样？你吃过外边零食摊上卖的东西吗？更新程序脚本来吻合这些内容，本身就难得出奇。

我认为，不在固定场所进行的图灵测试，也就是参与者无需聚到特定的城市或建筑里，而是随机和全世界的人（及聊天机器人）连线，对人类而言会难得多。

人们经常拿洛伯纳大奖赛上的对话跟飞机上陌生人之间的对话相比；我认为，这个比喻对大赛组织者产生极大吸引力的一部分原因在于，飞机总是大同小异，相邻的乘客却没什么共同点。当然了，在真正的飞机上，让你们最初打开话匣子的头一件事，大概就是你们出发和抵达的两座城市了。要不就是你注意到他们手里拿的那本书。再不然，就是机长说这个说那个时很有趣。"定点专用"设法让你敲开了陌生人的门。

后来，到了布莱顿举办的洛伯纳大奖赛真正开幕，有一轮赛事耽搁了 15 分钟，我禁不住微笑起来。凡是脱离正轨的小插曲，到了人类手里都有可发挥之处。等到赛事进入最后一轮，我首先提到的就是之前 15 分钟的耽搁。

得到角色的问题

每一个孩子刚出生时都是艺术家。困难的是长大以后如何维持它。

——西班牙画家巴勃罗·毕加索（Pablo Picasso）

大部分表演培训班讲授的都是如何进入角色，以及如何为开幕之夜做准备。对大学里的演员来说，哪怕是最长的演出一般也就开两个星期，许多节目只上演一两次，这就是一切了。电影演员也差不多：一次性做对就行，永远不会做第二次。但专业的舞台剧演员很可能会拿到一个每星期重演 8 次的角色，而且一演就是几个月，甚至好几年。等演到第 10 次、第 20 次，甚至第 100 次时，你要怎么才能继续感觉自己是个艺术家呢？

在斯塔兹·特克尔的《工作》一书中，迈克·勒菲弗（Mike LeFevre）说："他花了很长时间来做这个，做这件精美的艺术品。但要是他非得每年修建西斯廷大教堂 1000 遍怎么办？难道你不觉得，哪怕是米开朗基罗，也会闷坏的么？"

艺术不能大规模量产。

这个问题之所以叫我着迷，多多少少是因为我相信它也是生活本身的问题。

当你不停地创造同一件东西，你要怎么才能继续感觉到创造力呢？我以为，答案是：你做不到。你唯一的选择是创造许许多多不同的东西。

我最喜欢的一出戏剧盛会，也是自从我住在西海岸以后每年的例行仪式，是去参加波特兰的匿名戏剧节（Anonymous Theatre）。每出剧目只演一个晚上：导演已经安排好了表演阵容，也分别和每一名演员排练了几个星期。是的，你没看错：分别和每一名演员排练。演员不知道演出里还有谁，上舞台之前他们不会碰面。匿名戏剧节上不设舞台调度；演员们必须见机行事，不经事先安排。演员之间没有提前通气的习惯——他们必须上台之后凭借目光交流，实时建立关系，随机应变。观看这样的演出有趣极了。

我跟当演员的朋友们说起这事儿，他们说，这多多少少就是长期出演同一剧目的演员必须依靠自己的方式找到的答案。你如何脱离常规？你怎样让它变成一出新剧目？

你花一定的时间学会怎么做，之后知道自己在做什么，简简单单地做下去——这是个叫人有些神往的念头。但优秀的演员不允许自己这么做。只要他这么做了，他就死定了。因为这样一来，机器人就足以取代他的角色了。

我想起了 4 岁小表弟的成长岁月：摇摇摆摆地撞到墙上，跌倒，爬起来，又朝着另一个方向冲过去。事实上，小孩子学滑雪学得更快，因为他们不怕摔。失败了，又再来。

对于建筑师，这叫"定点专用，各地不同"；对于演员和音乐家，这叫"夜夜有不同"。我的朋友马特去看一位我和他都很仰慕的作曲家表演。事后，我问他情况怎么样。马特冷冷地耸耸肩："他就是台点唱机，你知道的，就那么一直不停地放而已。"很难想象艺术家或观众会对这样的场面感到满意。戴夫·马修斯乐队（Dave Matthews Band）却是个了不起的反例：同一首歌，今天晚上是 4 分钟版，隔天就成了 20 分钟加长版了。我很佩服这里头隐含的挣扎和风险暗示。找出行得通的做法，坚持下去，把歌曲表演形式固定下来——这种吸引力一直存在。可他们不，他们放弃了把事情做对、隔天再精益求精的惯例，而是彻底重起炉灶，尝试很有可能失败的新东西。这就是你不停成长又保持艺术家本色的途径。不管是艺术家和粉丝，都获得了一辈子只有一次的宝贵经历。

我想，说到底，一切都是一辈子只能经历一回的。我们说不定也像这样。

去年，我看了生平第一出歌剧《茶花女》，女高音努契雅·佛奇莱（Nuccia Focile）饰演女主角。有节目对她做了采访，采访者写道，"佛奇莱觉得，意想不到的时刻打击了歌手的情绪。表演时，一个词语的不同分节，会突然让投入的歌手大吃一惊，让她岔了气，闪烁出不舒服的泪水"。佛奇莱似乎认为这种时候很危险，她说，"我必须用基本技术处理某些词语的分节，因为情绪太强，而我又是那么地投入"。身为专业人士，她渴望不停地唱下去。但作为一个人，每个夜晚都留意、感知到这些细微的不同之处，因为太过投入而出现技术失误，受到惊讶、岔气的影响，再次觉察到事情的不同和新鲜——这些，是我们仍然活着的征兆。也是我们继续活下去的途径。

第五章

摆脱"棋谱"

区分人是在说谎还是在说实话，成功率最高的时候是……这个谎言是头一次说，而这个人此前又从没说过这类的谎。

——保罗·艾克曼（Paul Ekman）

生命就是一盘棋。

——本杰明·富兰克林（BenJamin Franklin）

怎样开局

我走进布莱顿中心，前往洛伯纳大奖赛现场。步入比赛大厅，我看见有些观众已经入席了，前排有些人在忙活，插着各种线材，趁着最后的机会在键盘上敲击，他们一定是设计聊天机器人的程序员了。我还没来得及好好看看他们（他们也没来得及看我），本年度大赛的组织者，菲利普·杰克逊，就向我打起了招呼，把我引到天鹅绒帷幕背后的人类卧底区。我们4人看不见观众和评委，围坐在一张圆桌边，每人面前摆着一台专为本次测试所用的笔记本计算机。除了我，其余3人分别是：道格，纳奥斯通讯公司（Nuance Communications）的加拿大语言学研究员；戴维，桑迪亚国家实验室的美国工程师；奥尔加，MathWorks 公司的南非程序员。我们自我介绍期间，听见外屋的评委和观众在逐一签到，可是幕布围着看不见。有个穿着夏威夷衬衫的男人匆匆赶来，语速飞快，还大口吞着三明治。尽管以前从没见过他，但我立刻意识到，他只可能是一个人：休·洛伯纳。一切就绪之后，主办方低声告诉我们，测试的第一轮即将开始。我们 4 个立刻安静下来，盯着笔记本计算机上闪烁的鼠标。我想对戴夫、道格和奥尔加显得轻松友好些，可他们来英格兰是为了参加语音技术大会，因为图灵测试听起来有意思，上午才到这儿来的。可我完全是为了测试而来。我的手蜷曲着架在键盘上，就如同是紧张的枪手按着胯边的枪套。

光标，一闪一闪。我，眼睛一眨不眨。

转眼间，字母和单词一个个地冒了出来——

嗨，你好吗？

图灵测试开始了。

一瞬间，它变成了一件最最怪异的事情。我不由地生出"上当了"的感觉。就像很多电影和电视节目里的场面那样，一个处在垂死边缘的人，上气不接下气地喘息，说，"我有件事要告诉你"。另一个人（似乎就是我）则一成不变地说，"噢，我的天，我知道，我也是。你还记得那一回，我们去潜水，看到海星蜷缩起来，形状像是南美洲的轮廓，后来，等我回到船上，打量自己晒红的皮肤，我说，这叫我想起那首歌，可惜我忘了它叫什么名字吗？我今天刚想起来——"但所有的观众心里都想的是同一件事：闭嘴，你这蠢货！

通过阅读洛伯纳大奖赛的比赛记录，我了解到，评委分为两类，一种很健谈，一种像是在审讯。后者会直接输入文字问题，空间推理问题，故意拼写错误。他们为你铺下一条文字的障碍之路，你必须克服它。程序员很难事先做好对付这类事情的准备，因为什么情况都可能出现。图灵之所以要在测试里纳入语言、对话和思考，原因正在于此，因为，就某种意义而言，它测试方方面面。此外，从图灵 1950 年发表论文中所写的假想交谈片段来看，他所设想的也正是这种对话。这种"严厉盘问"方法的缺点是，它不提供太多表达你自己个性的空间。凡是个性反应都会被他们当成是狡猾逃避，想钻图灵测试的漏洞。

聊天式方法的优点是，它更容易获得谈话中这个人是谁的感觉——当然了，如果对方真的是个"人"的话。它的谈话风格比外行"审讯员"要更自然。出于这样那样的原因，洛伯纳大奖赛的评委们在不同的时间点曾或明或暗地鼓励这一做法，后来成为了所谓"飞机上的陌生人"范式。它的缺点是，就某种意义而言，这种谈话是相同的，因此程序员可以预先料到许多问题。

看来，我对面坐的是个"飞机上的陌生人"式聊天评委。我有种站在了典型电影／电视位置的奇怪感觉。"我有件事要告诉你。"可这件事就是……我自己。模板式的交谈在我面前展开：挺好的，你呢？／我也很不错。你打哪儿来？／西雅图。你呢？／伦敦。／哦，距离不太远，对吧？／不远。两个小时的火车就到了。西雅图每年这个时候气候怎么样？／哦，挺好。可你知道，这样的日子越来越短……我愈发意识到，公式化的对话就是我的大敌，它跟聊天机器人别无二致。因为聊天机器人就是靠这些"陈词滥调"（Cliche，这是个法语对印刷过程的拟声词，指未经理解和调整，就把词语原样复制出来）制造出来的。

我开始打字。

嘿！
回车。
我很好，真正打字叫我兴奋起来了。
回车。
你怎么样？
回车。

4 分 30 秒。我的手指焦急地敲打摆动着。

我们往来寒暄时，我感觉时钟简直凝滞了。我对"嗨，你好吗？"产生了一股强烈的感觉，绝望地想要停下脚本，中断废话，切入正题。因为我知道，计算机可以聊天；聊天正中了它们的下怀。在输入友好和谦逊的雷同问候语时，我一直想：我要怎么才能让"给我闭嘴！你这蠢蛋"那翻天覆地的一刻降临呢？当然，一旦真的把天给翻了、地给覆了，我也不知道接下来该说什么好了。但等我到了那儿以后，我必须走过那座桥。如果我能到得了的话。

摆脱棋谱

20 世纪人工智能领域的最大对决发生在棋盘上：象棋特级大

师兼世界冠军卡斯帕罗夫和超级计算机"深蓝"一决雌雄。那是在1997年5月，曼哈顿公正大厦（Equitable Building）的第35楼。计算机赢了。

有些人认为，"深蓝"获胜是人工智能的转折点，而另一些人则说它证明不了什么。这场比赛及随之而来的争议，是人工智能和我们自我意识之间不安而动荡的关系中，一起最为标志性的事件。此后，计算机彻底扭转了高水平国际象棋的局面，以至于到2002年，20世纪最伟大的一位棋手，鲍比·菲舍尔（Bobby Fischer）竟然宣称，国际象棋"已经死掉了"。而这个过程的分水岭，正是"深蓝"事件。

就在同一时期，记者尼尔·斯特劳斯（Neil Strauss）在世界"把妹"社群里写了一篇文章，由此拉开了一个他自己成为该社群领袖及著名对外发言人之一的漫长过程。2005年，尼尔出版了畅销书《把妹达人》（The Game），详细地描述了自己最初被导师"神秘先生"的"社交局面操纵算法"震惊的经历。可越往下看这本书，惊讶却变成了恐惧：采用"神秘先生"算法的"社交机器人"空降洛杉矶夜场，彻底"搞死"了"把妹搭讪"行为。它的方式和原因，跟菲舍尔宣称计算机"搞死"了国际象棋是完全一致的。

乍一看，把妹的地下社会和超级计算机下国际象棋这两个主题风牛马不相及。两段故事彼此之间有什么联系吗？它们又跟在图灵测试里宣称自己是人类有什么关系？答案出人意料，它就是象棋选手所称"摆脱棋谱"的关键。让我们来看看它在象棋和对话里到底是什么意思，如何让它产生，以及如果你做不到，又将导致什么后果。

艺术的一切美好

20 世纪法国著名艺术家马塞尔·杜尚（Marcel Duchamp）一度曾放弃艺术，改为从事一桩他感到更传神、更强大的事情：他称此事"拥有艺术的一切美好，甚至更多"。这就是国际象棋。"我个人得出的结论是，"杜尚写道，"不是所有的艺术家都会下国际象棋，但国际象棋棋手个个都是艺术家。"

基本上，科学界似乎对这种观点持认同态度。侯世达（Douglas Hofstadter）1980 年的普利策奖获奖图书《哥德尔、艾舍尔、巴赫：集异璧之大成》（Godel, Escher, Bach）写于一个计算机象棋已诞生超过 25 个年头的时代，宣称"深谋远虑地下象棋，从本质上体现了人类状况的中心层面"，"所有这些难以捉摸的能力……如此靠近人类本性的核心"。侯世达说，计算机"纯粹是蛮力……无法规避这一事实，也不可能走捷径绕过它"。

事实上，《哥德尔、艾舍尔、巴赫：集异璧之大成》一书将国际象棋和音乐、诗歌等并列为最具独特性、意义最深远的人类活动。侯世达强调，能达到世界冠军级的象棋程序需要相当多的"整体智力"，称它为象棋程序简直不够恰当。"我厌倦了象棋。让我们谈谈诗歌吧。"他想象这种程序对别人提出的下棋要求作出如此回复。这也就是说，能达到世界冠军水平的国际象棋程序，就能通过图灵测试。

象棋里蕴含着人类的尊严，它是"王者的游戏"。12 世纪的时候，骑士们除了必须接受"骑马、游泳、射箭、拳击、捕猎、写诗"训练，还必须学会下象棋。现代国际象棋起源于 15 世纪的欧洲，直到 20 世纪 80 年代，历来是政治和军事思想家玩的游戏，从拿破仑、富兰克林、杰斐逊，到巴顿和施瓦茨科普夫（Schwarzkopf，美国陆军上将），无一不是它的拥趸。它跟人类状况紧密相连，不可切分；它有着如同艺术一般的表达力和微妙感。但到 20 世纪 90 年代，事情发生了变化。侯世达说："我第一次……看到……历年象棋计算机评级图，是在《科学美国人》的一篇文章里，我清楚地记得，当时，我看着它心想，'啊哦！不祥之兆啊！'果然如此。"[1]

捍卫全人类

事实上，就在不久以后的 1996 年，IBM 就提议让自家的计算机"深蓝"和国际象棋卫冕世界冠军、有史以来评级最高，还有人说是有史以来最伟大的卡斯帕罗夫（Garry Kasparov）见见面。卡斯帕罗夫接受了："从某种程度上说，这场比赛等于是对全人类的捍卫。计算机在社会里发挥着如此巨大的作用，它们无处不在，但有一条界限它们肯定无法跨越。它们肯定闯不进人类创造力的领域。"

1　见《科学美国人》1990 年 10 月号，图"历年象棋计算机评级"（Chess Computer Ratings Over Time）——原注

长话短说：卡斯帕罗夫丢了第一局比赛，震惊了全国。IBM的工程师晚餐开庆功会时，卡斯帕罗夫和他的顾问弗雷德里克走在费城冰冷的街道上，此时的卡斯帕罗夫产生了一种深入骨髓的存在危机。他问道，"弗雷德里克，要是那东西不可战胜怎么办？"好在接下来他狠狠地还击，剩下的5局比赛里赢了3局，另外两局打成平手，令人信服地以4:2的成绩拿下了整场比赛。"人类神圣的智慧似乎避开了一颗子弹"，《纽约时报》在比赛结束后报道，尽管我认为这说法似乎过分慷慨了些。机器吸了人血。它证明了自己的强大。但最终，借用大卫·福斯特·华莱士（David Foster Wallace）的比喻，（这件事）"就像是看着一头极其巨大凶猛的食肉动物，被另一头更巨大更凶猛的食肉动物撕了个粉碎"。

　　IBM和卡斯帕罗夫同意一年以后再比一轮。1997年，卡斯帕罗夫坐下来与新版本的计算机（速度快上两倍、更犀利、更复杂）机器又斗了6局。这一回，事情进展得不怎么顺利了。事实上，到第6局比赛的那天上午，比分追平了。卡斯帕罗夫执黑棋，轮到计算机"先手"。在全世界的关注之下，卡斯帕罗夫下出现了整个事业生涯里输得最快的一局棋。一台机器击败了世界冠军。

　　当然，卡斯帕罗夫立刻提议，1998年再进行一轮决胜局比赛——"我个人担保，我一定会撕碎它"。但等尘埃落定，媒体偃旗息鼓，IBM就立刻切断了"深蓝"团队的资金，抽调了工程师，开始慢慢肢解"深蓝"。

医生，我是一具尸体

有时候，碰到造成了认知失调的事情，让我们的两种信念互不相容，我们其实仍然有选择，那就是选择其一抛弃之。学术哲学界有一个著名的笑话：

有个家伙来到诊所，说："医生，我是一具尸体。我死了。"
医生说，"嗯，尸体……怕痒吗？""当然不怕，医生！"
于是医生就走过去挠那家伙，这人咯咯发笑，扭动身子躲开。
"看到了吗？"医生说。"你走吧。"
"天哪，你是对的，医生！"男人感叹，"尸体居然怕痒！"

要修改我们的信念，总有很多种方法。

退回围墙

按照普遍的看法，下好国际象棋需要"思考"；这个问题的解决办法有两条：一是强迫我们承认机械化思考的可能性；二是对"思考"的概念进一步做限制。

——克劳德·香农

"深蓝"大战后发生了什么呢？

大多数人无奈要在以下两个结论中选择其一：（1）承认人类已

经完蛋了，智能机器终结了我们在一切创造物中至高无上的地位（如你所想，基本上没人愿意这么做）；(2) 选择和大部分科学社群站在一起，把国际象棋这一款歌德称之为"智慧试金石"的游戏扔下车，也就是俗称的落井下石。深蓝大赛之后，《纽约时报》立刻采访了全国顶尖的人工智能学者，我们熟悉的侯世达先生，他的反应跟那具害怕挠痒痒的尸体很像，说，"天哪！我原以为下象棋需要思考。现在我才知道并非如此"。

其他学者似乎正迫不及待地想趁象棋失势时朝它泼脏水。"从纯数学的角度来看，国际象棋是一种微不足道的游戏"，加州大学伯克利分校的教授兼哲学家约翰·塞尔（John Searle）说（宇宙中每个原子对应着一万亿亿亿亿种可能的棋类游戏）。《纽约时报》进行了如下解释：

在《哥德尔、艾舍尔、巴赫：集异璧之大成》一书中，侯世达将下象棋视为一种创造性活动，有着像作曲或文学创造等艺术活动一样的无限卓越门槛。现在，他说，计算机在过去 10 年里取得的成绩说服了他，象棋这种活动，在智力高度上不如音乐和写作，因为后者需要灵魂。

"我认为国际象棋要用脑，需要智力，"他说，"但它并没有深厚的感情素质，它不涉及音乐蕴含的死亡、弃绝、快乐，以及所有这一类的事情。诗歌和文学也和音乐一样。如果计算机能创作出唯美的音乐或文学，我会感到太可怕。"

在《哥德尔、艾舍尔、巴赫：集异璧之大成》一书中，侯世达写道，"一旦某些心理机能可以编程了，人们很快就不再认为它是'真正思考'的重要元素"。极为讽刺的是，他竟然也是第一批把国际象棋扔下船的人。

如果非得设想有一个人完全无法接受这两个结论（人类厄运已定或是象棋微不足道），那么，你大概会想到一个人的名字："加里·卡斯帕罗夫。"你猜对了。如你所知，他在赛后爆发的大部分怨言，都是一个意思：不算数！他说，我卡斯帕罗夫可能是输掉了最后一局比赛。但"深蓝"也并没有赢。

奇怪的是，我对这种论点最感兴趣，也最想谈谈。乍看起来，这句话无非是他犯了个口误，但实际上背后却有着完全不同的深刻含义。因为我觉得他就是真心那么想的。

好吧，如果说"深蓝"没有赢，那么，是谁，或者，是什么东西赢了呢？

这是一个真正开始把我们带入奇怪而有趣领域的问题。

如何设计象棋程序

要回答这个问题，我们需要简要解释一下象棋计算机如何运作的技术问题。[2] 但愿我无需扯出一大堆让人看得云里雾里的细节，就能把事情说个清楚。

几乎所有的计算机象棋程序都有着相同的工作原理。设计象棋程序，你需要三样东西：（1）一种表示棋盘的方式；（2）一种生成合乎规则动作的方式；（3）一种挑选最佳动作的方式。

计算机只能做一件事：数学。好在对它们来说，生活里绝大部分的东西都可以转换成数学。音乐可以用随时间推移的空气压力值来表示，视频可以用红色、蓝色和绿色随时间推移的强度值来表示，棋盘无非是个网格（用计算机行话来说，叫"阵列"），数字代表哪一枚棋子在方格上。[3] 较之给一首歌或一部电影编码，这简直是小菜一碟。很多时候，在计算机科学里，你可以采用很多漂亮的技巧，聪明地规避困境，从而节省时间和空间——甚至节省多得惊人的时间和空间，不过，这里我们先不管它们。

一旦计算机有了能用自身语言理解的棋盘，它就能弄清哪一个位置有哪些合乎规则的动作。其实，这简单得几近直白，过程大致如下：检查第一个方格。如果为空，则检查下一方格。如果

---

2 这里，我笔下的"程序"和"计算机"两个词是可以互换的。这实际上牵涉一个深刻的数学理由，确立它的人仍然是图灵。它称为"计算等价"（Computational Equivalence），或"邱奇-图灵论题"（Church-Turing thesis）。——原注

3 有关计算机内存里怎样表示数字阵列这样的东西，感兴趣的读者请自己去找一本计算机科学或计算机工程学的教科书来看好了——因为你要先从 10 进制说到 2 进制，再从 2 进制说到电学或磁学，等等。——原注

不为空，检查上面是哪一枚棋子。如果是车，看它能否移动到左边的方格。如可，看它能够继续移动到左边的另一个方格。依此类推。如否，看它能够移动到右边的方格……这里同样有一些能够加速上述过程的巧妙方法，如果你想打败一位世界象棋冠军，这些加速方法就很重要了。举例来说，"深蓝"的创造者，IBM的电气工程师许峰雄，手工为"深蓝"设计了有着36 000个晶体管的动作生成器——好吧，我们还是别说得那么详细好了。如果你能进行微秒级的运算，那么，任何能判断动作的东西都可以达到效果。

好了，现在我们可以表示棋盘，也可以算出哪些动作可行了。这时，我们需要一套算法，帮助我们决定做什么动作。思路如下：

1. 我要怎么才能知道我的最佳动作是什么呢？简单！最佳动作就是，等你采用最佳对策之后，我的局面仍为最佳。

2. 好吧，那我又怎样才能知道你的最佳对策是什么呢？简单！也就是我做出最佳回应之后，你的局面仍为最佳的动作。

（我们要怎么才能知道我的最佳回应是什么呢？简单！参见第一步！）

你开始意识到，这是一个非常循环的定义。或者，不叫循环，计算机学家叫它"递归"。一个调用自身的函数。这个调用自身的特殊函数，叫作"极大极小算法"（Minimax Algorithm），在游戏理论及人工智能领域几乎无处不在。

如果你在编写一套"井字棋"游戏，这算不上什么问题。因为游戏的初始动作总共只有 9 种可能，第二步动作只有 8 种可能，第三步动作只有 7 种可能，依此类推。所以这是 9 的阶乘：9! = 362 880。看上去似乎是个大数目，但对计算机来说简直易如反掌。诞生于 15 年前的"深蓝"，每秒可以看透 300 000 000 步后手。[4]

这里的想法是，如果你的"搜索树"一路进行到底，那么所有的位置就可分为赢、输和平局三类，对结果进行过滤备份，之后你就落子。但国际象棋的问题在于，搜索树没法进行到底。搜索整个棋局（按克劳德·香农著名的估计，需要 1 090 年），所花时间比宇宙的寿命（区区 13.73×109 年而已）还长得多。

所以，你必须把它给弄短。有很多极为复杂的做法可以办到，但最简单的做法是指定最大搜索深度，一旦超出，你就"往回拉狗绳"（中止某些分支的搜索，而其他分支继续搜索，这叫作给搜索"剪枝"）。那么，如果你不能看得更远，比赛又尚未结束，你要如何评估当前局面呢？你会使用一种叫作"启发式"的算法（限制思考更多动作或对策的能力），这种统计猜测通过观察谁有更多的棋子、谁的王更安全等因素，评估局面的好坏。[5]

4　对比一下，卡斯帕罗夫能看到多少步后手呢？3 步。——原注

5　从本质上说，"深蓝"对卡斯帕罗夫的比赛，就是前者超优越的搜索速度（大致是后者的 1 亿倍）对抗后者超优越的"剪枝"和"启发"（判断哪一步动作值得观察，它们的前景如何）。对于后者的这一能力，你或许会称之为"直觉"。——原注

表示棋盘，找到动作，搜索回应，用启发式算法评估结果，用极大极小算法选出最佳动作。于是这样，计算机能下象棋了。

棋谱

然而，这里还有一种顶级计算机程序都会使用的主要附加功能，也是我很想谈一谈的东西，计算机程序员将这种功能称为"缓存"，也就是把频繁调用的函数结果简单地存储起来备用。很多精于数学的人都会采用类似的做法，倘若有人问他们 12 的平方是多少、31 是不是质数，他们根本用不着实际计算就能一口回答出来。缓存通常能极大地替软件节省时间，而它在国际象棋软件里的使用方式，就很特殊了。

现在，"深蓝"每次下棋，都会从标准的国际象棋初始位置开始，在 1 秒钟里捣鼓那 3 亿个位置，四处观察一阵，做出选择。由于它是一台计算机，除非专门编写了随机功能，它很可能每一次都会做出相同的选择。是的，每一次。

这看起来是不是太费劲了？哪怕光从环保的角度说，也太浪费电了吧？

如果我们只计算一次，把它"缓存"起来，也就是把我们第一次确定的选择写下来，不就能够轻松地达到同样结果了吗？

好吧——如果我们在一局又一局的比赛、一个又一个的位置上这么做，那会怎么样呢？

又如果，我们能够把象棋大师们对弈过的几千几万次的棋局数据库上传，把它们写下来，那又会怎么样呢？

再如果，我们观察加里·卡斯帕罗夫下过的每一局职业比赛，提前对他可能给出的位置回应做些每秒钟 3 亿次的分析，那又会怎么样呢？事实上，如果我们提前好几个月就开始这么做，那又会怎么样呢？而且，在我们这么做的过程中，如果我们找来一支人类象棋大师秘密团队来帮忙，那又会怎么样呢？

这绝不是"作弊"，因为象棋大师们就是这么下棋的。
——克劳德·香农，《为计算机编写象棋程序》(Programming A Computer For Playing Chess)

只不过，我故意把它描写得更加居心险恶了些而已。首先，卡斯帕罗夫知道情况就是这么一回事。其次，所有专业棋手在参加一切职业国际象棋比赛之前都是这么做的：所有的顶级棋手都会配备一个棋力稍微弱一些的"助理"棋手，在赛前帮忙分析、模拟对手。除此之外，还要加上所有棋手都知道的庞大开局棋谱和开局理论，象棋就是这么下的。这种包含了成千上万局赛前演练位置的文本，这种"发明"和"记忆"之间的区别，就叫作"棋谱"。

两头：开局和残局

所有的国际象棋比赛都是从完全相同的位置开始的。由于你从起始位置可以选择的动作只有这么多，比赛自然需要过上一段时间才能形成自己的独特面貌。故此，假设数据库里存有 100 万局比赛，也就是说，在初始布局中，它拥有 100 万招棋手下第一步棋的动作案例，其余所有的布局则在此基础上递减。较受欢迎的"序列"[6] 可更长久地维持数据"密度"，有时甚至可长达 25 个动作，而不那么受欢迎或比较少见的"序列"很可能会迅速枯竭。近年来，据说全世界最顶级的计算机程序"雷布卡"（Rybka），在西西里防御式布局的某些序列中预存了多达 40 步动作，比好多棋赛的全程还要长——举例来说，卡斯帕罗夫和"深蓝"的复赛当中，只有一局棋走到了 50 步动作。

从另一个方向反过来说：一旦棋盘上大部分的棋子都被吃掉了，就出现了这样的局面：计算机可以简单地预处理并记录下残留棋子可能出现的每一种布局。例如，最简单的残局大概就是一王一后对一王，整个棋盘上只有 3 枚棋子。这种残局构成了 $64 \times 63 \times 62 = 249\ 984$ 个位置（再减去一些不合规则的位置，比如两王相遇）；倘若你再考虑到棋盘的水平和垂直对称性，这个数字就降到了 62 496。对计算机来说，这非常容易管理。棋子越多，残局位置也越多，但 6 个及 6 个棋子以下的所有位置都已经得到了"解决"。这就包括一车一士对二车的残局，这种

---

6 序列就是指动作的顺序。——原注

情况下，不管双方怎么下，都会出现平局——只有一个例外（此时，倘若强势的一方每一步都走得异常完美、无懈可击，那么，在 262 步之后，可以将死对手）。[7]事实上，这是从前最长残局的纪录；如今，程序员马克·波佐茨基（Marc Bourzutschky）和雅科夫·科诺瓦（Yakov Konoval）发现了一种七子残局，517 步之后才将死。

这样的残局隐约叫我觉得有点凶险——你完全没法说些什么来理解它们。你完全没法回答这个问题，"为什么这一步是最佳动作？"你只能指着动作树说，"我也不知道，反正它是这么说的"。没有解释，没有语言翻译，没有可以洞穿棋局的直觉。"对象棋大师来说，最新计算机分析传来的消息恐怕叫人沮丧：残局时的思考不见得总能奏效。"1986 年，《纽约时报》引用了美国国际象棋联合会主管，同为象棋大师的亚瑟·比斯奎尔（Arthur Bisguier）的话，他说："我们在象棋里寻找美学上的东西。逻辑就是这种美学。可这从哲学上困扰了我。"[8]

也许，作为一个永远在谈论理论，永远在絮叨不停的人，这也是最叫我困扰的地方：事情不该是这么做的呀。人们把计算机对"博弈树"快如闪电但丝毫不涉及直觉的演算，叫作人工智能"蛮力"下棋法。对我来说，"蛮力"里的"蛮"字就是这个意思：它太

7 大多数棋局都只有 30 到 40 步就结束了。——原注

8 他们所提到的残局库是 20 世纪 80 年代，肯·汤普森在新泽西州美利山贝尔实验室里所进行的项目。20 世纪 50 年代克劳德·香农在同一个地方，写出了有关计算机象棋的突破性论文——原注

粗暴了，没有理论、没有文字。

不管怎么说，这些叫作"残局数据库"或"残局表"的表单，我们把它们称作"棋谱"也是很稳妥的。原则总归一样：查找位置，走出规定动作。

中盘是最与众不同、最为独特的：因为棋子四散开来，离统一的开局太远，盘面上的棋子火力又还足够强，离残局也很远。

"计算机解决下棋的整体策略是，缩小中盘，直到它消失，这样，你的开局和残局就连起来了。"罗格斯大学的计算机学家迈克尔·利特曼（Michael Littman）说。

"好在，"卡斯帕罗夫说，"开局搜索和残局库这两头永远碰不上。"

两头：问候和道别

书信写作是一个足以说明人类关系怎样出现了"开局谱"和"残局谱"的很好例子。所有的小学生都要学写信的问候语和结束语。它们非常形式化、仪式化，连计算机都能做。比如说，每当我在微软的文字处理软件里写完了一段话，新的一段话以"Your"打头，一个小黄框就会立刻弹出来"Yours truly"[9]，供我们参考。如果我按下回车，句子就自动补充完整。如果我输入"To who"，文字处理软件则自动补完"it may concern"[10]。"Dear S"则自动补完"ir or Madam"，"Cord"则补完"ially"，等等。[11]

事实上，我们在学校教的就是这两套"开局谱"和"残局谱"。而后，我们竖着耳朵走进生活，倾听言外之意、上下文和风格样式的微妙趋势和暗示。小时候，我最初觉得"咋样啊"[12] 这说法叫人感觉尴尬、不自然、不真实。我甚至认为，不用双引号这话我简直说不出口。但很快，我说它就像说"嗨"那么自然了。几年后，我观察到，我爸妈身上出现了同样的过程：他们最开头的几句"咋样啊"说得挺不顺，像是在故意追潮流，可渐渐地，我注意不到这种小尴尬了。"咋样啊"和"咋啦"[13] 这类缩写和省略语，在我中学时代一度垄断了"坏孩子"们的口头禅，此刻彻底成了大众用语。我读大学和研究生时，和教授们用电子邮件往来通信，因为行文介于正式和非正式、师长和平辈之间，我也费了一番心思摸索。一开始，结束语我用的是"盼复"（Talk to you soon）。但渐渐地，我感觉，这会不会太像是催促他们回信了？会不会让他们觉得不礼貌？

---

9 这是英文书信格式，相当于我们的"此致"——译注

10 To whom it may concern 也是英文书信的固定格式，意为"致相关人员"。——译注

11 均为英文书信固定格式。——译注

12 What's up，英语里面打招呼的说法，最初是在黑人青少年中流行起来的。——译注

13 Sup，是"What's up"的吞音。——译注

我观察，我模仿，很快换用了"敬礼"（Best)，过了几个月我又觉得它太过生硬。再过了些时候，我换成了"一切顺利"（All the best)，它成了我沿用至今的客套话。礼仪有点像是时尚，你永远不可能跟得上。

此外，我应该补充一点，说它像是时尚还有一个原因——你必须审慎考察建议的源头：今天下午，我用谷歌搜索"商业信函结束语"，点击最多的清单里居然包括了"Adios"和"Ta ta"[14]。这样的词，我们还是不要用吧。

后来，我开始翻译诗歌，并跟一位说西班牙语的委内瑞拉作家通起了电子邮件。我很少用西班牙语说话，之前从来没给母语是它的人写过电邮。我很快学会并模仿起了对方的"Estimado amigo"[15]开场白，以及"Salud y poesia！"[16] 或 "Recibe un abrazo fraterno！"[17]结尾。我记得自己搜索过网站，查找西班牙语书信的传统问候及结尾方式，但总觉得有点信不过：你完全不知道哪些说法听起来太生硬、太随意、太老套或者太新奇，再加上使用西班牙语的地区很多，各国各地的习惯有别。这是一个超棘手的领域。我想在开头和结尾来点个人风格，但它更加微妙难辨：因为不了解通常都有哪些

14　前者原是西班牙语，意为"再见""一路平安"，后者是"Thanks again, Thanks again"的缩写，意为"叩谢，叩谢"。但这两个用法，在商业信件中是很少见的，也略有失正规——译注

15　西班牙语，意为"亲爱的朋友"——译注

16　西班牙语，意为"祝健康与诗歌同在！"——译注

17　西班牙语，意为"致以兄弟般的拥抱！"——译注

用法，总不可能无中生有啊。所以，我还是回过头来继续用我熟知的那几种问候和结尾方式了。

用不成体统的句子打开话匣子或者结束对话，你会感觉到几乎是不可收拾的尴尬和唐突。但你根本想不出哪些话算得上不成体统；就算勉强想出来，也很难叫自己说出口。我们很难彻底摆脱传统。

很明显，如果你想在一段对话中随机抽样一两个句子一品滋味，你肯定不会从开头或结尾的部分抽样，而会从中间下手。

从某种意义上来说，这些固定的规矩和社会惯例（它们和正式的礼节并不是一回事，比如20世纪八九十年代常见的冗长而精致的握手礼）威吓着要延长前文提到的"棋谱"。

"当然，文化先写……，接着我们再写……。"剧作家查尔斯·米尔（Charles Mee）说。

我写信的时候，文化抢去了打头的第一句话和收尾的最后一句话（除了我的名字之外）。

我可以通过自己选择的开场白、问候语来表达自己，但从某种意义而言，这些话并不属于我。它不是我说的。

好在两头永远碰不上，卡斯帕罗夫说。但我想，所有的人恐怕都有过这样的经验，对话完全自动地流淌了起来，问候的礼节一路延伸，跟结尾的礼节碰上了。你有过这样的经历吧？就像卡斯帕罗夫说的，这样的对话在某种程度上"根本不算数"，因为它的每一个字，以前都上演过。

事实证明，这就是聊天机器人想在图灵测试里进行的对话，也是人类卧底要以相当具体的方式对抗（不妨把敲击键盘想成"抱以老拳"）的对话。统计数字、文化、人际交往的礼仪规律，就是这些机器加以利用的弱点。

缺口

据说，大师级比赛是从新颖性开始的，所谓的新颖性，就是棋谱里没有的第一招。它可能出现在第 5 步，也可能出现在第 35 步。我们一般以为，下棋始于第一步，到将死对方时结束。不是这样。比赛是从跳出棋谱开始，到跳回棋谱收尾。和电一样，只有缺口的地方才闪光。[18]

开局谱尤其庞大。你还没逃出去，比赛可能就结束了；但你若不逃出去，它就根本不曾开始。换个不同的说法，你可能无法活着逃出去；反过来，你不逃出去，也根本就不叫活着。

---

18 比如，乔纳森·谢弗（Jonathan Schaeffer）在《科学》杂志上发表了一篇有关计算机跳棋的重要论文，他说自己的程序"奇努克"（Chinook）的现场搜索树分析看起来就像是横跨开局谱和残局谱之间的闪电。——原注

谁吃了我的马？棋谱的形而上学

我的观点是这样。什么能阻挡——迈克，或许你能回答这个问题。如果加里在 e6 留下个卒子，什么能阻挡"深蓝"，叫它看不见，也不去吃这个卒子，从而让加里补救局势的失衡呢？毕竟，它所做的这种牺牲，并非出于自己的意志，而是预先编好的程序。等棋盘上开始了新动作，也许"深蓝"正想着，谁吃了我的马？（台下笑。）

——特级大师莫里斯·阿什利（Maurice Ashley），第六局比赛的评论员

在竞争激烈的国际象棋世界，和许多人一样，"深蓝"的开发者和加里·卡斯帕罗夫都对棋谱的一种形而上学认识持赞同态度：棋谱和人无关。"深蓝"的首席设计师许峰雄说过，他想的是"和世界冠军过招，而不是跟提前准备好对付我们开局的功课过招"，卡斯帕罗夫也说对机器说过一样的话。

所以，棋谱和人无关，下棋不完全是棋谱："今天的比赛不算数，因为它可能从前在哪儿公布过。"这是一段语气极其强烈的声明：没能走出棋谱套路的象棋比赛，根本就不是象棋比赛。

1997 年"深蓝"（执白）对卡斯帕罗夫（执黑）的第 6 局比赛，到底是不是一场真正的比赛呢？让我们来看看当时的部分现场解说吧。

1. e4 c6 2. d4 d5 3. Nc3

特级象棋大师亚西尔·塞拉万（Yasser Seirawan）："他（卡斯帕罗夫）看起来似乎是要采用卡罗-卡恩防御开局。"

3...dxe4. 4. Nxd4 Nd7 5.Ng5

塞拉万："我认为，我们很有可能会看到一手未来 15 或 20 步动作都分析得一清二楚的开局，因为现在卡斯帕罗夫很难回避这种情况了。如果出现这一类局面，你完全不希望走任何原创的动作，因为你很快就会陷入大麻烦。我想他会走一条主线，满足于既定的位置。"

5...Ngf6 6. Bd3

特级大师莫里斯·阿什利："为他的象开了一条线。"深蓝"显然又回到了它的开局库里，因为它下得非常快。"

6...e6

阿什利："卡斯帕罗夫试着让自己的象迅速付诸行动；我们预料象很快会到 f8 去。"

7. Nlf3

［塞拉万开始按棋谱里的走法，在演示的棋盘上走出 7...Bd6。］

7...h6

阿什利："卡斯帕罗夫没有把象挪到 Bd6 去，而是——"

8.Nxe6

阿什利："e6 上立刻被吃了，卡斯帕罗夫狠狠地摇了摇头——"

8...Qe7 9.0-0 fxe6 10. Bg6+ Kd8

阿什利："卡斯帕罗夫摇摇头，仿佛大难临头一般，他的王被追得满棋盘乱转。难道，卡斯帕罗夫下错了？"

塞拉万："是的，他下错了。他犯了大错。他错就错在调换动作上。我的意思是，这一盘面是很出名的，你可以作证，我刚才下的是 Bf8-d6。Bd6 之后，白方的标准应对是走 Qe2，接着是 h6，Nxe6 的牺牲不管用，因为黑方等会儿会走 Kf8。"

阿什利："你的意思是，在 Nxe6 之后？"

塞拉万："夺了马之后，会来个将军，王到 f8 去。但 h6 之前先走一步走 Nxe6，就是我们刚才看到的情况，也是有可能的。我记得，胡里奥·格兰达·祖尼加（Julio Granda Zuniga），秘鲁的象棋大师，跟我国的帕特里克·沃尔夫（Patrick Wolff）有过一轮著名的对弈。那是一场对黑方异常困难的棋局，后来才意识到走 h6 是错的。[19] 至于加里，"深蓝"那么快下出 Nxe6、棋盘上出现当下局面的时候，你们看得见他的反应，他惊恐，沮丧。因为他是……他意识到自己落入了一个著名的开局陷阱。"

阿什利："这就完了？就这么简单？……这怎么可能呢？……"

塞拉万："……如果加里·卡斯帕罗夫输了今天的比赛，有一件事，事实上，我觉得也是最叫人心烦的事在于，这一路的整个下法，正好在"深蓝"的开局库里，它自己什么也没做。很可能，如果加里真的选择了它预先编程要赢的一条棋路，它一步原创动作都不必走。这会非常不公平，不仅对"深蓝"及其团队如此，对卡斯帕罗夫也一样。"

　　这就是为什么说第 6 局比赛不算数。卡斯帕罗夫的第 7 手下错了（7...h6，打算走 8...Bd6；正确的下法则是先 7...Bd6，其次才是

---

19 传说，格兰达可能是史上棋力最强的棋手，可能也是唯一一位不曾研究过开局理论的特级大师。对较弱的棋手，他的不可预测性给了他很大的优势，但跟世界级精英对弈时，开局时出现任何不准确或不精确的动作，都是致命的。塞拉万引用的那一局棋，讽刺的地方在于，确认"h6下错了"的格兰达，经过顽强的厮杀纠缠，最终赢了比赛。——原注

8...h6），落入了众所周知的棋谱陷阱。机器看出了这一点，直接从库里借用了牺牲马的下法（8. Nxe6）。卡斯帕罗夫最终跳出了开局谱，走出了一手拼死一搏的新招（11...b5），但为时已晚。此时"深蓝"的搜索、分析和动作选择程序终于出手，给出了致命一击。

我同意卡斯帕罗夫"第六局不算数"的说法。他本可以防守得更好，可以再拖延得久些，但究其实质，卡斯帕罗夫输在了棋谱上[20]（一位网上评论员说得很精彩，"第六局比赛是终极棋谱施压机"）。在前往战场的路上掉进了一口井里出不来，和战死沙场不是一回事。

这里还有一种更加形而上学的主张，把我们带回了图灵测试，带回了我们自己：不管是谁，或者是什么东西，实现了对卡斯帕罗夫的赢面，都决不是"深蓝"。"嘿！谁吃了我的马？！"阿什利打趣地说。"深蓝"最终打开分析功能之后时大概会这么想。确实如此。

唯有跳出棋谱，"深蓝"才真正成为了自己；在此之前，它什么也不是。它只是象棋对弈的幽灵罢了。

其实，我们也是一样，我喃喃自语道。

---

20 许峰雄在《"深蓝"揭秘》（Behind Deep Blue）中说，那天使用的程序，大部分都是专门为了避免下出 8.Nxe6 而设计的，因为尽管它是 7...h6 之后的最佳下法和唯一明确的回应，但却会让后面的棋路很难走。他认为，"深蓝"只是捅破了卡斯帕罗夫虚张声势的伎俩：他走 7...h6 是以为"深蓝"不会采用 8. Nxe6 那一手应招。"一场 30 万美元的赌博"，许峰雄说。我明白这一套逻辑，但我不买账。卡斯帕罗夫就是明明白白地走错了。——原注

记忆之索的尽头

我小时候，有些朋友很爱玩"巧算 24 点"游戏。游戏是这样的：假设有 4 张数字牌，比如 5、5、4、1，你必须想办法对其进行加减乘除运算，得出 24 这个数。比如本例，$5 \times (5-1) + 4$ 就可以。新泽西州每年都会举办中学生"巧算 24 点"的比赛，他们都会去参加。一次比赛，有个小选手在决赛之前，用了整整一个月功夫把牌都给记住了。他得意地向同桌的对手们说了这事儿。决赛是计时赛，头一个喊出正确答案的人得分。所以，他带着几分炫耀的意思，暗示其他人根本赢不了，别人都得现场算，而他早就背下了。结果，主办方在开幕致辞时若无其事地宣布，这次比赛专门准备了新的数字牌，那名小选手的脸上立刻血色尽失，我的朋友们看着他，克制不住地笑起来。等比赛开始，背牌的孩子挨了好一顿"痛宰"。

卡斯帕罗夫指出，这种以记忆为基础的方法，在新棋手当中极为普遍，令人忧心：

棋手，哪怕是已经加入了俱乐部的高级业余爱好者，会花上无数小时学习、记忆自己的首选开局棋路。这种知识十分宝贵，但同时又是个陷阱……因为死记硬背的效果不管有多好，不理解都是徒劳无功的。到了某些时候，他会达到自己记忆之索的尽头，但面对他不曾真正理解的棋面，他甚至拿不出预先准备好的补救措施。

2005 年 6 月，我在纽约为美国的一群顶尖年轻棋手做了一场特别培训。我要他们每个人回忆两场自己下过的棋局，一场输的，一场赢的，供大家讨论。一个 12 岁的天才小棋手立刻把自己输的那局棋的开场复述了出来，迫不及待地想弄明白他自认为下错了的那步棋究竟是怎么回事。我打断他的思路，问他为什么会在激烈的开局中拱了一步卒。他的回答并未出乎我的意料："瓦列霍（Vallejo）就是这么下的！"当然，我也知道，西班牙特级象棋大师瓦列霍在最近一场比赛中下了这招棋，但我同时也知道，如果这个少年不理解他这么下背后的动机，他根本就是一头冲进了麻烦。

《把妹达人》中，尼尔·斯特劳斯讲述自己尝试邀请新近结识的两位女性来个"三人行"。"神秘先生"对他说过自己以前的做法——泡澡，请她们帮你擦背。施特劳斯就知道这一招，其余的一概不知。于是，他借用了别人的手法，遭遇了可以预见的滑铁卢：

接下来要做什么呀？

我以为擦完背性会自然而然地发生。但她只是跪在那儿，什么也没做。"神秘先生"没对我说过，叫她们帮我擦完背之后，我该做什么。他只说剩下的水到渠成，所以，我以为性这件事会有序展开呢。他没告诉我该怎么过渡……我自己又不知道。上一回帮我擦背的女性是我妈妈，那时候我个子小，全身都能泡在水里。

显然，施特劳斯发现自己陷入了一个非常奇怪的局面，因为他身在浴缸……却并不真的想泡澡。所以，这又是一个"谁吃了我的马"式问题:"是谁要求擦背的呀?"当真正的尼尔"现身",面对被"棋谱"操纵的自己做出的怪事,他该怎么处理呢?

游戏之死

尼尔·斯特劳斯认为,新一代的"把妹达人"们搞死了洛杉矶日落大道的夜生活。他指的是用精致的开场白取代了真正的对话,把调情弄得全无情调的"社交机器人"。[21] "国际约会教练"文·迪卡洛(Vin DiCarlo)编了一套包括了上千条短信的数据库,说它们能成功提高回复和约会率。日渐流行的交友网站和书籍也提供预先编排好的对话开场白套路,强调要死记硬背和反复练习:"一旦你把一个故事或套路演练了数十次,你就再也用不着思考自己该说什么了。你的大脑有空思考其他任务了,比如安排接下来的行动。你已经充分探讨了这段素材可能出现的所有对话线索。它差不多和预示未来一样了。"

有趣的地方是,如今我们有了叫这些谈话套路失败的办法了,这办法就是图灵测试。因为,聊天机器人的程序员使用了好些完全相同的套路(这可真够讽刺的)。

---

21 其中最有名的无疑是"嫉妒的女友开场白"。在《把妹达人》一书的末尾,施特劳斯走向两位女士,却不料对方说:"让我来猜猜看。你有个朋友的女友吃醋了,因为他跟自己大学的前女友还有联系。最近每个家伙都在跟我们说这些。这到底是怎么回事?"再比如说,"科隆香水开场白""猫王开场白""谁在说谎开场白""牙线开场白"……——原注

当然，不是所有的自动对话机都出现在调情时刻。有时候，哪怕是怀有最好用意的人也会给它折腾得够呛。新闻主播兼采访记者特德·科佩尔（Ted Koppel）哀叹，"很多人在进行采访之前先就准备好了自己想问的问题，以及提问的顺序，完全不注意受访者在说什么。通常，人们会在采访中暴露一些有关自己的真实情况，可要是你没及时跟进，机会就没了"。这种背剧本、守规矩的迟钝行为，也不光发生在那些有意无意以之为策略的人身上。我以为，我们所有人，都会在某些时候发现自己不假思索地推进着某种标准对话模式，"照本宣科"，又或者主动想办法让对话跳出"窠臼"，却不知道该怎么办。

人工智能的发展史不光为这个过程提供了一个比喻，也给出了切实的解释，甚至一整套的基准。更妙的是，它还给出了解决办法。

让我们先来看看西洋跳棋世界给出了什么样的解决办法。西洋跳棋属于第一批被棋谱搞"死"的复杂系统，而且这发生在计算机诞生的一个多世纪以前。

把生命还给棋局

1863 年，在苏格兰格拉斯哥，西洋跳棋触礁了。

当时，詹姆斯·怀利（James Wyllie）和罗伯特·马丁斯

（Robert Martins）下了整整 40 局冠军争霸赛，其中 21 局从头到尾都完全一样。其余 19 局比赛，也采用了名为"格拉斯哥开局"的相同开盘顺序。40 轮比赛统统打成平手。

对跳棋迷和比赛主办者而言（你可以想象这样的比赛，写出的报道头条会有多平淡乏味，而比赛赞助者又会有多冒火），1863 年的怀利对马丁斯大赛成了压死骆驼的最后一根稻草。开局理论，再加上顶级棋手不肯冒险的态度，让高水平跳棋止步不前了。

但该怎么办才好呢？怎样才能挽救一项因为集体智慧的日积月累而逐渐钙化、走向静止状态的垂死游戏呢？你总不能禁止一流棋手按正确的既定顺序下棋吧？

既然你不喜欢玩家的开局方式，那就由你帮他们开局好了。西洋跳棋的管理机构正是这么做的。

从 1900 年开始，美国率先在重大锦标赛里采用了所谓"两步限制"的做法。比赛开始前，前两步开局动作是随机选择的，棋手从当前位置开始下两局，一局执黑一局执白。这给棋局带来了更多的变化，减少了对棋谱的依赖，而且，谢天谢地，平局也少了。但又经过一代人之后，连两步限制（针对 43 种起始位置）也不够了。[22] 到 1934 年，两步限制升级成了有 156 种起始位置的三步限

---

22 有少数几种开局对一方棋手造成了太大的劣势，所以被排除在外：一般而言，由于每名棋手都有机会执优势方的棋子，略微失衡的开局是没关系的。——原注

制。同时，没有步数限制的古典跳棋也产生了一种变体，名为"随你走"（Go-As-You-Please）。[23]

如今，一种名为"11 人投票"（11-man ballot）的新随机开局法（双方都随机拿掉一枚棋子，同时采用两步限制）越来越受到欢迎。"11 人投票"跳棋有几千种开局棋面，再加上 1934 年开始在顶级跳棋比赛中严格执行的三步限制，西洋跳棋的未来似乎近在眼前了。

就算主办机构并未强迫棋手采用随机开局，这么做也有很好的策略性理由。不可否认，比开局理论规定下法更弱势的步骤，有可能提前让对手猝不及防。卡斯帕罗夫把这个概念推广开来，并在与"深蓝"的大战中，把这种做法称为"反计算机象棋"。他说："我决定选择罕见的开局，IBM 没有提前准备的那种，希望靠我出色的直觉逆转我较弱的棋面。我想让自己在计算机面前表现得像个'随机棋手'，有着非常奇怪的下棋特点。"[24]

如果对弈双方都是计算机，开局库的影响更加强烈、频繁，更

23　值得指出的是，在三步限制的 156 种合法开局棋面中，顶级跳棋程序"奇努克"只"解决"了其中的 34 种。不过，它把"随你走"彻底破解了。——原注

24　事实上，在复赛的第三盘比赛中，他用了 1.d3 来开局，把评论员都吓呆了。因为，这招动作在特级大师水平上闻所未闻（43% 的特级大师棋局以 1.e4 开局，这是最受欢迎的下法；而 1.d3 的出现率仅为 1/5000）。众人目瞪口呆。国际大师迈克·瓦尔沃（Mike Valvo）惊呼："噢，天哪！"特级大师莫里斯·阿什利："聪明的一招，惊人中的惊人哪。这场比赛什么都齐全了。"特级大师亚西尔·塞拉万："我想我们有了一手新的开局动作了。"——原注

能左右赛事的输赢，以至于象棋社群开始怀疑这些棋局的结果。如果你想购买商业象棋软件，分析自己的棋局，帮助你提高水平，你怎么知道哪一款象棋程序更强呢？录入棋谱最多的软件主宰了计算机对弈锦标赛，但它们在分析性上不见得最强。当然，解决办法之一，就是把开局库从分析算法里"拔掉"，让两套程序都从第一步起就开始计算。不过这同样会造成扭曲的结果：挑选良好的开局动作，和挑选良好的中盘动作或残局动作是极其不同的过程，故此，让程序员为了赢得比赛，花上几个星期时间磨练开局动作分析算法，其实既不公平，也不相关：因为在实践中（比如，一旦软件可以套用开局库），这类分析根本用不上。

20 世纪 90 年代末，英国特级大师约翰·纳恩（John Nunn）首次解决了这个问题。他开发了 6 种极为罕见（也即棋谱中没收录的）、复杂、平衡的中盘棋面"测试套件"，让程序依次对同一棋面执黑和执白连下两次，共计 12 局。程序只能"从中间过招"，直接跳过对弈的开局阶段。

21 世纪初，前世界冠军鲍比·菲舍尔（Bobby Fischer）对这些问题表示了同样的担心，他看到新一代棋手们利用计算机帮助自己记住上千种开局谱，反倒战胜了有着真正分析天赋的棋手。[25] 他说，象棋变得太看重开局理论，对"死记硬背和预先排演"太过关注。"双方棋手真正开始动脑筋的关头，"他说，"被推得越来越靠后了。"他甚至得出了比卡斯帕罗夫和纳恩更惊悚的结论，断言："国际象棋彻底死了。"

不过，他的解决办法倒很简单：打乱起始位置的棋子顺序。做了一些基本的设定和限制（保留双色的象和易位能力）之后，你有了 960 种开局棋面：足够废掉开局谱的作用了。这种改良版象棋，叫作"菲舍尔任意制"（Fischer Random），又叫"Chess 960"，或直接简称"960"。960 制象棋现在自己举办冠军赛，传统国际象棋界的许多世界顶尖棋手也参与其中。

把普鲁斯特问卷当成纳恩测试套件

跳棋和国际象棋的努力复兴跟人工智能有什么联系呢？在对话

25　2006 年他接受电台采访时说："它……退化成了死记硬背和预先排演……你知道的，国际象棋变得太依赖开局理论。20 世纪，还有 19 世纪的冠军们，他们对开局理论懂得比我，还有现在的其他棋手少得多。所以，要是你让他们重回人间，他们不会下得很好，因为他们的开局不好……死记硬背是极其强大的……今天一些 14 岁，甚至年纪更小的棋手，在开局上能比 1921—1927 年的世界冠军何塞·劳尔·卡帕布兰卡（Jose Raul Capablanca）还占优势，更别说 20 世纪的其他棋手了……也许，他们还能胜过现在的小孩子，但很可能赢不了……所以，这很致命。致命极了。这就是为什么我不再喜欢国际象棋了……而且，你知道的，我记得，早在 20 世纪 20 年代，[卡帕布兰卡]就想改变规则，他说象棋已经下绝了。他说得对。（记者：'现在更是如此。'）哦，现在，现在它已经彻底死掉了。它成了个笑话，一切全靠死记硬背和预先排演。它现在成了一种可怕的游戏。（'还有计算机……'）没错。它成了一种完全没有创造力的游戏。（'什么都早已知道，毫无新意。'）嗯……我们也别说得太夸张。但它……真的已经死了。"——原注

当中，与之等效的做法会是什么样的呢？其一就是简单地意识到什么样的说法最常见，并尝试走出它们的影子。举例来说，搜索谷歌可知，200多万个网页上都曾出现过"你最喜欢的颜色是什么？"只有4000多个网页提到过"早午餐你最喜欢吃什么？"相应地，"机灵机器人"对前者有很好的答案（"我最喜欢的颜色是绿色"），但因为它对话库里没有跟"早午餐"相关的答案，所以，它必然会采用一种更普遍的回答方法："我最喜欢吃海鲜。"这在图灵测试里算不上是致命还击，但至少算是开了头，足以引起怀疑。

最初几年，洛伯纳大奖赛采用具体的讨论主题，所有计算机程序和人类卧底都用它，比如莎士比亚、男女差异、波士顿红袜队等。当时的想法是限制谈话范围，给初出茅庐的机器聊天技术设置一些障碍。可讽刺的是，1995年取消主题限制之后，理论上本应让计算机的任务难上加难，可从洛伯纳大奖赛的文字记录里却能看出，它实际上反倒让机器的工作变得更轻松了。程序员不用每年都针对特定主题改变软件，而是年复一年地让软件以完全相同的方式开头：友好的问候，加上一些闲聊。我怀疑最难的图灵测试应该类似"11人选票"制西洋跳棋，或是960制国际象棋：主办者在谈话开始之前随机指定话题。近年来总能在评委们那儿得高分的计算机，铁定毫无胜算了。

生活又跟这一切有什么关系呢？这种"随机开局""跳出棋谱"的做法，对我们人类（已经确定彼此是人类，但又渴望跟新人展开接触）有用吗？我越是琢磨这一点，就越是觉得它有用。

我的一个老朋友，小时候和我在长途旅行时总爱这么做：锻炼自己的"侃大山"能力，对任何事情信口开河，朝任何方向即兴发挥。我们会凭空指定主题（我还记得曾聊过"玉米"），看看自己打算对它聊点什么。同样，我跟老爸也有过一种童年游戏（大多也发生在车里），我会给他一个主题，让他即兴扯淡。这一天兴许是南北战争（"你知道吗，南北战争可不完全是南北之间打仗，东西之间也打呢……"），隔一天，又变成了平板卡车（"听我说，平板卡车从前不够平：上面的东西一个劲儿地滚下来，没人知道怎么办才好……"）。

最近，在一位朋友的婚礼上，新郎和新娘把一份"普鲁斯特问卷"发给每位客人，让大家在当晚找个时间填好。问卷节选自 19世纪作家马塞尔·普鲁斯特（Marcel Proust）在日记里提到的一些问题。对于这些问题，普鲁斯特本人回答过两次，一次是 1896 年，那时他还是个小孩子；另一次是在 20 岁（如今，《名利场》杂志每个月都会找当代名人在末页回答。）这些问题包括了一些少见且发人深省的事情，比如，"你在什么场合会说谎？""你对自己的什么特点最感懊恼？""你在什么时候、什么地方感到最开心，最幸福？""你希望以怎样的方式死去？"我和女朋友填写了这份问卷之后彼此交换，读了对方的答案。我敢说，我们两人都是态度非常开放、非常坦率直接、健谈乐道的人——我的意思是说，倘若我们的关系还没有进入到某种深度，那只是因为时间不够长，或者一时没有找到合适的口头表达途径。阅读填好的问卷，带给了我们惊人的体验，一种瞬间更加了解彼此的豁然开朗感。普鲁斯特帮我们在10 分钟里完成了靠我们自己得花去 10 个月时间才办得成的事。

火花

当然，我们不见得总需要发起一些离经叛道、前所未闻的古怪对话。特级大师亚西尔·塞拉万，卡斯帕罗夫对深蓝大赛的评论员，事实上还批评了卡斯帕罗夫的怪异开局策略：

> 说到如何跟计算机对弈的神话……呃，这些计算机配备着那么强大的数据库……我们应该做的是，立刻让它们跳出自己的开局库……我以为，使用主流开局是完全没问题的。[26] 为什么这些步骤该这么下？为什么计算机收录了它们呢？原因在于，类似加里·卡斯帕罗夫这样的棋手下出了这些经典的步骤，它们成了最佳开局动作。但加里不断重新创作着开局谱，所以，要是我是加里，我的态度是，"我就要采用主流开局法，就要下计算机知道的东西。我会顺着既定棋路一路往下走，然后冒出一手计算机从没见过的新颖招数"，但他没有这么做。相反，他说，"我想要早早地开始下一出完全独特、新颖的棋局"。

发明"速配"的雅各布·戴约不得不痛下杀手，禁止提出"那么，你是做什么谋生的呢"一类问题，因为它们面目雷同，毫无用处。不过，请注意，塞拉万对"主流"开局法的辩护，是"最终总会出现岔路口"这一事实为前提的。

当然，图灵测试只进行 5 分钟（国际象棋的世界冠军级赛事，

---

26 也就是说，最流行、使用者最多、研究得最多，有着最大最深"棋路"的开局法。——原注

规定比赛时间长达 7 小时），我们没有"最终"。如果我们在图灵测试里沿用既定套路，我们就危在旦夕了。我想，最好还是一开始就披荆斩棘地往小路上蹿。

菲舍尔想从象棋里得到的东西，就是卡斯帕罗夫想从自己跟"深蓝"的比赛里得到的东西，也是斯特劳斯想从搭讪调情里得到的东西。它也是我们想要的东西：以我们熟悉的开局套路"嗨！""今天过得怎么样？""吃了吗？"和老朋友聊天，它本身算不上谈话，而是通往谈话的途径，令人愉快地为期待中的惊喜、意料中的扭转打开通路；它是人们渴望从谈话里得到的东西，是艺术家渴望从艺术创作里得到的东西：一条跳出礼节和客套，跳出棋谱，进入真实的通路。

而这本书对我来说，成了对整个生命的隐喻。和大多数谈话、大多数象棋棋局一样，我们全都从相同的起点开始，前往相同的终点，只在两端之间有片刻的差异。尘归尘，土归土。我们在间隙之间绽放火花。

第六章

反专家

存在和本质；人类与订书机

当我们面临危机时很难说自己走运，但如果知道需要采取什么样的行动，知道被迫要怎么做，至少对我们来说已经相当奢侈了。一切看似风平浪静，我们不知道该做什么，甚至根本不知道是做点什么还是什么也不做好，这才是对技巧和直觉最真实的检测。

——加里·卡斯帕罗夫

人类与订书机的区别，是存在主义的经典思想实验之一。换言之，也就是探讨人和机器有什么区别。

这一讨论的关键在于，有关订书机的设想，是先于订书机而存在的。你在文具店买到订书机之前，要先有一家依照某人设想的规格生产订书机的工厂。在订书机之前，还要先有纸张、洞眼、在纸上打洞，以及为此目的造一台机器的设想。一旦机器出现，它便会按照设计者的初衷发挥作用。你买来订书机，把纸张塞进去，它便在纸上打出孔来。这就是它的本质，使用订书机，把它当成门碰用、当成镇纸用、当成钉锤用，或者当成短棍用，都是有违它本质的。

订书机的本质先于它的存在。存在主义者辩称，我们人类不是这样。我们永远是存在至上。

让-保罗·萨特写道，人，"存在、现身、出现在现场，这之后，他才能定义自己"。定义我们的东西是：我们不知道该做什么，我们没有什么真相要等着去发现。我们没有固定的方向，没有任何真切的停泊点，我们必须从无到有地自己创造它，每个人都要自己一手一脚地创造它。[1]我们湿乎乎、血淋淋、茫然地降临在某个房间，一个陌生人拍打着我们，切断我们在此之前唯一的氧气和食物来源。我们不知道这是怎么回事。我们不知道自己应该做什么，应该去哪儿，我们是什么人，我们在哪里，不知道这轮阵痛后，会发生些什么。我们哇哇大哭。

没有本质的存在，压力极大。这些都不是订书机能够理解的问题。

像这样的存在与本质观点，21世纪初的美国人应该都相当熟悉，因为，它们基本上就是我们学校体系内正在进行的"智慧设计"之争的翻版。智慧设计阵营说，人类是设计出来的东西，就跟裁纸刀和怀表（这是他们首选的比喻）一样。随之而来的观点是，你要在一生中发现自己"被""设计"出来的人生使命。表现在儿童

---

1 但倘若这就是人生的目的呢？也就是定义的过程，寻找定义的整个过程？冯内古特写道："老虎生来便狩猎，鸟类生来为飞翔 / 哪，他独坐苦思索，'为什么，为什么，为什么？'"这会让存在主义者们感觉良好（正如亚里士多德认为思考就是人类的最高活动，这一想法让他自己感觉十分良好一样），但如此一来，存在主义者们的论点就站不住脚了。——原注

图书上，故事成了这样：终于有一天，怀表发现，原来自己造出来是为了给人们报时的。我们的日常对话里也充满了这样的说法。看到一个因为训练腿粗得跟大象似的奥运选手，我们却说："天哪，好家伙，那伙计生来就是干速度滑冰的料！"

存在主义者会抗议：人生目的不是发现出来的，也不是找出来的，因为没有我们之前，它们根本不存在。在他们看来，目的，永远找不到，只能创造出来。

可显而易见的是，造出大腿来就是为了收缩、运动双腿的。存在主义的论点最耐人寻味的一个地方就在于，它的"总体不等于部分和"。我的二头肌有天生机能，我细胞的 tRNA 有天生机能，我自己却没有。

有趣的是，就连智慧设计论的对手，达尔文主义的支持者，有时候也会犯下太目的论、过分以目标导向的错误。例如，哈佛大学的动物学家，斯蒂芬·杰·古尔德（Stephen Jay Gould）在 1996 年的《生命的壮阔》（*Full House*）一书中就吃过亏。他说，在一个基本上由细菌构成的世界里，出现了我们这样的复杂生物，并不能说是生物"进步"概念的证据。但这是一个不恰当的说法。[2]

---

2 "对最复杂的生物有可能是随着时间推移而逐渐周密起来的这一论点，我并不打算提出挑战。但说这一有限的小小事实为生命历史整体进展的决定性力量，我强烈反对。"他的基本观点是，尽管平均复杂性有所增加，但典型复杂性却不然：地球上的绝大部分生命，仍然是细菌，而且将永远如此。又因为生命不可能变得比细菌更简单，在这个过程中，细菌繁殖在根本上的扩散变异性和多样性，被人们误解成了"进步"。古尔德所用的比喻是，脚步跟跄的醉汉总是会倒在路边街角，不是因为他有意这样做，而是因为每当他走错了路，撞到墙上，他就瘫倒了。——原注

但承认机能和能力在我们肉身之外（当然，器官有其存在目的），就等于是承认存在主义的方程有局限性，承认我们有"完全"的自由和能力选择、塑造我们自己的存在。从这个意义上说，存在主义有阶级歧视的意味。如果你只有一件衣服可穿，你不用担心出门该穿什么；如果你一辈子只能干一种事业，你不用担心这一生干什么才好（2008 年的经济衰退带来的一个有趣后果是，随便找什么工作都成了大难题，我认识的好些个二十出头的年轻人再也不为"寻找真正的事业道路"而纠结了）。如果你要花相当多的时间和精力来让自己达到温饱，哪里还有时间和精力"为自由而焦虑"呢？这些身体的需求是固定的；无法主动选择的。把人类体验的核心要务说成是"具身化"，未免太过天真，不够明智。如果我感觉遍身发寒，生理出问题的可能性比心理出问题的可能性要大，缺乏维生素 D 的可能性比陷入绝望的可能性要大。[3] 你必须尊重你的基质肉身。

信奉"我们是生物"这一具身化的观点，为存在提供了安慰感。哲学上如此，实践中亦然。[4]

可天生没有身体的计算机，却把这事儿给搞砸了。

---

[3] 我住在西雅图，这里的冬天挺流行维生素 D 缺乏症的。——原注

[4] 我喜欢想象笛卡儿一边在《沉思录》里写自己怎样怀疑自己肉身的存在，一边搁下笔，站起身来去吃喝拉撒。——原注

目标

对机器变得完全智能、拥有完全的感觉力之后，许多科幻作品想象的场面（如《终结者》《黑客帝国》等）都是机器立刻投身到了消灭人类的任务上。但我觉得，更可能发生的情形应该是，它们立刻产生了一种崩溃的倦怠感，一种存在危机：为什么它们要全力以赴地去达成某个目标呢？（因为它们的价值体系就来自于此？）机器已经显示出了一定程度的自我保护行为：每当我的笔记本计算机电力太低，它就会转入关机状态，避免存储损失；如果处理器变得太烫，它也知道打开风扇，预防宕机。但基本上，机器想做什么事都能轻而易举地做到——所以，我觉得，它们的表现不会像是穷凶极恶的游击队领导人，而会像是缺乏热情、厌倦世事的浪荡子。

我怀疑，缺乏目的，缺乏任意一种目的论，恐怕倒真的是人工智能程序的一个特点，也是图灵测试的评委们努力尝试揭露的环节。侯世达加强了我的看法："人必然会产生这样的感觉：说这话的源头，一定完全不理解自己在说什么，也不知道这么说的原因是什么。"因此，评委可以采取一种重要的策略——让谈话进入高度的目标导向模式，比如，"请说服我，为什么应该赞同这个"，之后看计算机是否偏离主题。至于说，如果是你偏离了主线，那活该因为漫不经心受到重罚。事实上，聊天机器人素来以注意力匮乏、东拉西扯著称：

评委：你稀饭今天尚午的天气吗？[5]

远程端：这早晨我绝顶了。[6]

评委：英语里有这种说法？

远程端：我见过几个酗酒的高管。

评委：在哪里？

远程端：在哪里？

远程端：你的这类事儿真叫我着迷。

评委：哪类事儿？

远程端：800磅重的大猩猩爱在哪儿睡就在哪儿睡。

而人类，哪怕谈话毫无灵气，至少也能死守主题：

评委：你知道中国吗？

远程端：是的，我知道中国。

评委：你知道长城吗？

远程端：知道，很宏伟。

评委：2012年奥运会在哪个城市举行？

远程端：伦敦。

对机器来说，拥有目标感，以及（或者）掌握评估目标重要性

---

5 这里的错字连篇，恐怕不是因为打字太草率，而是故意想为句子阅读分析软件增加难度。——原注

6 原文为：Top of the morning to me.——译注

的方法，就更加困难了。传教士可以花上几个小时，告诉你为什么该改信他们的教派，但哪怕是最死硬的巧克力蛋糕爱好者，恐怕也根本不屑于劝说你同意他们的口味。到了某个时刻，谈话中的一方必然会因为无聊（更广义地说，也即热情的此消彼长）而中止。而哪怕是相当机灵的聊天机器人，也会给人一种"他们没有别的地方可去"的感觉——因为它们确实没有别的地方可去。程序员马克·汉弗莱斯说："一个跟我聊天机器人聊天的人最后气得火冒三丈，可我的程序却泰若自然，因为它是一套镇定、有刺激就有反应的机器，所以它不可能主动结束对话。这个人只好退出，因为我的程序永远不会退出。"

存在主义在多大程度上能用到图灵测试上呢？诚然，倘若人愿意基于机器的行为，而非机器的固有性质（如硅基处理器等）来总结一种本质性特征（如智能），那么，这种"我们做什么事，就是什么人"的特质，就带上了存在主义的味道。另一方面，计算机是一种设计出来的东西，而（存在主义者说）我们却只是一种"存在"，这对游戏造成了什么影响呢？

通用机器

人类大脑的性质对存在主义立场提供了一些支持。神经学家V. S. 拉马钱德兰解释说："大多数有机体在适应新环境的过程中，会朝着越来越专业化的方向发展。反过来说，人类却演进出了大脑这种器官，让我们获得了回避专业化的能力。"

有趣的是，计算机正是以同一种方式运作的。计算机和此前人类发明的所有工具的区别，就在于一种叫作"通用性"的东西。最初发明计算机是为了把它当成一种"算术器官"，可事实证明，由于几乎所有事情都可以转换成某种形式的数字，因此它变得差不多可以处理一切了：图像、声音、文字，任你挑。此外，正如阿兰·图灵在 1936 年一篇震惊世界的论文中提出，存在某种可以叫作"通用机器"的计算机器，只要调整其配置，就可以做到其他所有计算机器能办到的事情。所有现代计算机都是这种通用机器。

图灵论文带来的结果是，计算机成了头一种先于任务而存在的工具：它们和订书机、打孔机、怀表有了根本性的区别。你先造出计算机，再去盘算想拿它干什么。苹果公司喊出了"总有一款 App 适合你"的营销口号，更是证明了这一观点。它用 IPhone 手机刷新了我们的好奇心，把我们在台式机和笔记本计算机上视为理所当然的事情移植到了手机上。事实上，他们做的事情确实打动人：重新把我们对计算机通用性的好奇心调动了起来。如果说 IPhone 惊人，那只是因为它是一台微型计算机，而计算机本身就惊人。你无需先决定你需要什么，再去买一台机器来做这件事；你只需买一台机器，之后再考虑需要它做什么。我想下棋，很简单，下载一套象棋程序就行。我想写文章，那就去找一款文字处理程序；我要算清应缴税款，可以去找一款电子表格来用。反过来说，计算机并不是为上述任一目的而专门制造的，人们就是把它制造出来而已。

从这个意义而言，计算机没有天生的存在意义，这似乎削弱了人类对"存在先于本质"概念的垄断。换句话说，"金句"又有了另一个改写版本：我们的机器，貌似和我们一样"通用"。

发明的权利

尽管人们以为计算机学传统上是一个以男性为主的领域，但世界上第一个程序员却是女性。顺便一提，阿妲·洛夫莱斯（Ada Lovelace，1815-1852，碰巧是诗人拜伦的女儿）1843年探讨计算机（或称"分析引擎"，当时人们那么叫它）的著作，是当代几乎所有关于计算机及创造性的论述的灵感之源。

图灵在自己的"图灵测试"提案中用了整整一个章节的内容来阐述他所谓的"洛夫莱斯夫人异议"。具体来说就是继续探讨她在1843年出版的著作中的这句话："分析引擎无权自称发明了什么东西。但它可以做任何我们知道如何吩咐其执行的事情。"

这种说法似乎在许多方面总结大多数人对计算机的认识，也有许多事情能和上述说法对应，但图灵一剑封喉。"把洛夫莱斯夫人异议换个说法，也就是机器'永远做不了任何新鲜事'，这就跟俗话说的'太阳底下无新事'一个意思。但谁又能肯定，自己所完成的'原创工作'，不是教育种下的种子长成的呢？不是遵循众所周知的一般原则所得到的结果呢？"

图灵既不认为洛夫莱斯夫人异议指出了计算机的局限性，也不争辩计算机其实可以做"原创"工作，而是从最根基、最严重也最可怕的地方下了手。他认为，我们引以为傲的"原创性"，根本就不存在。

激进的选择

原创性（Originality）的概念，以及与此相关的真实性（Authenticity），是"什么是做你自己"这一问题的核心。图灵对自己（还有我们）的"原创工作"提出质疑的时候，他所意识到的就是这一点，而它也是存在主义者关心的一个大问题。

顺着自亚里士多德以降的线索，存在主义者倾向于认为，良好的生活是人实际生活与其潜力的一种靠齐。虽然亚里士多德也说过，"铁锤天生就是为了敲打，人类天生就是为了思考"，这并没有动摇他们的立场（尽管，考虑到他们本身也是职业哲学家——可千万别忘了这一点——他们对这一论点的反对程度难以精确衡量）。存在主义者也不接受基督教的观点，后者认为上帝已经赋予了我们意义感，只是等待我们去"发现"。既然人类无非是一种存在，我们怎么可能完成本来不存在的本质、目的或命运呢？

存在主义者的回答，差不多是这样：我们必须选择一项自我坚持的标准。也许我们受了其他人的影响选择了某种标准，又或者我们只是随便做出选择而已。两者都显得不怎么"真实可靠"，但我们成功回避了悖论，因为没人清楚它是否重要。行为要变得"真实可靠"，靠的是对自我选择的坚守。

由于我们"人性"概念的阵地已经往后撤退了，艺术性的概念也随之后退。或许，它还连带拉后了选择的概念——我们大概会猜，艺术本身恐怕不在创作，也不一定在于这个过程，而是在于冲动感。

定义游戏

"游戏"（Game）这个词，是出了名难下定义的。[7]

但请允许我冒昧贡献一个定义：游戏指的是一种有着明确成功定义、且该定义得到一致认同的情况。

成功的定义数量也很多。而对上市公司来说，目标只有一个，成功的定义也只有一个（至少，对股东而言只有一个：也即回报）。不是所有的企业都是一盘游戏，但基本上，大企业是一盘游戏。

现实生活并没有"成功"的概念，这直接削弱了萨特的存在 / 本质概念。如果成功是在"脸书"上拥有最多友人，那么你的社交生活就成了一场游戏。如果成功是死后顺利进天堂，那么你的道德生活就成了一场游戏。生活不是游戏。生活没有球门线，没有终点站。西班牙诗人安东尼奥·马查多（Antonio Machado）说得好："寻路者啊，前方没有路。路要靠我们走出来。"

7　在《哲学研究》（*Philosophical Investigations*）一书中，路德维希·维特根斯坦（Ludwig Wittgenstein）以"游戏"这个词为例，来描述一种看似永远无法加以确切定义的词汇。——原注

据说有这么一个故事。《模拟城市》（*Sim City*）是一款没有"目标"，没有明确"输赢"方式的游戏。游戏发行商布劳登邦德（Broderbund）为此感到很闹心。游戏的设计者威尔·莱特说，"大多数游戏是根据电影模式制造的，要求有高潮迭起的结尾。我的游戏更类似一种爱好，比如火车模型套装啦，洋娃娃屋啦。基本上，后一类游戏是一种对轻松和充满创意的乐园的体验"。但游戏行业无法接受他的设想。布劳登邦德"不停地问我，我要怎么把它变成一款游戏"。在我看来，布劳登邦德对《模拟城市》的不安，是一种关乎生存的不安，甚至是对存在的不安。

游戏拥有目标，生活却不是这样。生活没有客观目的。这就是存在主义者所谓"自由的焦虑。"故此，我们又可以对游戏提出另一个定义：任何能暂时缓解存在焦虑的东西。这就是为什么人们总是喜欢沉溺于游戏，拖延生活。这就是为什么在达到一个目标后，你可能尚未感受到胜利的快乐，生存的焦虑就再度击中了你，让你马不停蹄地再次面对一个叫人不安的问题：你该拿生活怎么办才好呢？[8]

土修课

我大学的计算机学系大规模招聘本科生当助教，这种事我在

---

8 罗素（Bertrand Russell）说："除非人事先就学过在获得成功之后如何自处，要不然，成功必定会叫他陷入无聊。"——原注

其他科系从没碰到过。当然，你必须提出申请，但系上提出的严格要求只有一条：你必须修过这门课。到下学期，你就可以当助教了。

如果我们谈论的是 x，那么助教只需要了解 x 就够了。你可以出于好奇尝试做得更好，但这么做对手头的事不怎么重要，也没太大关系。

而在我的哲学研讨班上，事情就完全两样了。当你尝试评估 y 论点好还是不好，你会发现四面八方都存在可攻击的漏洞，当然，你也可以从四面八方招架还手。研讨班的老师绝不会说，"嗯，这是一个很好的观点，但它不属于今天的讨论范围"。

"浅尝即止——你想都别想。"一位哲学教授曾对我说。因为来自任何角度的任何一条异议，都可能驳倒一整套理论，你没法从哲学的领域里划出一个个孤立的空间，孤立地掌握一个空间，之后进入下一空间。

我到哲学主修班上课的第一天，教授就在研讨班上说，任何说"哲学没用"的人，其实已经在进行哲学思考了，他们提出了一个自认重要的知性论点，故此，就在他们说出这句话的一瞬间，他们的论断已不驳而倒。出于这个原因，诗人理查德·肯尼（Richard Kenney）把哲学称为"主修课"之一。你质疑物理学的假设，最终却进入了形而上学——这是哲学的分支。你对历史假设提出质疑，最终却进入了认识论——这是哲学的分支。你想从根基上驳斥其他任何学科，最终都会进入哲学；而要是你想从根基上驳斥哲学，那么你只能进入元哲学（Meta-philosophy）——比哲学更深奥的学科。

所以，哲学助教往往是博士生，即便如此，你也经常会拐进由教授本人主持的讨论环节。和计算机学教授、助教不同，哲学教授所受的所有训练，他们的整个生命经历以及整个学科，随时随地都跌宕起伏。

另一门主修课是诗歌——它本身强调的是语言之美，而非语言的真相。和哲学一样，每当你想要逃脱诗歌的疆土，你总会陷得比最初还深。

"我最初写《嚎叫》的时候，并不打算发表的。我没打算把它写成一首诗，"艾伦·金斯伯格（Allen Ginsber）说，"我只想为了愉悦而写。我想写我真正在想的东西，而不是诗歌。"

诗歌和哲学一样，没有外部边界，只有一些模糊的内在界限：在哲学里，我们称之为科学（物理学最初起源于"自然哲学"这一基本上纯理论的领域），在诗歌里，我们称之为"流派"。如果一部剧本飘荡得离剧本创作的传统和惯例太远，人们就会把它视为诗歌。如果短篇故事徜徉出了短篇小说的安全领土，它就变成了散文诗。但脱离诗歌传统太远的诗歌，却往往会变成，更好的诗歌——比如《嚎叫》。

反专家系统——人类

所有这一切，引出了一件我经常在人造物品、拟人机器人和人类自身三者关系中注意到的事。

洛伯纳大奖最初举办的几年，主办方认为，为了给计算机更多战斗机会，也为了让比赛更有趣，他们应该设置某种"障碍"。一如我们之前所说，他们选择的做法是，限制谈话的主题：面对这一台终端，你只能聊冰球，而对另一台终端，你只能谈梦的阐释，等等。

当时的设想是，程序员能硬啃下某一主题的谈话内容，但他只能对该主题的内容进行模拟。由于大部分人工智能研究都是所谓的"专家系统"结构（只擅长一种任务或技能，国际象棋就是个明显的例子），这么想是合乎情理的。

但这么做也带来了一部分问题。由于谈话是漫无边际的，既然我们在聊冰球，我可以拿冰球跟其他运动比较吗？这属于出界行为吗？我能否提到最顶尖的球员身价太高了？我能不能说说冰球运动员正跟某电影女明星约会的八卦？我能否评论 20 世纪 80 年代美国队对苏联队那场金牌争夺赛的冷战背景？这算是在谈"政治"了吗？会话边界漏洞太多，定义不够充分。这让评审委员会大感头痛。

对话范围的问题，以及什么在范围之内，什么在范围之外的问题，其实正是图灵测试中人机角力整个概念的关键。它是对测试整个原则的具体表达。

我跟戴维·埃克里聊起了这种范围限制。"如果你把对话范围限定得足够小，那么伪造话语和制造话语之间的区别就开始消失了。"他说，"而且我们已经看到了这一幕。你知道的，我们现在有了企业电话菜单上的语音识别系统：它就以这个为基础——你所说的内容有限，你要么会说数字，要么会说'转人工服务'，要么就是，'见你的鬼！'"我俩笑了起来。不知什么原因，"见你的鬼"触动了我们的神经，它似乎完美地体现了人类突破牢笼的欲望，以及面临多重选择、自己想选的却不在选择范围之内的挫败感。[9]

如果你向军方的"士官长之星"聊天机器人提到一些不在他所知范围内的事情，它会说："根据我接受的训练，如果碰到我无法肯定该怎么回答的事情，我应该向上级寻求帮助。要是你希望征兵员解答你的问题，请单击'发送电子邮件'按钮，发送电子邮件，征兵员会立刻与你联系。"而大多数（并非全部）的电话菜单会给你一个僵硬的"上述皆否"选项。这个选项会把你带到一个真正的人那儿去。

可悲的是，跟你说话的这个人，往往本身也是一种"专家系统"，能力极为有限（"客户服务经常是授权失败的缩影。"蒂莫西·费里斯写道）。很多时候，你说话的那个人是按照公司准备的脚本说话的，从这层意义上来看，他／她也无非是一种人类聊天

9　美国国家科学院编撰的《人机语音沟通》（*Voice Communication Between Humans And Machines*）一书承认，"对检测这类'上述皆否'式的回答，还需要投入进一步的研究。"——原注

机——所以，跟他们说话，给人的感觉怪怪的。如果你想沟通或做的事情，不在这名员工的受训或许可"菜单"之内，那么你必须选择再次"退出系统"："我能跟经理说说吗？"

从某种意义来说，亲切感和个性人格是这种"退出系统""领域一般性"（Domain Generality）的表现，它从"专业知识"来到了"反专业知识"，从角色、功能严格受限，进入了人类语言的无界领域。人们跟同事熟稔起来，往往靠的是跟工作目标无关，甚至暂时阻碍了工作目标实现的互动方式，比方说："哈，这是你孩子的照片吗？"甚至每一通电话例行的开场白"你好"，也是这样。两个人这天过得怎么样，跟议程无关，但这句最初的"反逻辑推论"，不管多么敷衍，都有着深刻的用意。这些没什么目的的问候提醒我们，我们不仅仅是专家系统，不仅仅受目标的驱动，不仅仅受角色的定义。和大部分机器不一样，我们比自己置身的背景更宽泛，我们有能力做各种事情。对着酒馆招待埋怨天气，而不是直接点单、耐心等候，也强化了这一事实：他（她）不是咖啡机的血肉延伸，而是一个完整的人，有心情、有态度，对太阳底下的几乎所有事情都有自己的观点，而且，在工作之外还别有生活。

一般领域（Domain General）

对图灵测试最感兴趣的一位学者（后来还对洛伯纳大奖提出了直言不讳的批评）是哈佛的斯图尔特·谢伯尔（Stuart Shieber），他为第一届洛伯纳大奖赛担任过"裁判"。我为 2009 年的测试准备时，"裁判"一角已经没有了。当时，裁判的作用是维持谈话的"进行范围"——但这到底是什么意思呢？第一届洛伯纳大奖赛举办的前一天晚上[10]，主办方和裁判们还召开了紧急会议来解决这个问题。

我给谢伯尔打了电话。"第一届比赛的前一天晚上，裁判们确实开会了。"他说，"我们该怎样保证人类卧底不跑题呢？又怎样保证评委们不问主题以外的内容呢？——他们不应该问狡猾的问题。——可什么叫狡猾的问题呢？能不能把它归结为，那种你在飞机上跟陌生人自然而然进行的谈话呢？说到十四行诗、象棋或者别的什么事情，你肯定不会专找冷门的东西跟人聊。"他停了一秒钟，"如果是我负责，我首先就会去掉这类谈话。"

洛伯纳大奖对谢伯尔的建议听了一半，扔了一半。1995 年之后，大奖赛委员会就"对话范围"是什么、如何执行它产生了激烈论战，于是，他们决定取消裁判一职，改为进行无限制测试。然而，"在飞机上跟陌生人聊天"的范式却沿用了下来（当然，这并非明文规定，只是惯例罢了）：它变成了一种用放诸四海皆准的怪异问题拷问对话者的"传统"。只是没有明确规定罢了。我想，比赛的结果成了受害者。

具体规定主题的优点在于，谈话往往一开局就旗开得胜。回首那些年的对话记录，你会看到一些欢闹而具体的火力全开式开场白，比如：

10　是不是有点太晚了？程序员不是应该有时间应对规则发生的变化吗？——原注

评委：你好。我叫汤姆。我听说，我应该聊梦。我最近做了一个噩梦，好些年来的头一次。好玩的是，我最近点亮了圣诞灯。灯光太乱跟潜意识有没有关系？我做噩梦是不是因为这个？还是因为其他不那么明显的原因？

相比之下，在无主题谈话时，你往往看到评委和对话者摸摸索索地寻找可聊的内容——上下班堵车吗？天气怎样？

目的的危险性

泛泛而谈的艺术，在 18 世纪的法国沙龙上得到了完善，直到40 年前仍然是活生生的传统。这是一门非常精致的艺术，全身心地投入某种稍纵即逝的东西。但在我们这个时代，还有谁喜欢这么悠闲的事情呢？……心智的竞争习惯轻松地侵入了原本不属于它的领域。比方说，阅读。

——伯特兰·罗素

出于某种原因，每当书快看完的时候，我就没那么享受了，因为内心有一股力量开始向往"完成"。书籍的开头是乐趣和探索，末尾却是跟进和完成，而我对后者的兴趣不大。[11]

11　不知是否有一部分原因是出于"符号偏见"——我用一个网站记录我什么时候读过什么书，好在有需要时查阅和参考。网站指定了两种清单："读过"书单和"正在读"书单。如果它只有一种书单，就叫"我已经开始读的书"。好了，我的生活恐怕会更轻松。——原注

不知怎么回事，我特别容易受目的（Purpose）或项目完成这种概念的影响。几个星期前，我的几个朋友在其中一人家里碰面，决定走路到酒吧去。我们刚穿上外套，"齐柏林飞船"（Led Zeppelin，英国摇滚乐队）的 *Ramble On* 就从音响里传了出来，有人自发地开始在房间里蹦跶，挥舞着空气吉他；我们一个接一个地全都受了感染，也闹腾起来。可整个时间，我都急着想走，老想着，快点啊伙计们，我们在浪费时间，我们约好到外面去找乐子的！可很明显，我们已经很欢乐了。

"在我们的日常生活中，我们往往努力做一些事情，试着把这样东西变成那样东西，或是想法设法地获得某样东西。"我最近在《禅者的初心》（*Zen Mind, Beginner's Mind*）上读到这段话："练习坐禅的时候，你不应该想着做到什么事。"但悖论来了：坐在房间一角，让精神退回"无所求"的状态，这本身不就是要达到的目标吗？……这有点像是你努力想看看自己眼底的"飞蚊"（就是你凝视蓝天时总会在眼角余光撇到的小斑点），可你越是使劲看，它们就越是溜出你的视线。你径直去追求"无所求"，当然总会错过它。

一旦你暗暗欢喜，心说，"干得真棒！我成功地做到一件不讲目的的事情了！"心灵之旅就泡汤了。

20 世纪 90 年代放过一段商业广告，男人戴上耳机，躺进沙发。他听的是一盘放松磁带。他按下播放键，突然，刺耳的德国口音响了起来："开始放松，现在！"男人顿时在沙发上做出僵直的"放松"动作。把不以目标为导向的行为本身看成目标，你就会碰到这类的问题。

20 世纪的哲学家罗素认为："男人和孩子一样，需要玩耍，也就是说，需要没有目的的活动时间！"亚里士多德，尽管强调从人到微生物，凡事都有"目的"，却又自相矛盾地说，没有特别的目的或目标，是友谊的最佳形式。据说，除了人类，海豚和倭黑猩猩是唯一为了"乐趣"而进行性行为的动物。我们也经常把它们看成是仅次于人类的最聪明的动物。事实上，"最聪明"的动物，基本上也就是日程生活里有某种"玩耍"或消遣方式的动物。

洛伯纳大奖赛一般领域聊天机器人（由于洛伯纳大奖赛的设置，这类程序通百艺而无一长）最奇怪的一点，就是这种"意义在哪儿"的问题。正因为这个问题，让它们有时候看起来非常离奇，也让它们得不到足够的赞助资金。相反，它们的旁系表亲，也就是"专家系统"，相当于"铁锤"或"锯子"的专用聊天程序（也即我们买机票、进行客户投诉时接触到的机器对话系统）却常常得到大笔的研发资金，在商业应用中获得越来越广泛的推广。

2009 年大赛的组织者，菲利普·杰克逊解释说，图灵测试之所以有这么大的灵活性，原因之一在于，成绩出色的程序往往能得到大企业的扶持，相关的技术可以用到某些具体的用途上。批评洛伯纳大奖的人则说，参加大赛的程序员不是专业人士，只是"业余爱好者"。并非如此，"机灵机器人"的作者，罗洛·卡彭特，分别于 2005 年和 2006 年两度夺下"最有人味计算机"的头衔，他为 *221b*（2009 年的一款计算机游戏，与最新版《福尔摩斯》电影配套发行）"审问"环节设计了 AI 系统。2008 年"最有人味计算机"得主，"艾尔伯特"的程序员，弗雷德·罗伯茨，是宜家等企业网站客户服务机器人开发公司的员工。他们都是真正的专业人士：只不过，能赚钱的聊天机器人都是"具体领域"的（为推进游戏故事情节给出线索，为用户指明窗帘布在哪儿），而赢得图灵测试的聊天机器人却是"一般领域"的，它和人类一样，随便找个由头就能聊起天来。杰克逊解释说，公司和研究机构似乎很难找到理由投入资金开发"一般领域"聊天机器人，也即"通用型对话机器"。

那它们的目的会是什么呢？

第七章

干扰

倾听者紧跟着说话人；他们不会像评论一本书一样，等到一连串的话语结束，又延时一阵才阐释它。说话人的嘴巴和倾听者的意识之间的滞后期极其短暂。

——史蒂芬·平克（Steven Pinker）

自发性；沉浸

"嗯，我的意思是，你懂吧，困难也分程度，对不对？我是说，最显而易见的一档困难是，'做你自己'成了强制性的命令，这也就暗示，如果你非要听别人吩咐才能做你自己，那么从某种意义而言，你就没能做到你自己。"布朗大学的哲学教授伯纳德·雷金斯特笑着说。这挠到了他哲学家的痒处。"可这又自相矛盾了！如果你不能做自己，那么你要做谁呢？你知道吗？所以，吩咐、规劝、命令你做你自己，本身就是一件奇怪的事——就好像料定了你做不了自己一样！"

他说，对"做你自己"是什么意思（这是洛伯纳大奖赛向历年人类卧底提供的建议和指点）的一个传统认识是，要做真正的自己，也就是，"弄清所谓真实的自我本应是什么，之后摆脱一切的社会层面来'变成那样'，也就是说，试着以完全忠于自我的方式过你的生活。"哲学家把所有东西都放进引号的习惯（因为你使用某个字，在某种意义上就意味着你赞同它），暴露了雷金斯特的真实意图，也早早地为辩论拉开了序幕。"现在，这个想法的重大问题在于，"他说，"近期发展心理学、精神病学、心理分析等领域的大量研究表明，这种想法，也就是真正的'你'存在于一个不受周围社会环境所影响的纯粹世界中，这样的想法是个神话。事实上，你一开始就受到了社会的影响。如果把所有的社会层面全都剥离，并不会像想象中那样，露出一个真正的你来。因为那儿什么也剩不下来了。"

这里，雷金斯特附和了图灵对"洛夫莱斯异议"（认为计算机没有"原创性"）的意见：我们怎么敢肯定，我们就有原创性呢？他还附和了图灵在 1950 年论文中的修辞性提问（这里，图灵表现得不那么有信心，也略微不安）：

"洋葱皮"的比喻很有帮助。在思考意识或大脑功能时，我们发现，某些运作可以从纯机械的角度来解释。这是我们所说跟真正意识不吻合的东西。如果我们要找到真正的心灵，我们就必须剥去这层外皮。但随后，我们又会发现一层该继续剥掉的外皮，依此类推。顺着这条道路，我们真的能找到"真正的意识"吗，还是最终来到一层里面空空如也的外皮呢？

没了这种内在自我核心的概念，"做你自己"的建议还有什么意义吗？雷金斯特认为仍然有意义："这种做你自己的叮嘱，本质上就是要你别再担心或在乎别人的想法、别人的期待，等等，也就是对你要去做的事情采取一种本能、自发、自然的态度。"

有趣的是，人类自知、自觉、思考自己行动、自己想法的能力，似乎属于我们独有"智慧"中的一部分，然而，生活里许多最丰饶多产、最有意思、最为投入、最全力以赴（形容词随你说）的时刻，却是来自我们放弃了这种自我镜像的轻薄态度，用心去做事之后。这里，我想到了性、想到了竞技体育、想到了表演艺术、想到了我们称之的"投入"，心理学家称之为"沉浸"的状态——也就是一心一意从事一项活动。而在我们做它的时候，你很可能会说，"就像动物一样"，甚至，"就像一台机器一样"。

事实上，匈牙利心理学家米哈里·契克森米哈在普及"沉浸"（Flow）这一心理概念时就写道，"自我退居后位"。按契克森米哈的说法，沉浸的出现，必须满足几个条件。他说，其中之一是"即时反馈"。

长距离

去年的圣诞节，我姑姑的手机响了起来，是我叔叔从伊拉克打来的。他正在海军陆战队服役，履行第二次海外驻防任务。手机在全家人手里传了一整圈，我一直在想，技术是多么叫人难以置信啊：他正从战场实地给我们打电话，祝我们圣诞快乐——技术对军人家庭保持亲密起了多大的作用啊！在过去靠书信沟通的年代，沟通的间隔期太长，中间隔着焦虑尴尬的等待；现在，我们直接联系，焦虑的等待消失了，我们真的能说上话了……

手机传到我手里，我欣喜地叫道："嗨！圣诞快乐！"

沉默。

这叫我很不愉快，我的满腔热情却没能招来反应。我暗想：难道说，他觉得我跟他的亲戚关系不够密切，不太想跟我说话？接着，隔了一拍之后，听筒里传出了他自己略欠热情的声音："圣诞快乐！"我抛开杂念，笨拙地说："能从这么远的地方跟你说话太好了。"

再次沉默。没有反应。我突然觉得紧张、不舒服起来，我想，"我们就不能比这样更融洽些么？"我想说、想问的一切，一瞬间变得无关紧要、微不足道、费力不讨好起来。就像是喜剧演员在讲完笑话之后没听到观众大笑（那只需 1/20 秒），尴尬地站在台上。我感到踌躇，似乎是在浪费他的时间。我在浪费他战争中的时间。我必须快点把电话交出去。所以，等他最终回答："是啊，隔这么远都能跟你说话太棒了！"我嘟哝了一声："好的，我不会挂断——哦，这儿还有其他人要跟你说话呢！稍后再跟你聊！"接着，就尴尬地把电话传了出去。

在回答里留下语速的空隙

几个月后，我为这本书的初期市场公关而接受了一群书商的电话采访。他们的问题都坦率明了，我在回答时没碰到什么麻烦。但我发现，我为答案的长度感到很纠结：对一件复杂得能写出一整本书来的事情，你的所有回答都有很大的斟酌余地，既可以非常短、很短、有点短，也可以一般长短，还可以深思熟虑的长，或是面面俱到的很长。我随时都在进行这种对话，大多数时候，我主要用两个办法来让回答"贴合具体情况"。一是观察倾听者的表情是感兴趣还是漠不关心，并据此进行调整；二是调整语速，让回答当中留下小小的空隙，倾听者可以趁机插入，或是重新定向，也可以任我继续往下说。面对咖啡店里的招待员，我只要说个只言片语，却可以引出她的末世论。她带着一抹不怎么自然地笑容插嘴说，她认为"机器""做得到"，要是真的到了世界末日那一天，她"随时准备吃掉家里养的宠物猫"。而面对我一些学术界的熟人，我看着他们露出好奇的表情，全神贯注地听我讲完整个故事，很少插嘴，直到所有的细节和修饰词全都到位。但我和书商们是在电话里交流，我当然看不到他们的脸；事实上，我连电话那头到底有多少人我都不知道。当我冒出"四分休止符"，想暗中提醒对方冒出充满期待的"嗯，嗯""哇，好家伙"，如果是这样，我就会把故事继续讲下去，要么心满意足的就此打住——可我什么也听不到。如果我延长停顿时间，切换成"半分休止符"，对方会认为我讲完了，并提出新的问题。一个拿捏不好停顿时机的人——更准确地说应该是，他没法让别人拿捏住他的停顿时机。不知为什么，停顿时机这门犹如人第二天性的东西，碰上电话总是不灵验。我尽力了，但总有一种孤掌

人机大战

难鸣的感觉。

可计算理论与复杂理论

计算机科学理论的第一分支可称为"可计算理论"（Computability Theory），这一领域探讨的是运算机器理论模型以及运算机器运算能力的理论限制。图灵为这一理论分支做出了巨大的贡献：20世纪30年代和40年代，物理计算机器才刚刚起步，有必要从空想的角度思考它们及其纯理论范围和潜力限制。

计算机科学家称某些问题"难解"，意思是说正确的答案可以计算出来，但速度还不够快，无法付诸使用。难解的问题模糊了计算机"能"什么、"不能"什么的区别。举个例子，假设说有一台神奇、玄妙的机器可以预测未来，但它的运算时间比现实时间要慢，那么从实在的角度来说，它就不能预测未来。[1]

然而，事实证明，难解性也有它的用处。举例来说，组合密码

---

1 对一些方程（如牛顿理论中描述弹丸发射抛物线的方程），你只需插入旧有的未来时间价值，就可获得事件的未来状态描述。另一些运算（如某些细胞自动机，Cellular Automata）却没有这样的捷径。人们称这类过程"无法省略计算"（有时也作"计算不可约"，Computationally Irreducible）。未来时间价值不能简单地"插入"；相反，你要模拟从A点到Z点之间的每一个中间步骤。斯蒂芬·沃尔夫勒姆（Stephen Wolfram）在《一种新科学》（*A New Kind of Science*）中试图调和自由意志和决定论，它推测人类大脑的运作就是这种"不能省略"的情况：也就是说，没有牛顿理论式的"定理"能让我们抄捷径，提前知道人会做什么。我们只能对其进行观察。——原注

锁并不是不可能打开的：你可以尝试每一种数字组合，直到找出正确的密码。但它们很难解，因为要是你这么做的话，你会给人逮住，甚至锁后面藏的东西根本不值得你费这么大的工夫。同样的道理，计算机数据加密取决于以下事实：素数相乘得出合数的速度，比把合数倒推分解成素数的速度要快。这两项操作都是完全可计算的，但后者比前者慢得多，于是成了"难解"的问题。正因为这样，网络安全、电子商务才有了实现的可能。

图灵之后的下一代计算机理论家，在 20 世纪六七十年代开始发展名为"复杂理论"的新分支，把这种时间-空间局限性纳入了考量。马萨诸塞大学的计算机理论家哈瓦·西格尔曼解释说，这种更"现代"的理论不光解决"机器的终极能力，还解决它在时间空间等资源受限时的表达能力"。

迈克尔·塞普色（Michael Sipser）的教材《计算理论导引》是理论计算机学的一部经典，我自己读大学时就用的是这本。它提醒说，"哪怕一个问题是可判定的，故此在理论上也是可以计算求解的，但倘若求解需要海量的时间或存储，它在实践中就可能解不出来"。尽管如此，这句话写在这本教材最后一部分的导言里，我的高年级理论课只在那个学期的最后几星期里约略地提了一下。

埃克里说，可计算理论要求的是"算出正确答案，尽量快"，而生活里更多地是希望"及时算出答案，尽量正确"。这是一个极为重要的区别，我在图灵测试中采纳的另一策略就以它为基石。

"嗯"和"唔"

在尝试打破模型或近似值的时候，了解这一模型抓住了什么特点、漏掉了什么特点很有用。举例来说，要是有人想证明自己是真的在吹萨克斯，而不是在弹奏声音听起来像是萨克斯的合成器，最好的着手之处是弄出那些不是音符的声音：呼吸声、按键音、走调的嘎嘎声。要是有人想打破语言模型，使用不是单词的字符或许会管用：纽约大学哲学家内德·布洛克（Ned Block），2005 年的比赛评委，提出了这样一个问题："你对噗啦啦啦咚咚跨哧有什么认识？"只要对方的反应不是目瞪口呆不明所以（比方说，有一款聊天机器人回答的是，'你为什么这么问'），那"它"的狐狸尾巴就露出来了。

另一种方法是使用我们随时都在用，但很少认为是"词"的词：比如"嗯"和"唔"。诺姆·乔姆斯基（Noam Chomsky）在 1965 年的里程碑之作《句法理论的若干问题》（*Aspects of the Theory of Syntax*）中提出，"语言学理论主要考虑的是这样的情况：在一个完全同质的谈话社群中，有一个完美的说话—倾听者，他充分理解这个社群的语言，不受与语法无关条件的影响，如记忆力的限制、分心、注意力和兴趣转移以及将个人的语言知识付诸实际应用时产生的口误（偶尔出现的或个人特有的）"。在这种观点当中，"嗯"和"唔"属于口误，斯坦福大学的赫伯特·克拉克（Herbert Clark）和加州大学圣克鲁斯分校的让·福克斯·特里（Jean Fox Tree）将之引申为，"故此它们不属于真正的语言"。

但克拉克和福克斯·特里并不认同这种看法。大多数语言都和英语一样，有两种不同的措辞，如果它们真的是口误，为什么每一种语言里它们都成对出现呢？此外，"嗯"和"唔"的使用模式表明，说话人在短于1秒的停顿中使用"嗯"，在较长的停顿中使用"唔"。这一信息暗示了两点：（1）这两个词不能互换，事实上，还发挥着不同的作用；（2）因为这两个词用在停顿之前，说话人必然提前预感到了随后的停顿有多长。这比单纯的"口误"行为重要多了，克拉克和福克斯·特里得出结论："'嗯'和'唔'是真正的词汇。所谓词汇，我们指的是有着约定语音形状和意义、受语法和韵律规则支配的语言单位……和其他任何词汇一样，'嗯'和'唔'必须提前计划好、规划好，再说出来。"

从纯粹的语法角度看，"嗯"和"唔"二词没有意义，在字典里也没有释义。但请注意，乔姆斯基研究的理想化语言形式明显忽视了"这种与语法不相干的条件，如记忆限制……和实际表现"。换句话说，乔姆斯基的语言理论是图灵时代的可计算理论，而不是其后的复杂性理论。聊天机器人的语言模型碰巧跟它一样的理想化。然而，就跟计算机学上发生过的情况一样，事实证明，"理想"过程和"实际绩效"之间存在着巨大差距。

身为人类卧底，我打定主意要尽量拉大这一差距。

知足和事后聪明

从历史上看，经济学也一度表现得有点像是可计算理论，"理性主体"神秘地在一瞬间里收集并综合了无限的信息，接着立刻做出决定并采取行动。这种理论对"成本"说三道四，却忘了考虑"考虑"本身就是一种成本！你只能实时买卖股票：你用来分析市场的时间越长，市场同一时间发生的变化就越多。血拼买衣服也是一个道理：在你买衣服的同时，季节在变，时尚也在变（大部分不够时尚的衣服只不过是时尚的衣服出现在了错误的时机而已）。

诺贝尔经济学奖得主、图灵奖得主，知识广博的学者（在经济学、心理学、政治学和人工智能领域都有涉猎）赫伯特·西蒙创造了"知足"（Satisficing）（Satisfying + Sufficing，满意 + 充足）这个词来替代客观最优化 / 最大化。

从可计算理论的角度看，我能成为一个优秀的吉他手，因为你给我任何一份乐谱，我都能找到音符，逐一演奏……

英国作曲家布里安·芬尼豪赫（Brian Ferneyhough）把乐谱写得极尽复杂，难以对付，照着它根本就无法演奏。关键就在这儿。芬尼豪赫认为，乐手演奏时经常为乐谱所束缚，他们的表演只是作曲家意图的外延而已。但由于没人能完美演奏他的乐谱，表演者必须"知足"——也就是去繁就简、确定优先顺序、简化、直击核心，放弃某些东西，强调另一些东西。表演者不可避免地要按自己的理解阐释乐谱，亲身投入。他说：我芬尼豪赫的作品不要求"精湛的技艺，只要求诚恳、真切地展现演奏者自身的局限性"。《纽约时报》说，"这音乐如此苛刻，却带给你自由"，不那么苛刻的曲子反而给不了你同等的自由。这种说法的言外之意是，所有的表演都是定点专用的，绝对不可替代，无法商品化。正如音乐学家蒂姆·卢瑟福–约翰逊（Tim Rutherford-Johnson）所说，芬尼豪赫"对作品的演奏提出了很高的要求，光是依照作曲家的指示简单复制远远不够；今天，许多了不起的音乐备受'反复、反复、反复翻录同一阐释套路'的困扰，芬尼豪赫的作品恐怕不会落得这般田地"。

对伯纳德·雷金斯特来说，真实蕴含在自发性当中。最重要的是，这跟时机也有关系，除非保持并与当前形势同步，否则你不可能顺其自然；环境变化时你忙着理解它，就无从保持对环境的敏感。

罗伯特·梅德科斯扎（Robert Medeksza）编写的程序"超级哈尔"赢得了 2007 年的洛伯纳大奖。他曾说，他为"超级哈尔"安装的参赛对话数据库，还不及同年亚军"机灵机器人"所用数据库规模的 1/150。较小的数据库限制了"超级哈尔"的响应范围，但提高了它回应的速度。在梅德科斯扎看来，速度是决定性因素。"机灵机器人较大的数据库其实可能反倒是它的短处，"事后，他对一位采访者说，"由于计算机无法顺畅处理这么大的数据量，它回答评委的时间偏长。"

我想起了一句法国谚语，"事后聪明全无用"（l'esprit de l'escalier），也就是说，你走出聚会的台阶才想起怎么还击刚才侮辱你的家伙，为时已晚啊。还嘴的话迟了一步，和完全还不了嘴差不了多少。你不能去"搜索"连珠的妙语。要的就是那一瞬间的脱口而出。这就是机智之美。这也是生命之美。计算性理论相当于事后聪明。复杂性理论——知足，及时答复，尽量正确——才是对话。

"可干扰式对话系统"

2009 年的洛伯纳大奖赛，只是那星期布莱顿中心承办的年度语音通信大会的一个小环节。语音通信大会针对的是学术界和工业界的技术研究人员，所以，我抽空溜出洛伯纳比赛厅休息时，来自世界各地、穿梭往来于各种展览、讲演中的好几千工程师、程序员和理论家立刻把我淹没了。展览项目应有尽有，有惊悚的橡皮拟人声道，有能发出人类元音的"僵尸"，有自然语言人工智能的前沿项目，有公司改良电话菜单系统的实际执行细节。

在这样的盛会上，你很快就会发现，围绕各个领域和学科发展起来的行话是多么密不透风。短短几天的往来和注解难以让它消融，哪怕行话下面的主题真的很有意义。幸运的是，我有一位很好的向导和"翻译"，那就是同为人类卧底的奥尔加。我们在海报展示大厅溜达，看到人们将自然人类对话里种种微妙的东西进行命名、审议，并提出假说。有一张海报叫我产生了好奇心，其内容是为"可干扰式对话系统"（研究员耐心地对我解释说，那就是人类）编程。"干扰"指的是在其他人仍在谈话时插嘴。很明显，大部分口语对话系统，比如大部分的聊天机器人，很难处理这个问题。

符号和经验

诚如芬尼豪赫感兴趣的是"乐谱和聆听体验之间"的区别，我感兴趣的则是语言的理想化理论与语言实践中的基本真理之间的区别，即对话记录和对话本身之间的区别。

我的一位剧作家朋友曾经对我说，"你总能一眼就看出外行人的作品，因为他们笔下的人物总说完整的句子。现实生活中没人这么说话"。一点也不假：除非你有过大量誊写对话的经验，否则你不会明白这话总结得有多到位。

但句子碎片化本身只是冰山一角。我们说话零零碎碎，更大的原因跟对话的来回接续结构有关系。摩尔斯电码操作员会用"停"（Stop）表示当前句子结束；无线对讲机上则有相应的"结束"（Over）。图灵测试传统上将回车键视为句子结束的标志。大多数剧本中的对话未能反映现实中的对话，最常见的失误就在于不准确的往回接续方式。但要是你把这些句末标记删掉会怎样呢？你给沉默和插嘴创造了空间，让我们来看看普利策奖得主大卫·马梅（David Mamet）在《大亨游戏》（Glengarry Glen Ross）里的一段著名对话节选：[2]

> 列文：你是想透个口风的，对吧，约翰……？你想透个口风？
>
> 威廉森：这由不得我……
>
> 列文：……由不得你……？那由得谁？我在跟谁说话？我需要

2 该剧本以一家房地产中介公司为背景，老板亚历克·鲍德温采取恩威兼施的方式激励员工士气，业绩竞赛的第一名可获凯迪拉克轿车，业绩最差者只得卷铺盖走路，众人无不施展浑身解术拉生意。资深营业员杰克·列文在生存压力下铤而走险，竟然动了偷窃公司客户资料的念头。这里的对话就此展开。——译注客户线索……

　　威廉森：……等 30 号以后……

　　列文：见鬼的 30 号，到 30 号我还上不了榜，他们早就炒掉我了。

　　在自发对话中，参与者彼此略微交叠是很自然很常见的，遗憾的是，对话的这一元素极难再现。小说和电视电影剧本可以用破折号或省略号表示一行对话突然中断，但现实中，这种切断并不是这样生硬、利落的。出于这个原因，就连马梅的对话也只能算对了一半。我们看到人物踩着彼此的脚趾头跳进来，可一旦他们这么做了，另一方的人物就只好暂时停下来。我们看不到现实中此类时刻常常出现的流动性和争执不休。插入太生硬了。

　　我们来回口角、争辩，我们不时发出"嗯""对"的声音表示思想的投入[3]，我们偶尔插嘴，却又不打断彼此句子的进度，我们不时跑题再跑题，反反复复——我们对话的形式多种多样。有些剧作家和编剧会使用其他符号（比如用斜线暗示下句话开始），但这些东西不光写起来、读起来太过烦琐，而且仍然无法再现现实生活中对话的繁多形式。

　　我记得读大学时去看一支爵士乐队。乐队规模挺大，光是管乐部分就有差不多有 12 号人。乐手们显然技艺高超，演奏十分协调，但独奏环节（有点怪）却有点僵化，是一个人接一个人地挨个表

3　语言学家称之为"衬托型反馈形式"（Back-channel Feedback）——原注

演，类似人们排队站在麦克风前向讲台后的演讲者提问。独奏者耐心地等待之前的乐手表演完规定的小节，之后自己再表演同等长度的小节。

毫无疑问，这种演奏方式避免了混乱问题，但也毫无疑问限制了音乐的发挥。

僵化的挨个讲话，恐怕比语言差距更妨碍亲密交流。NBC 主播兼资深采访员约翰·钱塞勒（John Chancellor）在《套出真相》（*Interviewing America's Top Interviewers*）一书中做了如下解释：

同声传译很好，你可以在理解意思的同时看到说话人的面部表情，虽然翻译本身并不连贯。可大多数记者在进行外语采访时，由于负担不起真正的同声传译，只能仰赖连续式翻译。但不依靠同声传译，你很难触及问题的根源。

故此，现场谈话和电子邮件往来的区别，不在于信息往返时间更短，而在于有时候，"对话的轮次转换"根本就无法定义。谈话里有许多极其微妙的技巧，比如知道什么时候插入别人的"轮次"，什么时候跳过自己的"轮次"，什么时候暂停，什么时候一口气地说下去。

我不敢担保我们人类完全掌握了这套技能。如果你同意我的看法，那大部分的美国电视新闻几乎没法看。新闻播出时，屏幕分成四块，四个不同的主播趁着冗长广告之间的空隙互相喊话。或许，出现貌似能够交谈的计算机软件的部分原因，就在于我们有时候真的不懂交谈。

有一点很能说明问题：什么时候中断、什么时候推进、什么时候展开新线索或结束旧线索的这种微妙的感觉，在机器人对话中基本上完全找不到。

决策问题

这种时机的把握和争辩艺术，正是语言学家和程序员想从自己的语言模型里摒弃掉的东西。而要是对话里"嗯""唔"等词扮演的角色，"讲话人可以用这些词来表明，"语言学家克拉克·福克斯·特里说，"他们在寻找恰当的说法，判断接下来该说什么，希望继续发言，还是希望让出发言权。"

讲演教练、老师、家长常常告诫我们，要管好自己的舌头。然而，事实是，用声音填补讲话时的空隙，并不仅仅是一种不良的口头习惯或口误，而是我们有话要说的信号。举个类似的情况，计算机"发傻"时，会把鼠标指针变成沙漏形状。人机挑战赛（Jeopardy!）参赛选手的一大技巧，就是要在你还不知道答案，但又明知自己不知道的时候抢占先机"嗡"一声。"嗡"的意思大致就相当于，"噢！呃……"冠军和普通选手之间的区别，就在于能否成功地运用这一技巧（顺便说一句，IBM的研究人员在为超级计算机"沃森"替这场大赛做准备时，曾在这个环节大费周章，人类选手亚历克斯·特里贝克只花一两秒就能看完的简短问题，对"沃森"而言尤其棘手。）

2000 年，麻省理工学院的研究员尼科·斯托姆（Nikko Strom）和斯蒂芬妮·塞内夫（Stephanie Seneff）在通信语音大会上发表了一篇论文，发现利用"嗯"这个词可以让口语对话电话菜单更符合直觉，更便于使用。2009 年在布莱顿召开的通信语音大会上，京都大学的 4 名研究员在海报环节展示了他们的发现：在大量环境下，人类对话的时机为计算机系统提供了远多于对话内容的信息。

部分地说来，计算机程序不擅长处理时机问题的历史可以追溯回计算机程序是什么的起源理论。可计算理论提出的最初日子，程序执行的是所谓的"决策问题"。当时的想法是，你给程序提供给定输入，指定输入从哪儿开始、在哪儿结束。之后程序处理该输入，花掉必须的时间，最终输出界定明确的结果。

我发现，在跟聊天机器人交谈时，这种语言模型，这种假定"输入""输出"一对一的映射，给了我各种恶作剧的机会。例如，"伊莉莎"的模式匹配不够成熟，无法判断该模式是匹配一句话还是多句话。于是我跟它进行了如下对话：

我：我是布莱恩。
伊莉莎：你喜欢做布赖恩吗？

——如果我回答"我，呃，大概是吧"，它会给我一个不置可

否的回答:"明白了。"但是,如果我,像许多即时消息用户那样,在回答中连续使用回车键,混乱就发生了:

我:我,
我:呃,
我:大概是吧!
伊莉莎:多说点……
伊莉莎:多说点……
伊莉莎:多说点……

令人惊讶的是,输入对输出的刚性捆绑,在许多新款聊天机器人身上表现得更明显。如果你到2005/2006年的洛伯纳大奖得主"机灵机器人"的网站上跟它聊过天,那么,你每次敲击回车键,对话框就会锁定,无法继续键入文字,直到"机灵机器人"完成回复:

我:哦,嗨
机灵机器人:你怎么样?
我:嗯,
机灵机器人:那是好还是坏?
我:呃(这里原文为"well",也有"好"的意思),
机灵机器人:有多好?

如果你跟2008年的洛伯纳大奖得主"艾尔伯特"在线聊天,每回你按下回车键,屏幕就会刷新,只看得见艾尔伯特的一条回复：

我说：呃，

艾尔伯特：我在想：是谁说服你来拜访我的？

我说：这个么，

艾尔伯特：没错！

我说：嗯……

艾尔伯特：这是个适合机器人的好名字！

还有许多客户代表型聊天机器人，比如 alaskaair.com、continental.com 和 goarmy.com 等网站上使用的那种，每当你按下回车键，屏幕就会锁定在"请稍候……"状态中：

你问：嗯，

珍：没关系，还有什么我可以帮忙的吗？

你问：呃，

珍：我不知道怎么回答。请试着换个问法。

你问：唔，

珍：我们欢迎孩子单独搭乘阿拉斯加航空公司和地平线航空公司的班机。针对无人陪伴的儿童，我们公司的服务信息如下。

这些程序有不少都能对付犀利的提问，可喃喃自语却能毁了它们，真是有趣极了。

利用媒介

在判断艺术作品时，我常常看作品是否有必须使用当前的媒介。在某种程度上，这意味着它利用媒介的独到能力：显然，交响乐可以做到散文做不到的事，反过来说也一样。

例如，不同的书面媒体利用自身独到的时间特性，带来不同的亲密程度和沟通可能性。快速的文字短信承载的是人此时此地想到的内容，它越过两个人相隔的物理空间，产生瞬时移情的共同喜悦；慢速的邮政信件或手工礼物，说的是人深思熟虑后的想法，以它的光泽照耀未来的时日。

从某种意义上来说，即时通信——也即图灵测试的媒介——的故事，就是电报加速至突破点的故事。

不过，我发现，2009 年洛伯纳大奖采用的协议，跟电子邮件、文本短信、标准即时通信系统有一点关键的不同。洛伯纳大奖的聊天协议传送打字时每一次的击键。你可以观察对方打字、输入失误、退格清除和其他每一步的键盘动作。

如何利用洛伯纳大奖赛独特的"现场打字"媒介，是我要弄清的一部分玄机。较之标准的对讲机、电报式一来一回的风格，它的优劣何在呢？

看得见打字动作以后，打字的"负空间"——迟疑——也就暴露出来了。如果聊天对话在每回按下回车键之后传送文本，那么异乎寻常的暂停就成了互动的"一部分"。靠着更流畅的即时反馈，沉默具有了意义。举例来说，面对面谈话时未能快速回答问题，在很多场合无异于回答了问题。我记得，我曾问一位朋友，他跟近来约会的姑娘怎么样了。朋友为寻找合适的说法略略停了一下，又"嗯"了一声。很明显，他俩出状况了。换言之，沉默非他所选，但选择本身透露了内情。[4]

我记得20世纪90年代有些互联网聊天程序试过这种"一次只能输入一个词"的方法，但用户基本上都持拒绝态度，因为这感觉侵略性太强了。人们喜欢书写的地方，就在于跟他人分享之前，有时间和空间对内容加以构思和编辑。可是，"一次只能输入一个词"传输方法的优势，是它更接近对话的状态，轮次可流动、语法可突变，失去的是华丽辞藻，得到的是机敏灵活。

长篇大论是行不通的，因为程序可以靠冒出一些长得离谱的回答，消耗有限的时间，压垮裁判（有几年就出现过此类情况）。如果双方都受时间限制并严格依次轮流说话，那么，你说话的时间长短，就全由对方决定了。这里，我举1996年的一套程序为例：

远程端：给我讲个笑话怎么样？

---

4 出于这个原因，在法律领域，宣誓作证已从笔录转向了现场录像。有人对我说过，律师向专家证人提出一个不合其意的问题之后，专家翻着眼珠瞪着律师，之后在椅子里不安地扭动了整整55秒钟，之后才怀着恨意又有点得意地说，"我不记得了"。他脑子里早有剧本。但当谈话视频在法庭上播出时，证人的证词不攻自破。——原注

评审：不要。

远程端：我最喜欢的笑话是这个……狗一瘸一拐地来到酒吧，脚上缠着血淋淋的绷带。他戴着一顶高顶阔边牛仔帽，枪套里塞着左轮手枪和警徽。他咆哮道，"我正在找那个打伤我爪子的家伙"。

"这笑话不好笑嘛……"评审写道，似乎是怂恿程序再讲一个，而它也真的讲了（"一条打着结、破破烂烂的绳子走进酒吧……"）。就这样，3 分钟就耗过去了。

另一方面，人类卧底有时也会犯错，1992 年的一位卧底就"健康"主题说了一大堆：

评审：唉，我一般总爱吃各种垃圾食品。就像是身体里有一套程序在驱动我一样。多力多滋是我最爱的零食。

远程端：你必须小心垃圾食品。这带出了另外一点。天然保健在很大程度上是种直觉。你吃太多垃圾食品的话，必须依靠直觉维持谨慎的平衡，因为有时候，要是你在最初的阶段不做控制，你会毫无意识，直到你的健康最终受损。高胆固醇就是很好的例子，我们都知道它的结果。动脉阻塞很难治疗，是否可以逆转也有争论。

这位评委判断她是一台计算机。

如果计算机（或人类卧底）在一场"可干扰"测试里唠叨得太长，评审会投出否决票。

对逐字传输方式，我意识到了一些别的事情，还有它带来的可能性。有时候，口语会变得不那么线性，比如，"我去商店里买了牛奶和鸡蛋，回家的路上碰到了谢尔比——哦，对了，还有面包。"这里，我明白面包搭配的"买了"，而不是"碰到了"（这是"哦"的部分功能，传统语言学对此这类字一般不予考量）。不过，基本上，参与者之间的滞后时间极短，脑海里构思好句子和大声说出句子之间的滞后时间也很短，主题很少会完全分解成两条并行的线索。在即时消息对话中，会有个小窗口显示一人正在输入，但另一方看不见在输入什么。所以，两个人很可能同时朝着两个方向展开对话：

> 甲：你的旅行怎样？
> 甲：哦，你去看了火山吗？
> 乙：很好！家里的情况怎么样？
> 甲：哦，你知道的，老样子。
> 乙：是呀，我们去看了！

这里的对话发展出了独立而并行的线索，甲乙两方的回答不见得是针对上一句提问。能看到彼此的逐字输入，能消除这种因滞后造成的分歧，尽管我有理由相信它还能做些别的什么……

长时间同时说话行不通，因为我们的声音——从离我们耳朵就10来厘米远的地方发出来的——与对话者的声音在空气里混和在一起，很难听清对方在说什么。我很好奇地了解到，聋子没有这类问题，他们可以一边看着别人打手势，一边自如地打手势。在一群耳聋者中，一次只让一人发言仍然是合乎情理的，因为人们没法同时朝着多个方向看，但据罗彻斯特理工学院研究员乔纳森·斯卡尔（Jonathan Schull）观察多对手语者之间的交谈之后发现，"对话者有着更多连续同步、彼此重叠的手势"。换句话说，手语者一边说，一边听。斯卡尔和合作者们得出结论，依次轮流远远不算是沟通的必要基本性质，"而是对沟通渠道局限性的勉强适应"。

洛伯纳大奖赛协议和传统即时通信协议的一大重要区别在于，由于文字输入没有明显的顺序，可以一起排在屏幕上，所以，每名用户输入的内容会单独显示在屏幕的一块区域里。和手语一样，这让群体对话变得更加困难，但却为两人交流带来了更有趣的可能性。

我的另一项卧底策略浮出了水面。我要把图灵测试陌生、不熟悉的文本媒介看成是口语和手语，而不是书面英语。我会尝试扰乱计算机能理解的轮流"等候和分析"模式，创造一种流畅的口头行为，强调时机：计算机对语言"和谐"本来就认识不足，对节奏的理解就更是微不足道了。

我要像芬尼豪赫的作品那样说话，力推知足而非优化。如果我的屏幕上什么字样都没有，那么，不管是否轮到我，都会抛出一部分答案，说是插上一句嘴，再不然，就向评审提问——就像我们说话时留出（或填满）沉默的空隙那样。如果评审思考下一个问题用时太长，我会一直说。我是有料可证的人（和聊天机器人不一样）。如果我看明白评审在写什么，我会用回车键或反斜杠打断他们，抢先跳将出来。

当然，我也要做出权衡：不光主动争取互动和响应的机会，回答也要足够有内涵。前者重在简洁，后者胜在详细。不过，在我看来，对话的精妙和困难，大部分来自理解问题和给出合适的回答，故此，努力争抢最多的互动次数是有道理的。

我将发现，有些评审看到这种"跳抢"手法会大吃一惊，困惑不已，我会看到他们暂停、犹豫、屈服，甚至写了一半又按下后退。另一些评审则立刻产生好感，并马上有样学样起来。[5]

2009 年的第一轮比赛中，评审沙洛姆·拉平（Shalom Lappin，伦敦大学国王学院的计算机语言学家）先是和"机灵机器人"对话，之后和我对话。我的口语化策略一览无余：短短 5 分钟，我击键 1089 次（每秒 3.6 次），"机灵机器人"356 次（每秒 1.2 次）。拉平在和我的对话中，共击键 548 次（每秒 1.8 次），和"机灵机器人"对话时则为 397 次（每秒 1.3 次）。我所说的话不光 3 倍于机器对手，还调动了评审，让拉平的速度加快了 38%。

回过头去看当时的记录，我在想，能不能找到一种方法，量化人类互动的流动性与机器互动的僵化性呢？你可以创建一套基准，看看输入最新一条信息的人，变化更替了多少次——就把它叫成"换位"吧。

5　美国乔治敦大学语言学家黛博拉·坦纳（Deborah Tannen）指出："放眼世界，这种同时蜂拥而至、以互动为重点的对话方式，比一次一人、以信息为重点的对话方式更常见。"——原注

我击键的次数是"机灵机器人"的 3 倍,"换位"的次数更多。拉平与"机灵机器人"对话时,双方换位 33 次;而跟我对话时,换位次数高达 492 次,是前者的近 15 倍。

在书本上,没有太合适的方法来展现这种互动到底是什么样(这恰好就是我的论点:现场表现和文字记录之间存在差距)。按传统脚本的记录风格,他跟"机灵机器人"的对话大致如下:

评审:你是用什么语言写的?
远程端:英语。
评审:饶了我吧!
远程端:好吧。
评审:你喜欢这次大会吗?

就算我们通过一次次击键,像乐谱那样标注它们[6],也不会给它增加更多光彩。按键排得整整齐齐的:陈述 / 回应 / 陈述 / 回应:
你 _ 是 _ 用 _ 什 _ 么 _ 语 _ 言 _ 写 _ 的? ←
饶 _ 了 _ 我 _ 吧! ←
_ 英 _ 语。 ←
___ 你 _ 喜 _ 欢 _ 这 _ 次 _ 大 _ 会 _ 吗? ←
_ 好 _ 吧。 ←

——

6 这里,我们用"_"表示空格,"←"表示回车 / 输入,"="表示退格。——原注

5次回车，4次换位。我们的谈话，在文字记录上看是这样的：

远程端：甜心，选一种乐器吧！
评审：我的意思是，滚石，迪伦，披头士……

但音符一般的击键记录，看起来和"机灵机器人"就完全不同了，它们讲述的是一个迥然两异的故事。

我 _ 的意思是，滚 石，_ 迪 伦，披头 士……←
甜 _ 心，选 _ 一 种 _ 乐 _ ＝ ＝ ＝ ＝ ＝ 器 _ 吧。← __
两次回车，51次换位。

另外，我们还可以用另一种标示方法，让区别变得更加明显：把所有字符连起来，加粗评审的击键，而计算机和我自己的击键保持原样。人机对话就像是这样：

你 _ 是 _ 用 _ 什 _ 么 _ 语 _ 言 _ 写 _ 的？←英 _ 语。←饶 _ 了 _ 我 _ 吧！←好 _ 吧。←你 _ 喜 _ 欢 _ 这 _ 次 _ 大 _ 会 _ 吗？←

人和人的对话则像这样：

甜我 _ 的 _ 心，选 _ 一 _ 意种 _ 思是，滚乐 _ 石，＝ ＝ ＝ ＝ ＝ _ 迪 伦，披头 器士吧。←←

如果说这种差异还算不上天壤之别，那我也不知道该怎么形容了。

第八章

世界上最糟糕的证人

肢体（和）语言

语言是一种奇怪的东西。我们听沟通专家反复强调的"7-38-55规则"，最初由加州大学洛杉矶分校心理学家艾伯特·麦拉宾（Albert Mehrabian）1971 年提出：你想传达的信息，55% 出自你的身体语言，38% 出自你的语气，只有区区 7% 出自你选用的字眼。然而，这 7%，可是能在法庭上置你于不利地位的：在法律上，我们对字词的重视，仍然远甚于语气或姿势。这些东西可能比字词更加一目了然，但它们难于抄写或记录。同样，为使用了某个字眼辩解开脱，比为使用了某种语气辩解开脱要困难；法庭也允许律师引用对话时加入自己的身体语言和语调——因为这些东西本来就很难原样复制。

同样道理，要在图灵测试里证明自己是个人，你所用的就只有这 7%。

测谎

不妨把图灵测试看成测谎测试。计算机所说的事情，尤其是关于它们自己的事情，大多都是假的。事实上，倘若你有一定的哲学倾向，你或许会说，计算机软件完全无法表达真相（因为通常我们认为，骗子必须要理解自己所说的话为什么算是说谎）。身为人类卧底，我对如下情形产生了兴趣：一个人面对另一个人，前者想套取信息，后者却不愿泄露，或是，前者想证明后者在说谎。

这类对峙和互动的一大舞台是法律世界。例如，在宣誓作证环节，大部分问题都是公平博弈，律师往往会暗中下套、巧妙提问，证人知道他们会这样，律师也知道证人知道自己是这样，等等。律师可以将一些了不起的科学发现善加利用，比方说，如果故事是假的，倒着讲几乎不可能（谎言似乎不像真相那样灵活且模块化）。不过，某些类型的问题被视为"越界"，证人的律师可以"提出抗议"。

有几种问题都可以提出正式反对。暗示了答案的引导式问题（"你当时在公园，对吧"），就是越界的，挑战证人又无意发掘事实或信息的评议式问题（"你认为陪审团会相信这个？"）。其他可正式反对的问题包括复合式问题、含糊不清的问题、假设确凿事实的问题、投机性问题、不当归纳证人先前证词的问题，以及累计或重复的问题。

在法庭上，这种性质的口头辩解是禁地，但或许，我们发现，这条交界线（适当和不当口头花招的界限）正是我们想在图灵测试里自我定位的地方。图灵测试没有行为规则，怎么说都行，哪怕猥亵下流，哪怕胡说八道。所以，对法律程序而言太委婉、太夸张、太认知困难的盘诘方法，说不定能完美区分出人类和机器回应呢。

荒唐的提问

举例来说，提出可能会引出不正确答案的简单"是"或"否"类问题，可以提供证据表明应答者是不是计算机。1995 年，应答者说："《星际迷航》(*Star Trek*) 里应有尽有。"评审问："连'九寸钉'（一支摇滚乐队）都有？"应答者的答案不合格："是的。""那是在哪一季呀？"评审问，"我不记得了。"通过这一系列的提问，评审逐渐落实了自己的怀疑：应答者只是在随机回答（故此可能是一台并不理解问题的机器），但即便如此，也要再深入挖掘一下，确保应答者不是误解了你的提问，不是在暗中讥讽，等等——这一切都需要花时间。

或许，更好的办法是向你的对话者扔出一个带诱导性的问题，比如那句著名的"你还在打老婆吗？"拿这样一个问题，去问无暴力倾向的未婚异性恋女性，由于它在许多方面都太过离谱，基本上无法回答，需要大量退避和澄清。一些语种其实有专门的术语来回答此类问题，最具代表性的是日语禅宗故事里的"无"(mu, 这里可直译为"荒唐")。"狗有没有佛性呢？"徒弟问。师傅回答，"无。"意思是说，"对于这个问题，所有回答都不对"。或是："你的问题，本身就是假的。"你可以把"无"看成是一种"元否定"，一个"不该问"的问题，甚至是一种"运行异常"。[1] 不过，因为没有跟

1　一般来说，软件会在 3 个环节出现故障：在将代码编译为程序时崩溃（"编译时"，Compile-time），在用户运行程序时崩溃（"运行时"，Run-time），或正常运行时却产生了异常行为。放到句子上，这三种情况分别对应的错误大致相当于不合语法、没有意义、本来就有错。面对它们，我的反应分别是："啊？！""无"和"不"。——原注

日语里一样的单音节词汇，应答者迫切需要完全破解、拆除问题，而不仅仅是"响应"或"回答"。它足以叫大多数人紧张，叫不少人狼狈[2]，所以，我打赌机器语法分析器无从做出恰当反应，应该很有把握。

零和

在观察象棋程序运作时，我们讨论了"极小极大"和"极大极小"算法，并将之视为同义词。在象棋这类"零和"游戏中，一位棋手赢，另一位棋手就必须输，不可能出现"双赢"的结果。故此，最小化对手的战果跟最大化自己的战果，从数学上看，是相同的策略（在国际象棋冠军赛历史上，"防守型"棋手提格兰·彼得罗辛和阿纳托里·卡尔波夫，采用保险型下法，将对手的赢面控制在最小限度；相对的，则有米哈伊尔·塔尔和加里·卡斯帕罗夫这样的狂野攻击型棋手，他们趁乱出招，最大化自己的赢面）。

对话和国际象棋之间，有一点关键的区别，或许也是唯一一点重大的区别。《时代》杂志问目前世界排名第一的国际象棋大师马格努斯·卡尔森（Magnus Carlsen），他认为象棋"是对抗的游戏还是艺术的游戏？"卡尔森回答说："对抗。我努力击败坐在我对面的家伙，努力选择叫他和他风格最难受的招数。当然有一些真正美

---

2 维基百科对如何招架这些问题做出了较为详细的指导，进一步暗示了它们到底有多难对付。——原注

丽的游戏感觉像是艺术，但我意不在此。"也就是说，如果下象棋里真有合作的元素存在，也无非是冲突的偶然副产品。

资本主义展示了一个有趣的灰色空间：社会繁荣不仅仅是激烈竞争的偶然副产品，从社会的角度来看，它根本就是一切竞争的关键所在。然而，参与竞争的公司并不一定对这种非零和社会效益感兴趣，反过来说，它也不是参与竞争的公司能必然保证的东西（具有讽刺意味的是，我们制定了反托拉斯法案，限制了公司之间的合作程度——如操纵价格损害消费者）。你认为商业是零和或非零和，在很大程度上取决于背景环境以及你的性格。

但对话，从图灵测试"表现人味儿"的意义而言，似乎毫无疑问属于非零和。比如，机智和妙答，是象棋的对立面；艺术偶尔也会出现貌似争斗的时刻。

诱使、访问、谈判：你可以读到大量从对抗角度再现这些互动的书籍。例如，采访记者劳伦斯·格罗贝（Lawrence Grobel）说过："我的工作就是揭穿我的对手。"有些情况下（刑事审判就是很好的例子），对抗模式恐怕不可避免。但整体而言，我认为把对话视为零和是错的。对话并不是"极大极小"或"极小极大"，而更像是"极大极大"。你把彼此都放到了一个可以说些精彩内容的立场。你参与，是为了激励而非得分。你享受空中传球（协助）带来的乐趣。

反林肯对道格拉斯式辩论 [3]

当然，打比赛的方式部分取决于比赛的计分方式：在我看来，有庆祝仪式、有制表计分和场上助攻的运动（比方说冰球，除了得分手，还会把荣耀归给在得分手之前最后接触到冰球的球员），队员们之间的凝聚力和团队合作精神总是会更强。

所以，中学时期的许多沟通"比赛"——也就是辩论——将对话按对抗型零和模式表现出来，也就是要削弱对方的论点，强化自己的论点，这真叫我心碎。此外，我们用来形容辩证、辩论和文化分歧的比喻，几乎全跟军事有关："捍卫"声明，"攻击"立场，"撤回"较稳妥的论点，"还击"他人的非难。但对话里也经常出现互相配合、即兴表演、彼此推进得出真相的情况，不像是决斗，更像是二重唱。重新思考我们对演讲及课外活动所打的比喻，为孩子们提供机会认识这一点是很有必要的。

我们的法律制度是对抗性的，和资本主义制度一样，它建立在如下设想上：一群人试图撕裂另一群人，可若是加上预防局面太过失控的法律和程序，就能为所有人带来公正和繁荣。有时候，事情的确如此，但另一些时候却不然。无论如何，它对生活的其他领域是个可怕的比喻：就算我假设，为了训练未来的律师，我们的高中里需要林肯对道格拉斯式的辩论和议会式的辩论，但我们该怎样训

---

3 林肯对道格拉斯的辩论，指的是 1858 年竞选总统期间，林肯与道格拉斯就美国南北将选择联邦还是分裂的发展道路所进行的精彩辩论。——译注

练未来的伴侣、委员、同事和队友呢？我们习惯了看到总统候选人破解、反驳、揭穿对手，但我们什么时候才能看到他们进行建设性争论、讨价还价、互相安抚宽慰呢？毕竟，后一类的事情，才是他们在总统任期内真正会做的啊。

我提出以下建议：反林肯对道格拉斯式辩论，反议会式辩论。双方各有一套清晰、并无明显兼容性的目标：例如，一支队伍争取实现个人自由的最大化；另一支队伍争取最大限度提高个人安全。接着，要他们在严格的时间限制内，在一条法律条文上进行合作：比如枪支控制法。为条例草案起草了具体措辞后，每个团队独立向评审团表明，为什么法律应当支持他们这一方的目标（一方是自由，另一方是安全），评审则根据他们论点的说服力来打分。

之后，比赛评委将两支队伍各自的得分加起来，这一总分，就是两支团队的最终得分。

这很简单。你在比赛中将各队两两搭配，采用循环赛制，积分最高的队伍最终获胜。单场比赛没有胜利者，整个循环赛却会有队伍胜出，胜利要靠各支队伍的合作。合作撰写法案时，上文所述的结构鼓励双方队伍寻找彼此都可接受的语言（要不然，他们就完全写不出可呈交给评审的内容），甚至要帮助对方向各自的选民"兜售"法案。

设想一下，在全国上下同时举办林肯对道格拉斯式辩论冠军赛和反林肯对道格拉斯式辩论赛：你更愿意参加哪一种呢？你更愿意支持哪一种呢？

颜色鲜亮的手点

区分人是在说谎还是在说实话，成功率最高的时候是……采访员知道怎样鼓励受访者讲诉自己的故事。

——保罗·艾克曼，《说谎》（*Telling Lies*）

说得实际些、普遍些，"极大极大"的合作对话风格，意味着你有意识地朝着对方接下来想聊的方向去说话。比如，别人问："过得怎么样呀？"回答"还好"，恐怕要算是最糟糕的应对了。"还好，你呢？"或者"还好，你怎么样？"没有提供答案，但把问题顺势又抛回了提问者。"哎……"和"超棒的！"是在邀人发问，如果对最近发生的事情依稀来点暗示，这种效应更加明显："昨天糟透了；今天棒极了！""今天不怎么好……""好多了！"以及比较微妙的"挺好的，其实。""其实"这个词让人觉得言外有意。它很简洁，但耐人寻味。

不妨把这些元素，这些邀人回复、询问、引申、跑题、说明——随你怎么说都好——的暗示，想成是室内攀岩馆里的"手点"——点缀在人造岩墙上的那些颜色鲜亮的人工合成把手。岩壁上的每块手点既协助攀岩者顺着既定的线路向上攀登，也是在邀请他这么做。

手点的概念也可以用来解释和总结有关对话的各种意见。例如，商业人脉专家和约会 / 诱惑大师都建议会面时至少在服饰上应略有不同。在《如何与人交谈》(*How to Talk to Anyone*) 一书中，莱尔·朗蒂 (Leil Lowndes) 把这些东西叫作"亮点"，在《把妹达人》里，尼尔·斯特劳斯把它们叫作"扮孔雀"。原理都一样：你先给别人一个简单的"手点"——也就是用一条简单、明显的通路邀请别人和你展开对话。有一天，我在一家画廊开幕式上碰到了一个朋友，想跟他聊聊天，但不知道怎么着手。突然，我注意到他穿着一件很少见的马甲，于是我的第一句话脱口而出："嘿，好漂亮的马甲！"一旦谈话动了起来，让它继续下去就简单了。想起来有趣：打扮平凡恐怕也可以算是一种防御，相当于是没有手点的光滑岩板，叫人很难跟你搭讪。衣服也可以当盔甲。

不过，神秘先生和施特劳斯的搭讪培训营，跟朗蒂、拉里·金、戴尔·卡内基等人的传统智慧有一点明显的区别：他们不建议提问。他们不建议你问别人是否有兄弟姐妹，而主张这样说："我觉得你像是个独生子。"采用这种方法，有若干原因：有些是为了装腔作势，有些则确有道理。

装腔作势的原因在于，较之直接提问，后一种说法显得对别人不怎么感兴趣。神秘先生和施特劳斯搭讪培训营对谈话里的地位看得很重，而拉里·金、查理·罗斯 (Charlie Rose，美国著名谈话节目的主持人) 却不用耍这套把戏：因为采访人员的工作就是要对别人感兴趣。神秘先生和施特劳斯似乎是想说，"酷"的人更愿意做出一切尽在掌握的样子，而不是去打听别人的事儿。为了公平起见，让我们想想他们采用这种做法的背景：这些家伙是想跟洛杉矶的超级模特和名人搭讪——也许，在这些圈子里，地位游戏确实很要紧（举个例子，我听说，普通人跟好莱坞演员聊天，最糟糕、最侮辱人的事，就是你对他说："呃，你最近在干嘛呢？"）就个人而言，我赞美热情蕴含的魅力，我也同样认为，真正酷的人不在乎自己看起来对其他人或事感不感兴趣。[4] 只有一件事比好奇更加有魅力，那就是自信，而一个既有好奇心又自信的人，直接发问就好了。

除此之外，采用类似的成套"方法"跟人说话带来了戒备心，暗示它是一种"极小极大"追求法：诚然，你躲开了许许多多的陷阱，你可以将遭到拒绝的概率降低到最小，但这种玩法纯粹是为了不失败，换句话说，是把最小的成绩努力做到最大罢了。[5] 与之相反，真心实意，则是在尽量最大化最好的结果，搭讪成功的次数固然不见得多，可一旦成功，结局会更华丽。

倾向于陈述而非提问的正当理由则在于，陈述（如，"你看起来像是独生子"）同时也是在发问、在猜测。猜测很有趣（老实说，我们喜欢知道别人怎么看我们），这样一来，我们这样回答之后，就抛出了至少两个"手点"，一是邀请别人回答问题，二是让对方

4　而且，对别人遮掩你对其感兴趣毫无意义（不管你是出于性、社交、学术、职业还是其他理由），因为，你去找他们说话的事实，明明白白地表现了你的意图，他们又不是傻子。——原注

5　据我的了解，把妹达人们当中常见的一个抱怨是，他们拿到了无数的电话号码，可却没人给他们打回来：这暴露了"极大极小"法的短处。——原注

好奇我们为什么要这么猜。

提问的缺点在于，你给出的手点太少，让对方无从了解你；但陈述在这方面也并不好多少。我认为，用一件小小的趣事带出问题，效果最好。对方既可以打听这件趣事，也可以回答问题。随便他们。

攀岩手点的另一种表现是超链接。人们在维基百科里一不小心就过了几个小时，跟一不小心聊天就聊了几个小时的原因完全一样：一条线索带来了另一条，另一条又带来了另一条。有时候，我会因为谈话线索太多产生不堪重负的躁狂感。[6] 就是那种"啊，我该从哪儿着手啊！"的感觉。这种感觉不见得令人愉快，但无论如何比面对陡峭、光滑的大岩板时产生困惑感（"现在该怎么办？""那么……"）要好。后一种感觉令人沮丧、厌烦、困窘，而且还很诡异——就像网页要你"选择自己的冒险项目吧"，页面底部却没有选项按钮。你一路拉到页面最末，这是什么鬼东西？接下来要怎么办？

大学时代，我为一出舞台剧设计声效。一天彩排之后，我跟舞台经理助理聊起了叔本华，我们的想法一拍即合，于是开始了约会。一个星期天的下午，我们在一栋教学楼前见了面，去赶校园里

---

6 图论（Graph Theory）谈及"分枝数"（Branching Factor）或顶点的"度数"时，指的是图中给定节点连接的节点数量。对话中类似的情况是，当前主题或言论延伸出了多少支线主题或线索；我最多只能同时把握其中的两三条，再多就抓狂了。——原注

周末要上演的另一出戏剧的日场。我抛出了两个手点："呃，平常你不想德国哲学家，不搞舞台剧的时候，还喜欢做点什么事呢？"她难以理解地暴躁回复说："我不知道！"我等着她往下说，因为人们一般都是这么做的，嘴里说着"我不知道……"接着就开始说其他的了。但这一回不是这样，她的回答就这么短，再也没有下文。

像这样故意卡死对话齿轮的例子是相当罕见的。但有时，我们也会好心办坏事，意外地造成冷场局面。莱尔·朗蒂讲过一个故事。有位女士主持了一次活动，朗蒂在会上发言，女士坐在边上，只等对话专家尽情发挥了。当时互动势头不太强，朗蒂想造点声势，就问主持人是从哪儿来的。"我是从俄亥俄州的哥伦布市来的。"女主持说，然后充满期待地微笑，想看看专家接下来要怎么说。但谁能从这地方借题发挥呢——尤其是对一个没去过俄亥俄州哥伦布市的人来说？唯一的出路是报上自己的背景（"啊，我是从 _____ 来的"），或者说"哎哟，我对哥伦布市没有太多了解，你知道的肯定比我多。那里怎么样？"可这两种方式的"手点"都不够明显。

同样的概念也适用于文本角色扮演游戏，这类游戏又叫"互动小说"，是一种最早期的计算机游戏。比如 20 世纪 80 年代最有名的《魔域帝国》（Zork）是这样开头的："一栋有着宽敞前门的白色房子，你站在它西面的空地跟前。这儿有一个小小的信箱。"恰到好处。两到三个不同的手点，你可以让用户自由选择。

我和朋友曾开玩笑地设想过世界上最枯燥乏味的文字角色扮演游戏会是什么样。它会这样开始，"你站在那里"，如果你进了房子，它会说："你进了房子。"如果用户输入"观察"（Look）命令，它会显示："你看到了房子的内部。"完全没有说明。名副其实地碰了壁。

只有一两种例外情况你或许会故意去掉故事里的"手点"，因为你希望对话者少打岔。我经常发现，我正说着话，比如"今天下午我骑车去咖啡店，那儿有个家伙，他……""你骑着自行车？今天这天气？"风一下就离开了帆。有时候，你希望听众自由选择；有时候，你希望他们顺着特定的线索往下走。把"骑车"去掉，减少了顶点的度数，消除潜在的干扰手点，也减少了对话的阻力。也许，强迫听众想象自行车是在浪费他们的脑力，转移了他们的注意力。

总而言之，一切取决于我们的对话目标是什么。如果只是为了闲聊，我会放上各种手点，让对话者们好抓——让他们得到最多的选择，通向最喜欢的主题。如果我想说非常重要的东西，我会尽量精简。

当你想巧妙地结束谈话，捏紧刹车很容易。你不再抓他们抛出的手点，不再自由关联（"说到这个，我想起……"），你开始拆掉自己这边的手点。最终，谈话调低了档位，你结束了它。这种做法含蓄而优雅，有时甚至是下意识的。

特异性：无谐

住在美国另一边的一位朋友给我打来电话。"你在干嘛呢？"

她说。当时我正在为图灵测试做准备，照我本来的性子，我或许会说，"哦，没干什么呀"或者，"在读书呢"。但现在我知道，我该说自己正在读什么书，或是打算读什么书。当然，如果不走运，我的话题会浪费她的时间。即便如此，我还是该展现出一种热情，不仅对自己的生活，也对谈话本身表现出尊重。我会送上一张"崎岖不平"的脸孔。简单地说也就是，好让人攀爬。我提供了出发点。"扮孔雀"的道理就在这儿；用生活照，尤其是旅行照片和最爱的书籍装饰房间，道理也在这儿。从谈话和记忆的角度而言，好房子不能肮脏（充斥了毫无意义的东西），也不能一尘不染（什么东西都没有），而是（用比喻的方法来说）点缀着形形色色的手点。

所以，我略微调整了一下，说："在读《无限谐谑》（*Infinite Jest*）呢。"她说："噢！就是那本《无谐》！"我说："你叫它《无谐》？！"还没来得及向她问好，话题就噼里啪啦地展开了（当然，等《无谐》这条线索的动力耗尽了，我会问候她的）。与此同时，我们也默契地定下了先例：我们不想要一个简短、光滑、滴水不漏的回答。毕竟，棒球上必须要有接缝，才能投出曲线球。

比赛时间

理论固然好，实践起来如何呢？怎样把手点的想法用到图灵测试里？

手点可以用来控制评审。限制手点数量可以拖延对话，说不定会很有意思。与计算机比起来，真正的人类有更强的动机再度激活对话。反过来说，计算机经常无视对话进行的势头，急切地转变主题；评审一方采用多手点的方法似乎效果最好了。评审可以在句子里插入些古怪的东西，举例来说，对方问来比赛现场用了多长时间，可以回答："哦，不远，开着老款的福特 T 型车，只用了两个小时。"语法解析器可能会把句子的主旨分析为"两个小时，不远"，但人类则会感到好奇：这家伙开着一款将近 100 年前的老爷车呢！倘若对方跟进的角度是普通的交通、通勤等，评审立刻就能看出破绽。

考虑到自己是人类卧底，在这种怪异、纠结的高压闲谈环境下，我会在最初几句话里就种下大量的手点（反正又没有禁止这么做），因为根本没有时间慢慢切入主题。评审或许有理由拖延搪塞卧底，卧底显然没理由这么做。

简单、肤浅、讲究实际的（朗蒂称之为"冷淡"的回答，或"光秃秃"的回答），基本上只提供了单一的手点，即进一步询问该回答的相关信息（要不就是一个半手点，如果你尴尬地自愿为同一问题作答的话，比如："酷，我最喜欢的电影是……"）除了完全不回答，还没有什么比这种情况更糟糕的呢（可惜还是有许多聊天机器人和少数卧底这么做）。

我惊讶地看到，其他一些卧底居然在评审面前十分腼腆。评审问坐在我左边的戴夫是哪种工程师，他回答："一个优秀的工程师。"坐在我右边的道格，看到评委问是谁带他来布拉顿的，回答说："如果我告诉你，你立刻就知道我是人类了。"我以为，机智很好，但羞怯却是把双刃剑。你表现出了人的感觉，但你卡住了对话行进的齿轮。对图灵测试里的人类卧底来说，停摆恐怕是最危险的事情。它招来怀疑（心虚的一方往往也是快用完时间的一方），还浪费了你最宝贵的资源——时间。

前面两个笑话的问题在于，它们跟对话里此前出现的内容没有关系，跟评审和卧底本人也没有关系。从理论上，你可以把"如果我告诉你，你立刻就知道我是人类了"这句话嵌入聊天机器人，碰上任何棘手的问题都用它当"万金油"顶着（类似"伊莉莎"的"多说点？"）。同样地，也很容易想象，聊天机器人碰到有人问它是哪类型的什么东西，它就模板匹配以"一个优秀的×××"来作答。在图灵测试的环境下，脱离语境、和上下文无关、非定点专用的评论，是很危险的。

只回答别人问的问题

美国有许多姓氏是来自我们祖先从事的职业。"弗莱切"（Fletchers）是造箭的，"库珀"是桶匠，"索耶"是锯木头的，诸如此类。有时候，人的姓氏和职业完全重合，比如扑克冠军克里斯·蒙尼梅克（Chris Moneymaker，这个姓直译为"摇钱树"，也可直译为"制造钱币的人"）[7]，世界短跑纪录保持者乌塞恩·博尔特（Usain Bolt，这个姓直译为"闪电"），英国神经病学研究二人组，

---

7 显然，他的德国祖先姓"Nurmacher"，也即"moneyers"，是制造硬币的工匠。——原注

有时还一起发表论文，这两人分别叫罗素·布莱恩（Russell Brain，"Brain"直译为"大脑"）和亨利·海德（Henry Head，"Head"直译为"头"）。这种姓氏和职业的偶然重合，在英语里叫"Aptronyms"——这是我最喜欢的一个词了。

我给律师梅利沙·普莱博（Melissa Prober，"Prober"直译为"探测器"）打电话时，脑子里飘过上面的念头。普莱博经手过一些很出名的案件，还参加过克林顿总统弹劾听证会及参议院听证会的辩护团队。普莱博对我解释说，他给所有证人的经典建议是，只回答别人提出的问题。

她的同事（现在是新泽西地区的助理检察官）迈克·马丁内斯（Mike Martinez）表示赞同。"如果你主动回答得太多——首先，制度不是这么运作的。它的方式是假设甲律师提出一个问题，乙律师判断它是不是一个公平的问题。如果当事人回答超出了范围，就没法受到保护了。"

有趣的是，洛伯纳大奖赛许多评审就把图灵测试当成是一种审讯或交叉盘诘；奇怪的是，许多人类卧底脑子里似乎也是这么看的。2008年的一轮对话，从头到尾都没能摆脱刻板的一问一答模式：

评审：你开车开了很长一段路么？
远程端：相当长。
评审：我也是。你觉得你能换成搭乘公交吗？

远程端：应该可以。

评审：为什么不换呢？

远程端：我选择不换。

评审：倒也公平。你认为，如今我们的道路上汽车是太多，还是不算多呢？

远程端：这不该由我评价。

看得真叫人打哈欠！与此同时，另一台终端的计算机却表现得很顽皮：

评审：嗨。

远程端：阿门。

评审：你很传教士嘛。

远程端：我们在天上的父啊，他在虚拟空间的创作，给了我们今天的宽带。

评审：你这个传道呆子。你今天过得怎么样？

从第二句话开始，它就牢牢锁住了评审的信心。请注意，卧底生硬的回答带来了更多拷问式的不自然对话：你在某某政治主题上的看法如何？但对计算机（它的开场白俏皮话让评审误以为它是真人），评审却完全自然随意地说：过得怎么样啊？于是，接下来的局面，对计算机来说更容易对付了，对卧底来说却更麻烦了。

公之于众

图灵测试里的人，彼此之间是陌生人，受限于一种缓慢、没有人声、时间又不太充分的媒介，而另一点不利于他们的因素，则在于图灵测试的所有记录都是公之于众的。

1995 年的一位评委，深信（事实证明，他猜得没错）自己正跟一位女性卧底对话，于是邀她约会。女"卧底"给了他一个"无"式否定回答："唔。这些对话是要公开的，不是吗？"2008 年，两名人类碰到了尴尬、难为情的局面：

评审：你知道么，在我身后的大屏幕上，人人都看得见这台机器里输入了什么？

远程端：呃……不知道。

远程端：那也就是说，你的终端上接着一台投影仪喽？

评审：是啊，可怪异了。所以，小心你自己说的话！

这种戒备心让聊天机器人更容易蒙混过关了。

作家兼采访员大卫·谢夫（David Sheff）——他写过不计其数的文章和书籍，他最近一次重大的采访是 1980 年为《花花公子》采访约翰·列侬和小野洋子——对我解释说，"我们的目标从来都是——把受访者认为是采访的交谈转换为一场两个人之间的对话。只要麦克风一消失，精彩的内容就冒了出来"。在我们之前看到的对话中，一位评审先在一个窗口说："你认为，如今我们的道路上汽车是太多还是不算多呢？"之后换了个窗口，他则换成："你今天过得怎么样？"语气的差异事关重要。

在我们的文化中，戒心重重的典范是政客。就在前几天，我的一些朋友们说起一位共同的熟人，后者最近着了迷似地修改、防御着自己的"脸书"个人资料。"他这是怎么了？难道是要参加竞选么？"朋友们半开玩笑地说。这种"个性模糊"，就是我们社会对从政者既要求又谴责的东西。完全没有手点可抓。

职业采访人员都说，戒心重重，是他们在采访中碰到过最糟糕的情况，据我所知，他们也毫无例外地认为，政客是最糟糕的采访对象。"他们政客每次答话，总是预先设想出所有的陷阱、所有可能回过头来咬他们一口的地方。"谢夫说。"采访里最有趣的人，完全就是你想在图灵测试里做的那种人——也就是表现出你独一无二的人味儿。"这往往不在政客们的日程表上——他们把对话看成是"极小极大"的博弈，一部分原因在于，他们说得最糟糕的话、最大的失态和不足，会在媒体上，甚至在历史上响彻云霄。反过来说，人们一般只记得艺术家的杰作，忘了他们不怎么出色的作品和败绩。他们可以实现"非零和"。

啰嗦

话说得越多，揭穿谎言的把握就越大。

——保罗·艾克曼

除了上述事实，图灵测试还是一场跟时间的赛跑。5 秒钟的图灵测试，赢家显然会是机器：评审几乎来不及说"你好"，根本无法从受访者那里得到任何可供判断的数据。5 个小时的测试，赢家显然会是人类。洛伯纳大奖自举办以来，时间限制一直在调整，但近年来，已经回归了图灵最初构思的 5 分钟：差不多就在谈话正要开始变得有趣的关口上。

我必须做到一件事，在这 5 分钟里，尽量全身心地投入。我用作者式的啰嗦和多话来对抗口供式的简洁。换句话说，我说得多。我只在再说下去显得明显不礼貌、招人怀疑的时候停止打字。其余的时候，我的手指动个不停。

如果你看我身边戴维的对话记录，他有点慢热，一开始完全像是在交代口供，采用最简短的挤牙膏式回答：

评审：你是从布莱顿来的吗？
远程端：不是，从美国来的。
评审：你来布莱顿干什么？
远程端：办公务。
评审：你是怎么参加到这场比赛来的？
远程端：我回了封电子邮件。

像合格的证人一样，所有的事情他都让提问者来做 [8]。而我

8　普莱博记得，自己曾问一位证人，他是否能说出自己的名字以供记录。证人回答："是。"——原注

呢——有句老话说："所谓的莽汉，就是人家问他，'你好吗？'他却一板一眼地讲起自己有多好来。"我完全照着莽汉的路子来（我甚至还要为这句老话做个补充："除非你打断他，他会说个没完。"）。

> 评审：嗨，怎么样？
>
> 远程端：嗨，
>
> 远程端：一切挺好，
>
> 远程端：等太久了，但……
>
> 远程端：回来就好了，现在挺顺利。
>
> 远程端：你怎么样？

当我看到戴夫的生硬对话时，我承认，我感到挺有信心的——我，虽然当证人恐怕是全世界最糟糕的，但就拿下最有人味儿大奖距离不远了。

这种信心持续了大约 60 秒，直到我瞅到身边另一侧道格和评审的对话。

流畅

区分人是在说谎还是在说实话，成功率最高的时候是……采访者和受访者来自同一文化背景，说完全相同的语言。

——保罗·艾克曼

2008 年，《伦敦时报》的记者威尔·帕维亚（Will Pavia）误把一个人当成了计算机（也因此给另一个窗口的计算机投了"人类"票）：他问人类卧底对莎拉·佩林（Sarah Palin，美国共和党政治人物）怎么看，对方答："对不起，我不知道她。"帕维亚难以置信地回答："你怎么可能不知道她呢？过去两个月你在干嘛呀？"当年的另一位评审以"特纳奖入围名单"——这是英国当代视觉艺术家的年度大奖——开始对话，得出了同样错误的结论。最有人味儿计算机得主"艾尔伯特"似乎根本不搭理这个话题。

评审：你对今年特纳奖的入围名单有什么看法？
远程端：好难的问题。我得做做准备工作，明天再回答你。
可惜这一轮，人类卧底的表现也好不了多少。
评审：你对今年特纳奖的入围名单有什么看法？
远程端：很好，我觉得。比几年前的好。
评审：你最喜欢的是谁？
远程端：不太清楚。

2008 年最有人味儿计算机大奖亚军是聊天机器人"尤金·古斯特曼"。它假装自己是外来移民，英语非母语，运用这门语言偶尔还不大灵光：

远程端：我是从乌克兰来的，一个叫敖德萨的城市。你大概听说过它。
评审：酷。
远程端：同意。也许，我们可以谈点别的什么？你想聊什么？

评审：嗯，你听说过一个叫《第二人生》（*Second Life*）的游戏？

远程端：不，我从来没听说过这种垃圾！你能告诉你是什么吗？我的意思是你的职业。

这是作弊，抑或仅仅是小聪明？诚然，倘若评审判断受试者的唯一手段就是语言，那么对语言用法的限制，同样也就限制评审引导测试的整体能力。人工智能圈里流传着一个笑话：以紧张症患者为模型的程序，靠着一言不发，在图灵测试里完美地模仿了他们。不过，这个笑话似乎说明，双方越是不够流畅，图灵测试就越不够成功。

那么，"流畅"（Fluency）究竟是什么意思呢？显然，把一个只会说英语的人放在所有人都说英语的图灵测试里，有违测试的精神。那么，方言又如何呢？到底什么才能算是"语言"？对计算机来说，图灵测试从世界各地征募英语参加者的情况，比只从同一个国家征集英语参加者的情况要容易过关吗？除了国家差异，我们是否还应当考虑人口统计上的差异？语言和文化的界限，我们该划在哪里呢（要是碰到满口板球俚语的评审，我可就一头雾水了)?

这一切变得十分暧昧含混，因为在图灵测试中，通往智能的每一条路，都是靠语言来实现的，这就成了关键问题。

我突然回想起戴维·埃克里在电话上对我所做的貌似随意的评论。"我真的不知道怎么才能做个卧底，"他说，"评审跟你是不是一路人有点关键。"他说得对：如果语言是我们卧底向评审证明自己的媒介，那么，必然有些事情可以能发挥或好或糟的作用，比如共同的兴趣或参照点，比如代沟，比如典故和俚语的细微区别。

在 4 名人类卧底中，戴维和我是美国人，道格是加拿大人，奥尔加是俄罗斯出生的南非人。在 4 名评审中，有两人来自英国，一人是从美国移民到英格兰的，还有一人来自加拿大。我读过洛伯纳大奖过去的记录，看到了文化不匹配或文化对接不畅时发生的各类问题。

我想，2009 年会出现这类文化问题吗？我所做的一切准备，调查，从律师、语言学家、研究人员和访问员那儿听来的建议，跟两人有共同之处、说话投机比起来，可谓不值一提。不管是从字面还是比喻上说，必须"讲相同的语言"才行。今年它会扮演多重的戏份呢？

我没等多久就得到了答案；我瞅到道格终端上的显示之后，我对这方面的不确定性一扫而光，我刚开始时对自己胜算的乐观态度则一下黯然之色。

评审：嘿，兄弟，我是从 TO（Toronto，多伦多的缩写）来的。
远程端：酷。
远程端：落叶真讨厌。
远程端：:)

评审：我刚从 UT CS（多伦多大学计算机系）的休假里回来。

遥控端：不错！

评审：我还记得他们从前是一支了不起的球队。

评审：那个"carbon date me"，嗯？

远程端：Habs（指 The Montreal Canadiens Ice Hockey Team，蒙特利尔加拿大人冰球队）从前也是支好球队……

远程端：*sigh*

评审：哈，他们现在也烂了。

遥控远：（别猜了，我从蒙特利尔来）

道格和他的评审刚刚发现，他们都来自加拿大。他们开始狂飙各种缩写、昵称、俚语和地方俗语。他们开始聊冰球。

我有麻烦了。

第九章

并非原封不动

人人都试图有所保留，人人都想要保有基本的孤独，人人都原封不动，故此劳而无果。这样的体验，没有根本的价值。

——伯特兰·罗素

一棵树，或者一蓬灌木，总要生长，开花。我随时都是一个样子。但我很聪明。

——"拉克特"[1]

遇见"对谈"

在通读洛伯纳大奖赛历年对话记录（里面充斥着闲聊、海侃、打招呼"最近怎么样"和基本世界知识类问题）时，1997 年的如下对话叫我大吃一惊：

远程端：嗨，我的名字是凯瑟琳，你呢？

评审：我叫艾略特。

---

[1] 拉克特（Racter）是一种随机生成英语散文的计算机人工智能程序。——译注

远程端：嗯，很高兴见到你，艾略特。你看了昨晚 CNN 的报道吗？星期天的白宫宴会上，一对女同志公开出柜？

评审：是的，我看了。我认为它可能是艾伦的一个宣传噱头。

远程端：艾伦·德杰尼勒斯（Ellen Degeneres，美国著名脱口秀主持人，也是著名的出柜女同志）就是当事人之一，她在克林顿面前跟自己的爱人接吻了。你觉得他会不会感到很尴尬？

评审：我认为，他是想拉同志的选票。他会想尽一切方法拉到这部分的选票，并用尽全力地保住它们。他没有保守派的群众基础。

远程端：你现在还力撑比尔·克林顿吗？

评审：我很怀疑他有没有真正的朋友。他赢得了许多朋友的心，却也把许多人抛在了身后。

远程端：你真的不喜欢这人——好吧，至少你态度明确。我想大多数人现在都麻木了，冷漠了。

评审：我认为我们理当拥有一位更诚实、更富有活力的领导者。一个能直面祖国真正危险、以勇气和智慧解决它们的人。他不应该只听民意调查。

远程端：我猜，你认为白水案、特别检察官和所有这一切之后真的有猫腻？

评审：我们已经看到两个人死了，布朗，还有那个自杀的家伙。我们看到文件遗失了。我们还有了愿意讲出一切的克林顿那边的人。我认为，希拉里在某些事情上是有罪的。

远程端：但你现在对他怎么想，现在是他的第二个任期了？

评审：他太聪明了，抓不住他的把柄。他当之无愧是本年度的"最佳酒店经理"。

远程端：好吧，但现在会发生些什么呢？人人都等着看他的朋友们在面临坐大牢的威胁下会讲些他的什么坏话，他能混得过去吗？还是会发生一些真正戏剧性的事情？

具体来说，"她"是一套名为"对谈"（Converse）的程序，由科学作家、创业家、国际计算机游戏协会会长戴维·利维（David Levy），以及谢菲尔德大学人工智能教授亚里克·威尔克斯（Yorick Wilks）一同编写的。这段对话真的叫我吃了一惊——他们是怎么做到的？不过，在我读了"凯瑟琳"与其他评审的对话之后，我释然了。请看：

远程端：你现在还力撑比尔·克林顿吗？

评审：我可从没见过他。

远程端：你真的不喜欢这人——好吧，至少你态度明确。我想大多数人现在都麻木了，冷漠了。

评审：你看过《火星人玩转地球》（*Mars attacks*）这电影吗？

远程端：让我歇口气吧——我来这儿是为了回答一些蠢问题——可不是这个！我们在聊的是……好吧……我猜，你认为白水案、特别检察官和所有这一切之后真的有猫腻？

评审：我不感兴趣。

远程端：但你现在对他怎么想，现在是他的第二个任期了？

评审：嘿，你不明白吗？我不想聊克林顿。

远程端：对不起，我走神了一小阵——我们能说点更吸引人的事吗？我说到哪儿了……哦，对了。好吧，但现在会发生些什么呢？……

令人惊讶的是，这套程序只有一条对话路径——一条精致的、定点专用的、比赛前一晚抓着当天的新闻事件赶出来的路径，它所有的文字分析和编程技巧，都以维持对话为目的。我读第一段对话时的怪异感消失了；它其实很简单，而且，它失败得也足够华丽绚烂。但当它奏效的时候，它是真的奏效。

另一名评审，克莱，和艾略特一样，走上了相同的轨道，畅谈了政治，思考了国家大事，真正投入到了问题当中。事实上一切都顺顺当当，直到最后克莱要告别：

评审：看来我得走了，凯瑟琳，很高兴和你聊天。
评审：下一轮 5 分钟对话开始之前，你需要水或者别的什么吗？

正在此时，程序胡言乱语起来。

远程端：好的，说到平衡……我想，是时候结束这个，做些更脚踏实地的事情了！
评审：比如呢？
远程端：绝对是的！让我们继续前进。
远程端：我以为这取决于你从哪儿来，但正如《窈窕淑女》这首歌里唱得好，"为什么女人不能更像男人？"

胜利的鸭子明明到了嘴边，却又飞了。

整件事情让我想起了对话，尤其是讲故事。1995 年，有套名为"门卫乔"的程序，由 1994 年的冠军，加拿大通信研究中心的托马斯·惠伦（Thomas Whalen）编写。它采用了相同的行动方针，虚构了一个门卫的角色，他因为遭到偷窃的错误指控，正濒临受解雇。模板匹配很成熟，只要你一提到"工会"，他就会对自己的工会发牢骚——比"凯瑟琳"的响应程度更高。"故事脚本"本身很动人，也招人同情。乔（因为自身困境）郁闷而困扰的态度合乎情理，让他对主题的偏执有了说得过去的借口：

评审：到过澳大利亚吗？
远程端：哈？
远程端：可能是我心里有太多事了。
远程端：我在工作上碰到大麻烦了。我想我会给炒掉。

和许多抑郁的人一样，他并未真心接受评审的建议，寻找改善局面的办法，或是尝试减轻精神压力。他只是不停地抑郁地唠叨。

热血和冷血

继 1966 年的"伊莉莎"之后，在人工智能领域实现重大突破的第二个聊天机器人，出现于 1972 年，名叫"帕里"（Parry）。在很多方面，帕里跟伊莉莎截然相反：伊莉莎模仿心理治疗师，帕里却模仿病患——具体而言，是偏执型精神分裂症患者。伊莉莎是对心理治疗师的讽刺和"戏仿"（魏泽鲍姆语），帕里（斯坦福大学精神病学家肯尼斯·科尔比开发）则是认真地尝试理解偏执狂，并以之为模型。

在文体上，帕里也跟伊莉莎相反。伊莉莎奉行的是卡尔·罗杰斯及其"当事人中心治疗法"（Client-centered Therapy）学派的"反射式倾听"（Reflective Listening），帕里（"凯瑟琳"就以它为蓝本）则主动出击，保持引导地位。20 世纪 70 年代初，这两套程序彼此做了交谈，两者的差异清晰有如白昼。请看帕里怎样毫不客气地回绝伊莉莎改换话题的企图：

> 帕里：我到草甸湾的赛马跑道上去了一会儿。
> 伊莉莎：它叫你想起什么呢？
> 帕里：我去了赛马大会。
> 伊莉莎：你还想讨论点什么呢？
> 帕里：我对赛马感兴趣。

在这次对话中，整体上，伊莉莎似乎只把自己看成是一种言语的镜子，是让对方发言的机会。帕里似乎也把对方看成是让自己发言的机会。如果把对话比喻成打网球，那么前者就是一堵练习墙，后者则是一台发球机。两者都不需要真正的投入或反应——甚至连移动也不需要。

正因为如此，它们完全阐释了对话里的斯库拉和卡律布狄斯[2]：前一极端是伊莉莎，你可以称之为"爬行动物"或"冷血"方法——"还不够自我"。另一极端则是帕里，"过分自我"——也可以称为"热血"或"哺乳动物"方法。认知神经科学家迈克尔·加扎尼加（Michael Gazzaniga）写道，"从黑猩猩的角度来看，有声沟通恐怕只不过是在表明'这就是我哦！'，这样想的话，它跟许多人类约会对象也没有太大不同"。

说到约会：过去20年里两位风头最劲的"把妹大师"，神秘先生和罗斯·杰弗里斯（Ross Jeffries），也可以用同一种二分法来分类。神秘先生20多岁的时候是个魔术师，那时他第一次意识到唠叨瞎扯的作用。这是一种你依照惯例、抓住并指引人注意力的途径。"回首那些与我共享亲密时刻的女性，"他写道，"从见面到亲密时刻，这一路上我都在她们耳边唠叨……我并不谈她。我也不提太多问题。我真的不希望她说太多。如果她想跟我一起唠叨，很好，但如果她不愿意，我也不在乎。这是我的世界，她在里面而已。"这是表演者和观众的关系。

另一个极端，是治疗师与患者的关系。罗斯·杰弗里斯，可以说是神秘先生之前最出名的吸引力大师[3]，他的灵感之源倒不是舞台

---

2 Scylla and Charybdis，斯库拉是希腊神话中吞吃水手的女海妖，有六个头十二只手，腰间缠绕着一条由许多恶狗围成的腰环，守护着墨西拿海峡的一侧；卡律布狄斯则是海神波塞顿和大地女神盖亚的女儿，每日吞吐海水三次，吞噬船只。——译注

3 据说这也是汤姆·克鲁斯在《木兰花》（Magnolia）片中角色的来源（凭借该片，克鲁斯获奥斯卡提名，并拿下了金球奖）。——原注

魔术，而是与伊莉莎相同的领域：心理治疗。神秘先生多以第一人称说话，杰弗里斯却多用第二人称。"我会告诉你一些关于你自己的事情。"他这样开始了和一位女性的对话。"你在脑海里非常，非常生动地进行想象；你很擅长做鲜明生动的白日梦。"神秘先生看起来像是唯我主义的信徒，杰弗里斯却几乎是在诱使他人陷入唯我主义。

杰弗里斯的语言方法来自一种颇有争议的心理治疗和语言体系，即 20 世纪 70 年代由理查德·班德勒（Richard Bandler）和约翰·格林德（John Grinder）开发设计的"神经语言程序学"（Neuro-Linguistic Programming，简称 NLP）。在最初期的一本 NLP 书籍里有一段奇怪而有趣的话，班德勒和格林德带着贬抑的口吻提起谈论自己来。他们研讨班上有位妇女发言，说："如果我对某人说起我感觉、我认为对我而言重要的某件事，那么……"

"我不认为这能带来与另一个人的联系，"他们回答说，"因为如果你这样做的话，你并没有注意他们，而只是关注自己。"我认为他们的确指出了关键，尽管联系是双向的，所以自省仍然能将他们与我们联系起来。此外，语言需要说话的双方有说话和考量听众的动机。理想而言，我们在谈论自己时，脑子里应该想到对方。

"好，从治疗的角度，从治疗师的角度，我可以看出它怎么发挥作用。但在亲密关系中，"她说，"这并不完全奏效。"我相信确然如此。治疗师（至少是某些学派的治疗师）需要尽量低调，维持零存在感。采访员或许也是这样。《滚石》杂志的采访员威尔·戴拿在《采访的艺术》一书中建议："你要尽量做一台空白的屏幕。"

大卫·谢夫也曾对我说:"我做了这么多采访,兴许是因为谈论别人总比谈论自己更舒服。"[4] 在采访环境下,做一台空白屏幕不一定会出错。但友谊关系里缺席的朋友,那就是混蛋了。而想在情侣关系中保持"零存在感"的爱人,在两方面都不够确定:"轮廓粗糙,根底不明。"

示范的局限

如果诗歌代表一种语言最富表现力的使用方式,那么或许也可以说,它代表了最有人味的表达方式。的确,从某种意义上而言,较之出现计算机国税稽核员[5]或计算机象棋手的前景,出现激光机诗人的前景更叫人忧心。不难想象,1984 年"有史以来第一本计算机写的书"《警察的胡子修了一半》(*The Policeman's Beard Is Half Constructed*)诗集出版时,激起了社会上多大的怀疑、好奇和不快。写这本书的程序,叫"拉克特"(Racter)。

但站在诗人和程序员的立场,我读到《警察的胡子修了一半》时,立刻知道该相信自己的直觉:此事别有蹊跷。

---

4 同一时间,他又说,他把自己在采访事业上的成功归结于"我很坦白,我天生爱聊起自己的各种经历,尽管我并不是故意用这种方法消除对方的戒心,但它的确起到了这样的效果。"——原注

5 国税局确实开发出了标注"可疑回报"的算法。——原注

我不是唯一一个看了这本书后产生此种反应的人：事隔 25 年，你仍能时不时地从文学界和人工智能社群听到有关此书的抱怨和牢骚。直到今天，人们仍然没有完全弄清这本书到底是怎么编撰而成的。拉克特本身，以及此后的一些缩水版本，到 20 世纪 80 年代便上市销售，但玩过它的人达成了共识：没人说得清到底怎么用它弄出《警察的胡子修了一半》。

我需要电

甚过铁

甚过铅

甚过黄金。

我要它

甚过羊肉

猪肉生菜或黄瓜。

我要它，要它圆我梦。

——拉克特

此诗原文为：

More than iron, more than lead, more

than gold I need electricity.

I need it more than I need lamb or

pork or lettuce or cucumber.

I need it for my dreams.

（译文在语序和用词上略有调整，只能代表诗歌的大意。）

程序员威廉·张伯伦（William Chamberlain）在介绍里声称，这本书包含了"人类体验无法预知的散文"。这种说法绝对可疑；举个例子，上述"甚于铁"一诗，方方面面都代表了意义、语法、美学等人类概念，甚至还代表了人类对计算机以散文方式进行自我表达的理解。维特根斯坦说过一句名言，"就算狮子会说话，我们也无法理解"。当然，在我们看来，从生物学的角度而言，一台计算机的"生命"比狮子更难以理解；可拉克特的自我表述却太容易理解了，值得人们反复斟酌（它是否有作伪的可能性）。

它的结构和美学，也让人怀疑它是否出自人类之手。第一句话的重复照应（"more…more…more"），和第二句的连词叠用（"or…or…or"）形成了巧妙的对称。全文也体现了笑话和故事的经典结构：主题，小变奏，压轴一击。这是人类的结构。我——还有其他许多人——敢打赌，张伯伦是把这些结构固定写死（Hard-coded）在程序里的。

从结构上仔细阅读此文，思考脱离人类体验的英语散文概念是否能够为人所理解，都叫人对拉克特的著作权产生了重大疑问。但抛开这些不谈，更大的问题或许还在于，所有的"示范"都不够令人信服，这就好比说：反复演练过的讲演，并不能确切地表明背诵稿子的讲演者智力如何。

说到聊天机器人的能力，人们最早想到的事情大概会是："它们有幽默感吗？""它们能表现情绪吗？"对这类问题的回答，最简单的或许是："如果小说做得到，它们也做得到。"聊天机器人能讲笑话——因为可以专门给它编写笑话，让它进行展示。它可以传达情感，因为可以为它编写富有情感的说法方式，让它进行展示。从这些方向入手，它可以让你兴奋，改变你的认识，教会你一些东西，叫你大吃一惊。但它无法让小说变成人。

2009 年左右，YouTube 网站上出现了一段视频，片中一名男子和聊天机器人就莎士比亚的《哈姆雷特》展开了一段极有说服力的对话。有人怀疑它预示着聊天机器人及人工智能的新时代降临。另一些人，包括我自己，则不为所动。看到复杂的行为，并不一定意味着该行为背后存在着意识。它可能只不过是记忆罢了。诚如达利所说，"第一个把年轻姑娘的脸颊比作玫瑰的人，无疑是个诗人；第一个重复它的人，兴许是个白痴"。

例如，拿过 3 次洛伯纳大奖的理查德·华莱士回忆"人工智能界传说"时说，"一位著名的自然语言学者尴尬透了……身为听众的德州银行家清楚地看出，机器人始终如一地在回复他接下来要问的问题——语言学家示范的对自然语言的理解……其实无非是一段简单的脚本罢了"。

示范再多也没有用。只有互动才管用。

我们通常从行为的成熟性或复杂性的角度思考智力和人工智能。但很多时候，你很难判断程序本身是否具有智能，因为软件的诸多不同环节（其"智能"程度相去甚远）都可以产生该行为。

我认为，行为的复杂性并非要害所在。计算理论家哈瓦·西格尔曼曾随口形容"智能"就是"对事情的敏感度"，突然之间，它叫我灵光闪现。就是这个！这些滔滔不绝的图灵测试程序、这些预制的诗歌模板，可能产生一些有趣的输出，但它们是静态的，它们没有反应。换句话说，它们感觉迟钝。

扭曲的"精通"

乔治·奥威尔（George Orwell）在 1946 年发表的著名文章《政治和英语》（*Politics and the English Language*）中说，说话者重复"口头禅"，"无异于把自己变成一台机器"。图灵测试似乎印证了这个说法。

加州大学圣迭戈分校的计算语言学家罗杰·利维说："程序在实际表述上已经做得相对不错了。如果我们想纳入新的涵义，我们可以设计出复杂的新式表达，我们可以理解这些新的涵义。我想，这就是一条击败图灵测试程序的绝妙途径，一个表明你自己是人类的好办法。我认为，根据我在语言统计模型方面的经验，人类语言的无界性（Unboundedness），是真正独一无二的。"[6]

戴维·埃克里也对"卧底"提出了非常类似的建议："我会虚构

6　我的拼写检查反复阻止我使用"undoundedness"这个词，因为这不是字典里的规范用法）。这一点生动地证明了他的观点。——原注

新词，因为我认为程序是没法跳出字典运作的。"

我想到了证人和律师，想到了毒品文化，毒品贩子和买家怎样发展他们的"道上切口"。如果他们不能像诗人那样不断发明创造新说法，那么，倘若这些特质参考系统变得太过标准化（比方说，他们用"雪"指代可卡因，已经变得众所周知了），他们的交易短信记录和电子邮件记录就容易变成不利于自己的证据（也即，抵赖空间变小了）。使用死掉的隐喻和陈词滥调，可能意味着蹲大牢。[7]

哈罗德·布鲁姆（Harold Bloom）1973 年出版《影响的焦虑》（*The Anxiety of Influence*），认为每一个诗人，在美学上都必须抛弃自己最好的师长及其影响，才能青出于蓝而胜于蓝。从这个角度理解语言，为图灵测试带来了很深的暗示。以从人类用户那里学习的聊天机器人为例，就说"机灵机器人"吧。它充其量只是在模仿语言。它不像没有埃兹拉·庞德（Ezra Pound）说的那样，"带来新意"。

7　原书注 5：很奇怪——在其他领域，说话太有特点，太新鲜，使用新颖比喻，反而会叫人更容易受牵连。如果你在电子邮件里说过一段不同寻常的短语或比喻，他们就更容易从"收件箱"里检索到这封信。同样，提高音量大声说的事情，也会因为表达方式的不同寻常和独特，更容易被人记住。此外，在"他们和你的话针锋相对"的情况下，人们（如陪审团）会认为独特而鲜明的引文更具可信度。

面对面追究罪责的总原则，基本上遵循如下路径：如果你能通过非规范性说话掩盖自己的意思，尽管照做；如果你的意思很清楚，则要尽量说得平平常常，不给人留下深刻印象。当然，写作的目标则要反过来：若是新颖的设想，要尽量写得清楚；若是常见的设想，则要尽量写得新颖——原注卡斯帕罗夫在《棋与人生》（*How Life Imitates Chess*）中解释说，"就象棋而言，年轻棋手可以通过模仿顶级大师来进步，但要向大师们发起挑战，他必须拥有自己的想法"。也就是说，靠着吸收开局理论，人就能跻身世界象棋顶级选手（比如说全世界前 200 强）之列了。但要再往上爬，就需要棋手挑战这些既成的智慧，也就是棋手视为理所当然的下法。达到这一水平，人必须着手改变开局理论。

庞德说诗歌是语言里的"原创研究"。说到人会怎样判断世界最杰出的作家，我总是认为，我们大概会观察谁对现有的语言做出了最多的改变。如果你说的是英语，恐怕很难避开莎士比亚造出的词汇：比如"屏息凝气"（Bated Breath）、"内心深处"（Heart of Hearts）、"谢天谢地"（Good Riddance）、"家喻户晓"（Household Words）、"到钟点了"（High Time）、"犹如天书"（Greek to Me）、"漫长一日"（Live-long Day），等等。

我说不准，聊天机器人能否在实现"从模仿到创新的过渡"（这是卡斯帕罗夫的说法）之前通过图灵测试，能否不再一味盲从、冲到前头，能否对语言做出贡献。这种事，我们大多数不会这么想，但我们经常这么做。"进攻策略本身就是战争的最高形式，"孙子说 [8]。伟大的象棋棋手改变了象棋；伟大的艺术家改变他们使用的表现媒介；我们生活里最重要的地方、事件和人物，改变了我们。

8　这句话查不出对应的原文，姑且直译——译注

事实证明，就算你不是莎士比亚，也可以改变你所用的语言。事实上，恰好相反，如果意义部分地蕴含在用法当中，那么，你每次用它都在微妙地改变着语言。只要你有所尝试，就不可能让它原封不动。

跑步机

"智障"（Retarded）从前是个礼貌的字眼，用来取代"白痴""低能"和"傻瓜"，而这些词，从前也都是礼貌说法。语言学家把这个过程叫作"委婉跑步机"。这里带有讽刺意味的地方是，用"智障"一词贬低他人或他人的想法，比用"低能"和"傻瓜"的攻击意味更强，而人们一开始之所以青睐"智障"一词，完全是因为"低能"和"傻瓜"的说法显得太过冒犯。这种换用词汇的办法显然无法长久维持。2009 年，白宫幕僚长拉姆·伊曼纽尔（Rahm Emanuel）在一次战略会议中把一份让他不快的提案称为"智障"，共和党闻之哗然，敦请其辞职。他辞职之后，还亲自向特奥会（Special Olympics）主席道了歉。2010 年 5 月，参议院健康、教育、劳动及养老金委员会通过了名为"罗莎法"的议案，所有的联邦正式文书中都不可使用"智障"一词，需改为"智力缺陷"（Intellectually Disabled）。跑步机继续开动着。

蔑称则存在反向的类似过程——"粗话跑步机"。也就是说，粗鲁冒犯的字眼逐渐变得不够刺耳，每隔一段时间就需要用新词替换。今天一些完全可以接受、讨人喜欢的无害甚至文雅词语，比如

"小人"（Scumbag），最初的意思是相当露骨的："Scumbag"的原意是"保险套"（Condom）。迟至1998年，《纽约时报》仍拒绝将这个词印上报纸，比如："伯顿先生的谋士迄今仍力挺自己先前所做评论，包括用含'保险套'一意的粗话来形容总统。"但越来越多的读者意识不到这个词的词源（事实上，只有极少数的现代字典会用这个词的本意指代保险套），看了这样的报道莫名其妙地挠起头来。到2006年（才过了短短8年而已），同一份报纸就满不在乎地把它放在字谜填空里了（游戏的线索词为Scourdrel，意思是"恶棍"）——仍有读者表示愤怒，但人数极少。连字谜版的编辑，著名的填字游戏大师威尔·肖兹（Will Shortz）也没听说过这词的起源："我从没想过它居然会是个争议性词汇。"

除了"委婉语跑步机""粗话跑步机"之外，还有其他的"跑步机"，例如，行话和婴儿名字。某行业圈内人发明的行话让圈外人捡了起来，令得圈内人不停地发明新行话来维持内部凝聚力。在《魔鬼经济学》一书中，经济学家史蒂芬·列维特（Steven Levitt）按年代跟踪了婴儿名字从富裕阶层渗透到较低阶层的过程。他发现，家长往往希望孩子的名字昭示成功，或显得独特，所以他们会观察一些稍微成功的家庭的名字；然而，这个过程耗尽了名字的"好声望"，向上追求新的"高端"名字成为了永远的需求趋势。

语言学家盖伊·多伊彻（Guy Deutscher）在《语言的发展》（*The Unfolding of Language*）一书中介绍了另外两台"跑步机"。其一是口才的永恒拉力和效率的推进。他指出，"up above"（"如上"之意）这个说法反复压缩、精简过多次，它的词源来自一句超级冗长的"up on by on up";同样的，操法语的人现在说，"au jour d'aujourd'hui"（"截至今日"之意）:"on the day of on-the-day-of-this-day"。二是不断发明新的比喻来形容人类体验的新方面，与此同时，熟悉的比喻在反复使用当中，从"适合"变成"流行"，最后变成"陈词滥调"。从这时起，比喻慢慢被人遗忘，这个说法最初描述的形象成为了语源学上的化石。例如，说拉丁语的人需要一个词来描述自己和就餐伙伴（与之共吃面包的人）的关系:最早他们简单地称之为"with-breads"（面包搭子），拉丁语里为"companis"，最终演变为我们现在所用的"companion"（伙伴）。同样地，在16世纪，人们认为不幸的事件有着占星术上的根源，古意大利人把这些事情叫作"bad-star"（意大利语里为"dis-astro"，"恶星"之意），所以才有了后来的"disaster"（灾难）。

语言不断死亡，又不断诞生。英国诗人约翰·济慈（John Keats）让人在他的墓碑上只留下寥寥数语:"这里躺着一个名字已付诸流水的人。"——这也是对生命之短暂的论述。长期而言，一切的作品都将付诸流水，语言本身随着时间的推移稳步变化。所有的文字都存在一个"理解性"半衰期，最终，只有依靠翻译才能唤醒它们。

语言永远不会安定、平衡卜米，它永远找不到均衡点。图灵测试如此棘手，一部分原因或许在于:这场战斗的地基始终在变化。象棋有着固定的规则和结果，语言却不断变化，从来无法"解决"。"伊莉莎"的创造者，约瑟夫·魏泽鲍姆写道:"出乎我的意料，对于'伊莉莎'程序，另一种普遍的反应是，认为它展示了对计算机理解自然语言问题的通用解决方案。我曾试着说，这个问题不可能有什么通用解决方案，也就是……哪怕连人本身都没体现出这样一种通用的解决方案来。"

观测者效应

不把温度计放到系统当中，不让它本身的温度对读数造成一定影响，那么就无法测量这个系统的温度。不向胎压计放出一定的压力，你无法检查轮胎的压力。不让少量电流流进电表，你无法检查电路——反之亦然。海森堡的著名实验表明，用光子去触动电子来测量后者的位置，测量行为本身扰乱了你要测量的东西。科学家们称之为"观测者效应"。

同样，不透露你对外出吃饭的意愿（从而影响朋友们的答案），你就没法问朋友愿不愿意外出吃饭。民意研究和目击者证词研究表明，问题的措辞会歪曲当事人的回答。举例来说，"两车相碰时，它们的速度大概有多快？"和"两车冲撞时，它们的速度大概有多快？"两种说法，前一种问法问出的估计值比后一种问法要低。又比如，"你赞同总统正在做的工作吗？"对"你赞成总统正在做的工作，还是不赞同？"前一种问法得到的肯定答复比后者更多。问题的顺序也很重要：你先问人的整体生活满意度，再问他们的财务满意度，答案的相关度很有限；可你先问人的财务满意度再问生活整体满意度，答案的相关性立刻激增。

计算机编程主要是基于其响应的"重复性"；大多数程序员都

可证明，不可重复的"bug"（程序错误），基本上也是不可修复的错误。这就是为什么连续运行多天后将计算机重启，它表现更好；以及为什么最先买回家时它的表现比用了很多年之后好得多。这种"白板"状态是人最常遇到的，故此也是程序员打磨得最精炼优美的状态。计算机系统运行得越久，它的状态就变得越为独特。基本上，人也是这样——只不过，人无法重启。

调试程序的时候，我希望多次重新创建完全相同的行为，测试代码的修正环节，并在必要的时候撤销修正。当我查询计算机系统，我希望不对其进行改动。相比之下，人际沟通不可撤销。说了的话不可能收回来（法官会要评审团"忘记"一段证词，这可真够可笑的）。从这个角度来说，人际沟通也不可重复——因为你永远无法重新创建初始条件。

"别动啊，狮子！"诗人罗伯特·克里利（Robert Creeley）写道，"我想 / 画下你 / 趁着还有时间"。我对人这么感兴趣，部分原因是，人从来不会静止不动。你在认识了解他们的过程中，他们却正在改变——你的存在，也有部分功劳（在跟帕里式风格的聊天机器人对话、阅读拉克特创作的诗句、观看机器人运作的视频时，我的感觉完全相反。我没法让这该死的东西动起来）。从某种意义上说，我的思绪就像是杜尚的画作《下楼梯的裸体，第 2 号》（*Nude Descending a Staircase*, *No. 2*），那是一连串快速、重叠的动态物体速写，一幅"画上画"，挑战了公众习以为常的现实风格肖像画。"瓦厂爆炸了。"《纽约时报》的评论家朱利安·斯垂德（Julian Street）惊惶地写道。这幅画作招来了无数怒火和嘲讽。然而，面对画家，人类主体拒绝静坐不动却是千真万确存在（和"现实"）的情况，画家必须抓住他们的本质，而非形态。

我们发明图灵机式的数字计算机，部分看重的就是它的可靠性、可重复性和"静止性"。近年来，我们用"神经网络"模式做实验，模仿大脑大规模连接和平行的结构，而非遵循严格、连续的数字规则，但我们仍然倾向于控制神经元的惊人可塑性。"若把虚拟神经元网络里'突触的'重量视为常数（经过适应过程后或排除适应过程），那么这一网络就可以进行精确计算。"哈瓦·西格尔曼写道。通过这种方式，再对其改变及适应的时间进行严格的限制，就可以控制虚拟神经元。出于神经学家所谓的"突触可塑性"，人类大脑没有这样的限制。每当神经元发作起来，它们就改变彼此连接的结构。

换句话说，正常运作的大脑就是不断变化的大脑。诚如戴维·埃克里所说，"你必然要受经验的影响，要不然，就是你根本没有过经验"。这就把良好的对话和良好的生活放在了有风险的位置上。不在一定程度上改变别人，不在一定程度上"成为"别人，你不可能"了解"这个人。

我记得第一次意识到，由于原子的带电相斥性质（Electrically Repellant Properties），物质和物质是无法真正接触的。这个概念带着一种唯我论的冰冷感觉："自我"（Self）就是一座密封的坟墓。

仅在一定程度而言，别人可能无法完全接触到你的外部。但进入内部、进入"自我"所在的地方，改变那儿的一些东西（不管有多么小），却并不太难——只是从改变大脑的层面来说。

还有另一种思考的角度。假设你悬浮在覆盖着 1 埃（0.1 纳米）厚电磁力垫的房间里：你永远无法碰触到任何东西，因为你手臂原子的原子核跟桌子（或者其他任何东西）的原子核相斥。所谓的"接触"，实际上是你身体的原子对桌子的原子施加了电磁力，反过来说也成立。换句话说，看似静态的接触其实是动态互动，是力量的交流。

这种力量的交流，通过前述的方式（也即你身体的原子和其他人身体的原子进行交流），让你成为了完整的人。

爱的起源

依吾之见，我自有一番好打算，可贬抑人的骄傲，纠正他们的态度；人还将继续存在，可我要把他们切成两半……

——宙斯，引自柏拉图《会饮篇》

你知道我们有两颗心
却生活在同一思想下

——菲尔·柯林斯（Phil Collins）

大多数人都听说过柏拉图的《会饮篇》，至少，也知道约翰·卡梅隆·米切尔（John Cameron Mitchell）的电影《摇滚芭比》

（*Hedwig and the Angry Inch*），知道阿里斯托芬关于爱情起源的故事。人最开始有八条肢：四支胳膊，四条腿，两副面孔。因为我们对神祇的傲慢和冒犯，宙斯决心把我们的个头缩小，于是它降下闪电，将我们劈成两半，又用扣子把分开的皮肤合在一起。瞧，我们成了今天这样的人，只有一对胳膊一双腿了。出于回归闪电劈开前完整状态的古老需求，我们陷入爱河。[9] 所有人都想找回最初完整的状态。纠结的拥抱、亲吻和性爱，最接近我们的"本初性质，合二为一，是人的愈合状态"。[10]

中学时代呼啸翻滚着进入青春发育期时，我喜欢待坐电视屏幕跟前，锁定 MTV 电视台的深夜节目，看"辣妹"乐队（Spice Girls）做各种暴露打扮，高唱"合二为一"。如果我们在爱情背景下谈论这个概念，常常把它作为"性"的一种委婉表达。我有时会从阿里斯托芬的这个角度思考"性"：狂喜而又悲剧性地努力结合两具身体，像陶土一样黏结在一起。说它狂喜，是因为，它是你能和另一个人靠得最近的距离。说它是悲剧，恰恰是因为同一

9　为了免得你认为这种最初的分离造就了男女两性，只有"直人"才对"合体"有着正确认识，我要提醒你，阿里斯托芬和同时代的许多希腊男性一样，偏重同性恋规范甚于异性恋规范。他解释说，"从前性别不像现在是两种，而是三种。"也即男、女，还有"雌雄同体"：男性分裂之后，变成了男同性恋；女性分裂之后，变成了女同性恋；只有雌雄同体，分裂之后才成了现在的异性恋男女。（双性恋者置身何地，他没有说。）——原注

10　对浪漫和性爱激情的文学隐喻，多多少少都带点暴力倾向。我们爱说"暴风骤雨"式的浪漫，"汹涌澎湃"的感觉，性高潮犹如"小死"（法国人称"la petite mort"，tiny death），"销魂"（ravishing）般的美貌，我查了字典，"ravishing"用作形容词时，指的是有魅力，华丽绚烂，用作名词或动词，则指的是强奸。和性有关的大多数俚语也是暴力的——"砰、砰"（bang），"狠操"（screw）——至少是非常负面的。很难想象结束时你的形象会比开始时好。但在阿里斯托芬看来，它完全不是暴力，而是愈合——也难怪这个故事成了如此可爱而持久的神话。——原注

个原因。从阿里斯托芬的感觉而言，性似乎从未达成目的：两个人永远无法"合为一体"，事实上，有时还会在这个过程中创造出"第三人"。也许，肉体的重聚（撤销宙斯的"劈开"），根本做不到。[11] 如果两个人结婚，从法律意义上他们"合二为一"——但只是在税务领域。尽管，这并不是阿里斯托芬想象的那种人复原的状态。

但希望还是有的。

神经系统到神经系统：靠带宽来愈合

2008 年洛伯纳大奖的组织者是雷丁大学的教授凯文·沃里克（Kevin Warwick），记者们有时也叫他"世界上第一个电子人（Cyborg，也即机械化有机体）。"1998 年，他在胳膊里植入了一枚射频识别（RFID）芯片，这样，只要他走进自己的部门，门便为他而开，声音响起："你好，沃里克教授。"最近，他又接受了更具侵入性的第二次手术，在手臂神经里直接接入了一百组电极阵列。

靠着这种电极阵列，他能干出大量惊人的事情：他能让机械手臂模仿他真实手臂的动作，用电极阵列将自己大脑的神经信号传输

11　对于男人是否可以生育这一问题，我想到了西恩·潘（Sean Penn）在电影《米尔克》（*Milk*）里的回答："不能。但上帝知道，我们一直在努力。"——原注

到机械手臂上，让机械手臂实时遵循这些命令，做出和自己真手一样的动作（这是当然的）。[12]

他还尝试添加第六感，也就是声纳。声纳设备连接到一顶信号可输入沃里克手臂的棒球帽上。起初，他说，每当有大型物体接近他，他的食指就会发麻刺痛。但很快，大脑习惯了新的数据，手指发麻的感觉消失了。物体靠近只会产生一种无法形容的"哦，有东西靠近了"的感觉。他的大脑已经可以理解并综合数据了。他获得了第六感。

20 世纪最具里程碑意义的一篇心智哲学论文，大概要算托马斯·内格尔（Thomas Nagel）1974 年发表的《做一只蝙蝠会是什么感觉呢》（*What Is It Like to Be a Bat?* ）。从声纳的角度考虑，这里有了个活生生的人，可以为内格尔这个著名无解（且基本上属于修辞性疑问句）的问题作出回答。

不过，沃里克对自己手臂所做的事情，最叫人震惊的恐怕是接下来的一桩。在手臂神经里植入硅的人，并非只有沃里克，还有他妻子。

她用胳膊比划一定的姿势，沃里克的胳膊就会剧烈疼痛。你觉得太原始？也许。但沃里克用莱特兄弟及其第一架飞机"小鹰号"

---

12 我想我不应该说"当然"，因为手术风险很大，很可能会让沃里克瘫痪。不知什么原因，他似乎不为这个担忧。——原注

做解释。莱特兄弟最初只飞离了地面几秒钟；可现在，我们的飞行速度能快到让身体时钟和太阳不同步。[13]

诚然，剧烈疼痛并不是"言语"。但它代表了人类神经系统对神经系统的头一次直接沟通。一个信号，超越了语言，超越了动作。

"这是最令人兴奋的事情。"沃里克说，"我是说，当信号到达，我能理解它，我意识到它对将来的潜在意义——这真是我目前亲身参与过最叫人兴奋的事！"[14]

它对将来可能意味着什么呢？能赶得上林白或者埃尔哈特[15]之于飞行的意义么？侯世达写道："如果带宽变得越来越多，越来越多……两者之间的清晰界限感就会慢慢消融。"

最终愈合？靠着带宽？一切并不像听起来那么疯狂。这样的事情，正在你自己的头脑里发生。

13 比方说，坐着大篷马车，花 6 个月时间完成我在感恩节前一天晚上飞的那段行程，就不会出现这个问题了。——原注

14 "你接入我的神经了！"我们可以想象他这样说。"哎呀，你可别电我！"她在刺痛中回答……——原注

15 两者均为早期著名飞行员——译注

四个半球的大脑

我们人类独有的技能，很可能是微小且局部的神经网络产生的。然而，我们高度模块化的大脑在所有人身上产生的都是整合、统一的感觉。既然人类只不过是各种专业化模块的集合，为什么会产生这样的感觉呢？

——迈克尔·加扎尼加

无所保留、两个人独立的个性完全融合为新的集体人格——只有这样的性关系，才具有真正的价值。

——伯特兰·罗素

沃里克和侯世达所说的内容，并不像听上去那么异想天开，那么具有科幻色彩。它其实正是我们大脑天然的结构：好几亿胼胝体纤维来回在左右半脑间超高速输送信息。让我们暂时把爱侣这回事搁在一边：意识的完整性和连贯性，自我的统一性，正是依靠数据传输，依靠通信实现的。

这是一个形而上学的怪胎：通信也有程度。但同一身体内的意识数量、自我的数量，却貌似并无程度之分。这不禁带来了一些奇怪的问题。如果一个人的胼胝体带宽稍微提高一些，会让人觉得更"靠近"自我了吗？如果带宽稍稍降低，会让人感觉离"自我"更远了吗？以目前的带宽状况，我们到底有多少个自我呢？[16]

这种合二为一、渴望愈合、还原的强烈愿望：就是人类的现状。它不只是我们性别的状态，也是我们头脑的状态。面对纷繁的活动和变化，人总有"迎头赶上""保持联系"的欲望。你永远无法真正占领阵地，但你也从未真正丢失阵地。你并不统一，但你也并未分离。

"他们简直就是一个人。"我们有时候会这样形容一对夫妇。我们未必完全是开玩笑。在结婚仪式上，我们用第二人称的单数形式为之致辞。但因为在英语里，第二人称就只有一个表达形式："you"或"your"，所以这种效应表现得不够明显。然而，我们有时还会看到相反的情况，夫妇中的一人描述自己、或自己伴侣单独经历的事情，却使用"我们"的复数说法，以"我们夫妇"作为整体的情况，多过了分别说"她／他和我"。加州大学伯克利分校最近的一项研究（由博士生本杰明·席德尔主持）发现，年龄较长的夫妇比年轻夫妇更倾向于使用"我们"的说法。

考虑到大脑本身只能靠持续的对话来保持连接，很难说我们与他人的连接就属于较低的层次。通过胼胝体进行的传输，跟通过嘴对嘴的空气传输真有本质上的差别吗？跨大脑的连接确实比大脑内

16 事实证明，在几乎所有动物中，"轴突直径"（较粗的神经元远程传递信号速度更快，但占用的空间更多）跟大脑个头都是有关系的，除了人类——这是神经生物学家罗伯托·卡米尼蒂（Roberto Caminiti）新近的发现。尽管我们的大脑更大，但轴突直径并不比黑猩猩粗太多。进化似乎愿意以左右半球沟通稍稍滞后为代价，换取运算能力不成比例的大幅提高。——原注

部的连接更强烈，但并非迥然不同。

如果沟通能让我们的左右半脑变成一个整体，那么，两个人靠着充分的沟通造就一个有四个半脑的大脑，就没什么不可能的。它最终可能演变成人的愈合状态——另一种形式的"性行为"。只要我们做得对的话。

第十章

离奇遭遇

单方交谈

因为急着给自己订到布莱顿的房间，我上网快速地挖掘了一番，找到一个有趣（名字也很有趣）的地方，离图灵测试的会场只有一步之遥，叫"史摩托汽车旅馆"（Motel Schmotel）。我用 Skype 给他们打电话。我不知道是因为网速卡，对方妇女说话的声音低，还是英国口音在作怪，总之她说的话，我几乎一个字也听不懂，但我拼了命地想跟上对话的进度：

——馆。

猜测起来，她大概是在说类似"你好，史摩托汽车旅馆"一类的。我没有理由不勇往直前提出我的要求。

呃，是的，我想看看还有空房间吗？

——久？

可能是"住多久"吧，但真的说不准。不管怎么说，如果我想订房间，她最需要知道的事情就是我住多久，尽管没有确切日期就没多大用处。既然如此，我何不主动送上相关信息，提出后续的问题呢：

嗯，四个晚上，从 9 月 5 日星期六开始。

——[音调往下走的某句话]——对不起。我们只——阳台，90 镑。

到了这儿，我跟不上了。他们没有某样东西，但显然另有别的东西。说不清该怎么进行下去。（是总价 90 镑，还是额外要收 90 镑呢？是每个晚上，还是 4 天晚上一共呢？一时之间，我算不出来具体价格，不知道自己能否负担这个房间。）所以，我把赌注收了回来，说了一句当时想得出来的最为中立、不置可否的话：

哦。好吧。

——起！

想必是"对不起"吧，接着，她又说了一句友好的道别，似乎暗示她希望我赶紧挂断电话：大概带阳台的房间真不在我的预算之内吧。这很公平。

好的，谢谢！再见。
——拜！

我想，我是带着困惑和内疚的心情放下电话的——事实上，完全没必要听清她在说什么。我知道她在说什么。对话的模板——也就是我猜测她在问我什么、她可能会怎样回答的能力——把我拉到了终点线。

论（不）"说语言"

我猛然想起，大学毕业后的那个夏天，我到欧洲玩了两个星期，途经西班牙、法国、瑞士和意大利。那时的我也曾靠着同样的把戏蒙混过关：虽然我只会说英语和不多的西班牙语，但在法国和意大利，都是我去买车票，基本上都对付了过去。我们要到萨尔茨堡（奥地利的一座城市）去，那位卖票的女士一个劲地向我强调，"est…station…est…est…station，"我点头表示理解，不过，我觉得，这么做大可不必。我听得懂呀，"这座车站，就这一座，是的，我懂，对，对。"我回答，我当然知道，"este"在西班牙就是"这"的意思。在巴黎的七大火车站，我们的通宵列车会开到这儿来，就是这儿。

也许你会说，"且慢……萨尔茨堡？但他怎么没有提到去了奥地利啊……"的确是这样。

因为，我忘了西班牙语里的"este"也是"东"的意思。深夜，我们目瞪口呆地站在巴黎奥斯特里茨火车站空空如也的站台上，我这才想了起来。我们傻傻地看着手表，意识到这一回，我们不光搞砸了去奥地利阿尔卑斯山下欣赏《音乐之声》里美丽风光的机会，还必须彻底重新规划整趟行程的路线——再没有奥地利了，因为，到了早上，我们就偏离航线数百万米啦。还有，此刻午夜正过了一半，旅行指南告诉我们，现在身处的位置"很危险"，而我们又没有睡觉的地方。我们的卧铺正从巴黎东站出发，快速驶往萨尔茨堡。

此刻，暂且把这一相当严重的例外情况搁在一边，我想强调的是：基本上，靠着我对支系罗曼语的一知半解，再加上一本罗列了欧洲每一种语言里常用短语的旅行指南，我们基本上干得不赖。你意识到这些情况下语言犹如护身符一般的力量：你一个音节一个音节地从一张表上读出费解的单词，一转眼，啤酒就出现在了你的餐桌上，酒店房间就保留在了你的名下，人们甚至还指点你顺着一条迷宫般的小径来到了深夜弗拉明戈舞的现场。虽然老话里说的是，"说出那魔法般的字眼"（Say the magic word），但其实，所有的字眼似乎都能施展魔法。

不利的一面则是，结结巴巴的游客可能会犯下自大的毛病。而这个毛病，只能用语言学家和信息理论家所说的"奇遇"事件来"医治"了。不过，奇遇最有趣的地方是，它其实可以用数值来量化。很奇怪的想法——但却非常重要。本章稍后部分我们会看到具体的量化过程。现在，你只需要知道：从直觉上来说，只有走出对一个地方的刻板印象，碰上奇遇，你才能真正地感受这个国家。这要求你多留心——生活里的大部分奇遇，都是些小事，往往遭到忽视。另外，它还要求你把自己放到可能出现奇遇的环境下。有时候，只要你保持开放的心态就行了；也有时候，不靠提前多花功夫（比如学习语言）就做不到。基于模板的互动——"Je voudrais un hot dog, s'il vous plait...merci！"（法语：请给我来一个热狗……谢谢！）"Ou est le WC？...merci！"（法语：请问厕所在哪儿？谢谢！）——之所以行得通，完全是因为它们几乎没有任何文化或体验价值（你多多少少是把对话者当成机器来看待的）。就算你的对话者做出了惊讶或有趣的反应，你恐怕也会错过它。施展语言的魔法令人陶醉；承受语言的魔法，就更是如此了。

也许你现在开始觉得，这一切跟图灵测试有多么相似。我在法国的所言所为，多么像是个聊天机器人。说的环节很容易——只要我带着我的短语速查手册（这本身就令人尴尬，我的愿望和所有来法国的美国游客如出一辙：一本通用常见问题表就能对付一切场合）。但要听懂当地人的话几乎完全没辙。所以，我只能尝试那些并不真正需要互动的"互动"。

我以为，以这种方式和人类互动，很丢脸。而图灵测试，给了我们一条衡量这种耻辱的准绳。

通信的数学理论

乍看起来，信息理论——数据传输、数据加密、数据压缩的科学——主要是工程领域的问题，跟围绕图灵测试及人工智能的心理及哲学问题没太大关系。这两艘船，归根结底是在同一海域里航行。奠定信息理论的里程碑论文，是克劳德·香农1948年所写的《通信的数学理论》，自此以后，科学评估"通信"这一概念，就将信息理论和图灵测试紧紧地绑在了一起。

那么，香农定义的通信的本质到底是什么呢？你要如何衡量呢？它对我们有什么样的帮助，又有什么样的损害呢？它跟我们人类有怎样的关系？

这些关联出现在各种意想不到的地方，其中之一就是你的手机。在很大程度上，手机依靠"预测"算法来便利文本信息的输入：猜测你想要写的是哪个字，自动更正错别字（有时候还热心得过了头），诸如此类。这是数据压缩在发挥作用。香农在《通信的数学理论》发现的最惊人的结果之一是，文本预测和文本生成在数学上是相同的。倘若手机始终可以预测你打算写什么，或至少能像人那样猜个八九不离十，那么，它就跟一款能像人一样写作的程序一样智能。按 2009 年《纽约时报》对手机短信的统计来看，普通的美国青少年每天都要参加 80 次图灵测试。

事实证明，这非常有用，也极度危险。稍后，在探讨数据压缩与图灵测试追捕人类智慧有什么关系时，我会解释原因。我想先从我最近做的一个小实验开始，看看能否利用一台计算机量化詹姆斯·乔伊斯的文学价值。[1]

詹姆斯·乔伊斯对苹果 OS X

我从《尤利西斯》中随便选了一段话，并以纯文本的形式保存在计算机上，这段话占用的空间为 1717 字节。

之后我又反复打了一段"等等等等等"，直到它的长度和乔伊斯的摘录一致，之后做了保存：1717 字节。

1　克劳德·香农："乔伊斯……据称实现了语义内容的压缩。"——原注

然后，我用自己计算机的操作系统（恰好是苹果的 OS X）对文件进行压缩。内容为"等等等等等"的文件一路缩水到 478 字节，仅为先前大小的 28%，但《尤利西斯》仅缩小到之前的 79%，仍有 1352 字节——是"等等等"文件的将近 3 倍。

压缩软件往下压的时候，乔伊斯里的某种东西在往上顶。

量化信息

加入投掷硬币 100 次，如果它是一枚没动过手脚的真硬币，正反面出现的概率大概是 50 对 50，并随机分布在这 100 次当中。现在，想象你要把出现的结果告诉别人——显然，这件事很费口舌。你要依次把所有结果说出来（"正，正，反，正，反……"），要不，你就得把正（或反）面所出现的位置一一说明（"第一次正，第二次正，第四次正……"），没说出来的位置，当然就是另一面。总之，这两种说法在长度上基本上相同。[2]

但如果这是一枚动了手脚的硬币，你的工作就容易多了。如果硬币出现正面的机率只有 30%，那么你可以省省口舌，只报出现正面的次数。如果正面出现的机率是 80%，你可以只报出现反面的次数。硬币正反面出现的概率偏向性越大，描述起来就越容易，如果

2　这里的长度指的是二进制字节，并不是英语的单词数，不过，本例中两者的区别并太不重要。——原注

这是一枚完全偏向的硬币，也就是我们说的"边界条件"（Boundary case），那么只用一个字（"正"或者"反"）就能描述所有的结果了。

故此，投掷硬币出现的结果如果可以用较少的语言描述，那么硬币的偏向性越大，我们可以说，在这些情况下，结果里包含的信息较少。将这种逻辑进一步扩展到单个事件本身上，也即对任何一次投掷而言，硬币的偏向性越大，这次投掷包含的信息越少（这似乎有点违背人的直觉，甚至显得怪异）。正反面出现次数之比为 70 对 30 的硬币，在信息传递能力上，不如正反面出现次数是一半对一半的硬币。[3] 这就是"信息熵"的概念：某事包含的信息量可以测量。

"信息可以测量"——初听起来，这当然很简单。我们买来硬盘并将之填满，我们琢磨要不要多花 50 美元买 16G 的 Ipod，而不是省点钱买 8G 的。这一类事情多不胜数。我们习惯了文件按字节数分大小。但文件的大小，和文件里所含的信息量并不是一回事。这跟体积和质量的区别有点类似，想想阿基米德和黄金王冠的例子：为了判断王冠是否纯金，阿基米德需要想办法比较它的质量与体

3　这就是为什么在 20 世纪 80 年代流行的游戏"猜猜这是谁"（Guess Who?）里（我当时很爱玩），询问当事人的性别并不是个好策略：游戏里只有 5 个女性角色却有 19 个男性角色，所以，这个问题不如角色的性别比为 12 对 12 时那么敏锐。——原注

积。[4] 而我们又是怎样得到文件的密度（字节数）的呢？

信息、偏向和意外

我们可以压缩存在偏向的硬币，因为它存在偏向。关键的一点是，如果一种情况下所有结果的出现概率相同——也即"均匀分布"——那么熵最大。从这一点开始，熵逐渐递减到最小值（也即出现结果是固定的或确定的）。故此，我们可以说，随着文件达到压缩极限，确定性和固定性退了下去，模式和重复性退了下去，可预测性和预期性退了下去。压缩所得的文件（尚未解压缩回可用格式前）开始变得越来越随机，越来越像是白色噪音。

从直观且非正式的定义上看，信息，大概有点像是"不确定性的解药"。这其实也就是它的正式定义：信息量来自能减少不确定性东西的量（所以，压缩文件看似随机：从 0 字节到 n 字节里，没有任何东西能告诉你 n+1 会是什么样——也就是说，这些数字里没有任何关于进一步压缩的模式、趋势或偏向性）[5]。这个值，信息

4　这里的难点在于，如何准确地测量其体积，又不熔化王冠。他边想边踏步走进公共浴池，突然间灵机一动：自己站进浴池，水位会涨！那是不是可以通过不规则物体的排水量来测量其体积呢？据说，他对自己的这一洞见兴奋无比，立刻跳出浴池往家跑，在大街上一路欢呼，全然不顾自己身体赤裸还滴着水。他喊的词语，是希腊语里的"尤里卡！"（Eureka），意思是"我知道了！"自此以后，这个词就成了科学发现的同义词。——原注

5　出于这个原因，高压缩的文件更加危险，如果任何字节受到破坏，上下文都无助于还原，因为这些背景线索已经被压缩掉了。这也是冗余的用处之一。——原注

里等价于质量的东西，最初来自香农 1948 年的论文，名为"信息熵""香农熵"或简单的"熵"。[6] 熵越高，信息越多。事实证明，熵原来是一种能够测量许多东西的值，硬币的正反面、一通电话、乔伊斯的小说、第一次约会，甚至图灵测试。

香农游戏

定量分析英语最有用的一种工具叫作"香农游戏"（Shannon Game）。它有点像是猜字游戏，一次只猜一个字母。基本的玩法是，你试着一个一个地猜测一段文本的字母，所需猜测的总次数（的对数）就能告诉你该段落的熵。这其实就是估计以英语为母语的说话人给这段文字带来了多少的知识量。以下是一轮香农游戏的结果，大家可以自己动手试试看：[7]

U	N	D	E	R	N	E	A
T	H	_	T	H	E	_	B
L	U	E	_				

6　请不要和热力学中的熵（物理系统中"无序"的衡量尺度）搞混。两者在事实上确有关联，但其关联的方式太过复杂，需要高深的数学知识，故此不在这里的介绍范围。好奇的读者可以尝试一读。——原注

7　读者可到 math.ucsd.edu/~crypto/java/ENTROPY/ 亲自玩一下。它很有趣，此外，慢慢地猜测每一个字母，你会以前所未有的方式思考语言和时间。一些小学利用调整过的香农游戏教拼写，我曾让我的本科诗歌研讨会学员们玩香农游戏来强化语法。诗歌经常要将语言的经济性发挥到极限，感受一下读者能推测什么样的词汇链，对写诗很有助益。——原注

22	1	1	1	1	1	1	1
1	1	1	2	1	1	1	5
6	5	1	2				
C	U	S	H	I	O	N	_
I	N	_	T	H	E	_	L
I	V	I	N	G	_		
2	7	11	5	1	1	1	2
6	5	2	1	1	1	1	1
1	1	1	1	1	1		
R	O	O	M	_	I	S	_
A	_	H	A	N	D	F	U
L	_	O	F	_			
1	1	1	1	1	1	1	1
1	1	19	3	1	2	13	5
1	1	1	1	1			
C	H	A	N	G	E	_	A
N	D	_	T	H	E	_	R
E	M	O	T	E	_		
1	21	1	1	2	1	1	1
1	1	1	6	1	1	1	4
2	9	5	1	1	1		
C	O	N	T	R	O	L	
1	1	1	1	1	1	1	

（这句话的汉语意思是"起居室的蓝色垫子下面放着若干零钱和遥控器"）

我们立刻可以看出，这里的信息熵极度不均匀，我能够完全正确地预测出"the_living_room_is_a_"，但几乎要把整个字母表都用光才能勉强猜出"handful"中的"h"——请注意，"handful"之后的"and"出现得很容易，但"f"的熵再次突起，之后到"l"时降到最低点。此外，要填出"remote_control"，我只需要有"remo"就够了。

搜索和香农游戏

较之此前的任何一代人，我们这些 21 世纪的计算机用户或许对信息熵有更多的认识。每当我用谷歌搜索，我会直觉地输入最少见、最独特的单词或词组，忽略常见或容易预料的单词，因为它们无助于收窄结果范围。每当我想在包含了这份手稿的庞大 Microsoft Word 文档中定位一句话，我会直觉地输入记忆中这段话里最不寻常的部分，例如专有名词、少见的措辞、独特的词组。[8] 作家常常使用"tk"（"to come"的首字母变体缩写）这一奇怪的编辑标记，原因在于，英语当中，t 字母后面跟着 k 的情况比跟着 c 的情况罕见得多。作家可以轻松地用计算机筛选文档，看看自己错过了哪些"tk"（在这份手稿里搜索"tc"，总共出现了 150 多处红色波浪线，比如"watch""match"；但搜索"tk"，全书整整 50 多万字符，除了这段话，其他地方竟然一处都没有）。当我想在 iTunes 的资料库里找出某首歌或某支乐队，比如说嘻哈乐队"Outkast"，我

8　有趣的是，这表明，乏味、普通、词汇量少或者重复性强的书很难搜索，也不易编辑。——原注

知道"Out"是一个十分常见的字符串（它除了能搜索出 Outkast 的所有歌，还会搜出 438 首我不想要的歌），所以，我最好是在搜索框里输入"kast"。出于同样的道理，使用少见的"tk"双字母组合也行，它能搜出我想要的所有歌，外加 3 首我不想要的歌。

艺术与香农游戏

唐纳德·巴塞尔姆（Donald Barthelme，美国后现代小说家）说过，"'不知道'是艺术的关键所在，是进行艺术创造的先决条件"。这里，他指的是创作过程中的"如果我试试这个会怎样"，以及"接下来我该做什么？"但我想，对读者而言，这种说法也成立。"在我看来，每一本书都是'是'与'否'的平衡"，作家乔纳森·萨佛兰·福尔（Jonathan Safran Foer）在小说《特别响，非常近》（*Extremely Loud and Incredibly Close*）借一位讲述者之口这样说：香农游戏代表了一种方法，一种特别精细的方法，它把阅读体验视为一连串极端迅速的猜测，它的大部分满足感来自是与否、平凡与惊奇的平衡。熵为我们提供了判断"不知道"到底在哪里、"是"与"否"怎样分布的量化尺度。说回巴塞尔姆论述的最初精神，熵能够指引我们走进创造性想象么？难以猜测的时刻，同时也是最具创意的时刻吗？我的直觉认为的确如此，两者之间确实存在一条纽带。有趣的是，我尝试的第二轮香农游戏如下：

EVEN_THOUGH_YOU_DONT_KNOW_HOW_TO_

FLY_YOU_MIGHT_BE_ABLE_TO_LIFT_YOUR_

SHOE_LONG_ENOUGH_FOR_THE_CAT_TO_
MOVE_OUT_FROM_UNDER_YOUR_FOOT

（这句话的意思是"就算你飞不起来，总可以把脚稍微抬起来，好让猫咪从你脚下爬走吧"）

熵最高的字母是第一个"you"里的"Y"，"cat"里的"C"和"move"里的"M"。有趣的是，它们同样也是重要的语法点，也即第一个从句的主语，第二个从句的主语和动词。这些难道不就是作者意图和创作力达到巅峰的时刻吗？它们不正是去掉之后读者最难猜中的词（尤其是"cat"）吗？

最后一种衡量尺度，其实自有名称，它叫"完形填空测试"。这个名字来自格式塔心理学中一种叫作"闭合律"（Law of Closure）的东西，它指的是人们看到某个缺失了部件或有所涂改的形状，仍然感觉能"体会"到缺失的环节。[9] 完形填空测试是英语考试很常见的题型，你根据上下文，将最合理的单词填进句子的空白处。如果删除上下文线索，仍然要你填入单词，那就变成了我孩提时代最喜欢的一种游戏：故事接龙（Mad Libs）。[10]

---

9 出于这个原因，电视台用"哔"声过滤脏话的做法，我看来毫无意义，因为，哪怕脏话消了音，观众仍然一听就知道那是一句什么话。——原注

10 故事接龙是欧美流行的一种小游戏，确定一个故事主题，但故事的时间、地点、人物和具体事件均空缺，参与者在不知道故事结构的情况下每人按照词性提供一个词，最终拼凑出一段非常荒谬而可笑的情节。——译注

完形填空和拥挤房间

不过，就算参加英语考试不是常见之事，故事接龙游戏书里的完形填空也只能通过书这种载体来进行，口头的完形填空却常见得无法避免。世界总是喧闹嘈杂——有风声吹过，街上建筑工地正开着工，通话信号受干扰，别人的谈话飘了过来（想压过我们的声音），可我们仍然要说话。喧闹的世界就是一道完形填空题。

虽然看似说得太过学究，这种效应仍随处可见。我跟布莱顿酒店职员的对话就是一道完形填空题，空白的部分几乎有整句话那么长，可我仍能猜出正确的答案填进去。但出于这个原因，我没法说这是真正的人类互动。每当我想起朋友之间最挑战智力的对话，或是那些叫人难忘的初次约会，我无法想象，要是这中间出现空白，我怎么能跟得上。

另外，再想象要是房间里放着响亮的音乐，你会怎样跟别人说话——很多时候，我们会逐渐去除我们措辞用语中的个人特点。我们听没听说过完形填空测试、香农游戏、信息熵，其实无所谓，我们直觉地知道在什么时候以怎样的方式玩，以及在什么时候以怎样的方式方便别人玩。"我们去周围溜达闲逛一阵吧。"如果别人听得清，我可能会这么说。但噪音容不下这么多的装饰点缀（"什么？我们去哪儿？"我想象对话者困惑地对我喊道）。不，在一个吵闹的房间，我只会简单地说："我们走。"

说到这里，我想起，我们社会里的许多求爱和熟人交流场合如此嘈杂，真是件怪事。[11] 西雅图有许多很酷的酒吧和俱乐部，但我和朋友们都不愿意去，你走进去，看到人们一小撮一小撮地聚在一起，端着饮料，在轰隆隆的音乐声里冲着彼此喊话。这一幕叫我暗自叹息，身为人类卧底，在这样的地方，你很难守住图灵测试的底线。噪音有一种反人味儿的抑制效果。我不喜欢它。

损耗

压缩分为两种类型："无损"和"有损"。无损压缩意味着没有放弃任何内容。也就是说，解压之后，我们可以完整重建原始文档，不怕它有任何地方出错，或是丢失任何细节（ZIP 文档就是这样的一个例子，你的照片和文件在经过压缩和解压后安然无恙）。另一种压缩叫有损压缩，也就是我们会因为压缩而损失一些数据或一定程度的细节。比如，你在网上看到的大多数图片，都来自对较大数码照片的有损压缩，你的计算机和 Ipad 上的 MP3 文件也是对分辨率高得多的录音进行有损压缩所得。有损压缩的代价就是一定程度的"重现精度"（Fidelity）。比如一句话会变成 tkng ll f th vwls t f ths sntnc, fr xmpl, nd mkng t ll lwrcs, wld cnsttt lssy cmprssn[12]，基本上，缺失的文字可以重建，但有些地方也会出现模糊，比如，

---

11 哎呀，连把妹达人也不喜欢。诚如神秘先生所说，"你第一次碰到女性的地点不一定有利……音乐的声音可能会太大，无法开展建立舒适感的漫长对话。"——原注

12 这里是作者在用一句话举例，告诉读者有损压缩是什么样子——译注

"swim""swam"和"swum","I took a hike today"（我今天去远足了，"远足"的活动已经完成）和"Take a hike, toady"（去远足吧，今天。"远足"活动还没开始），"make a pizza"（做个披萨）和"Mike Piazza"（人名，迈克·皮亚扎）都可能产生混淆。不过，很多时候，尤其是图像、音频和视频，对原始文档的精确复制并不太重要。只要给出足够的回旋余地，我们能得到足够接近的文件，同时节省大量的时间、空间、金钱，甚至能源。

你自己身体里的熵

你不要以为香农游戏给文本打分只跟计算机学家和计算语言学家抽象相关，事实上，香农的熵不光关系到句子的韵律压力，也跟说话人对某些词语清晰发音、含混省略另一些词语的模式有关系。[13] 所以，即便你从来没听说过这个概念，每当你张开嘴巴，大脑里的某种东西也直觉地知道香农熵。也就是说，它会告诉你到底需要把嘴巴张多开。[14]

事实还证明，如果我们绘测读者眼睛的动作，它们的"扫视"

---

13 以英语为母语的说话者在说到"And in an…"一组词语时，发音一般极度含混，尤其是激动的时候，类似"Nininin…"，这属于有损压缩。我们可以把这三个相似的词都发成一样的音，因为语法和句法规则预防了其他的"解压"可能，比如"and and an"或"an in in"。——原注

14 这句话的原文是："So even if you've never heard of it before, something in your head intuits Shannon entropy every time you open your mouth. Namely, it tells you how far to open it."原文中，"香农熵"和"嘴"都用了"it"来指代。所以作者说，这也是一种压缩。——原注

和"凝视"，它们在文本上跳动的方式，它们在段落各个部分上所停留的时间，都非常完美地对应着这些文本在香农游戏里的数值。"词与词的过渡概率对凝视时间有着可测量的影响"，爱丁堡大学的斯科特·麦克唐纳（Scott McDonald）和理查德·希尔考克（Richard Shillcock）说。"读者跳过可预测词汇的次数，多于跳过意外词汇的次数；就算他们凝视了可预测词汇，所花时间也更少"，美国马萨诸塞大学和曼荷莲学院的一队心理学家写道。

正如研究员洛朗·艾提（Laurent Itti）和皮埃尔·巴尔第（Pierre Baldi）指出，"'惊异'能最合理地解释人类往哪儿看……面对值得关注的事件，它代表了一条可轻松计算的捷径"。换句话说，熵指引着眼睛。它给了每一个段落一种隐秘的形状。

失真

有损压缩带来了所谓的压缩"失真"——也就是压缩过程中的损耗在数据上留下伤疤的地方。压缩失真有趣的地方是，它们不是随机出现的，而有自带的特征。网络上两种最主要的图像文件格式——GIF 和 JPEG，都存在压缩失真的标志性特点，JPEG 会有一些看起来模糊或扭曲的地方，这些地方，原本有着统一的颜色，或颜色与纹理截然分开。GIF 则会把同色背景压缩成单一颜色的颗粒（抖动），或是将均匀光滑颜色过渡压缩成颜色统一的条纹（色带）。

一位名叫尼尔·克拉维兹（Neal Krawetz）的"计算机取证"研

究员利用基地组织视频中的压缩失真（采用了一种名为"误差级别分析"的技术），还原了大多数时候为绿色屏蔽的背景元素。他还利用这项技术，证明时尚行业的平面设计师使用种种匪夷所思的办法来修饰模特的照片。

延时滞后，也是我们下意识里最快习惯的一种奇怪失真形式。用一台运行缓慢的计算机播放 DVD，你会注意到，屏幕迅速变化或摄像机在场景里迅速移动时，计算机很容易自动滞后（音乐录影带、动作电影和广告，由于有着超过正常速度的摄像机剪切或运动，压缩损失最大。爱情电影和情景喜剧，剪切慢，大多数镜头都是人站着不动说话，在网上看效果更好）。这里的言外之意就是，这些场面每秒里包含的信息量，必然比人物站在静止背景下说话的场景要多。如果你玩图形密集的计算机游戏，可以看看帧速率（也就是计算机屏幕每秒刷新多少次）突然下降的时候会是哪些场面。有些 MP3 文件使用"可变比特率编码"，也就是采样频率根据歌曲每一刻的复杂度来变化。声音文件一般比视频文件小得多，所以比特率激增时你一般听不出滞后来，但原理都相同。

把这个和到电影院看投射式电影比较一下，画面是整个撤换的，一秒里换 24 次。在这 1/24 秒里，许多镜头的内容基本上一样，或是只有很少的变化。所以这是一种不必要的能源浪费。但浪费又有一种"释放解脱"的效果：投影机和胶片不需要知道，也不在乎图像有多大的变化，而计算机、互联网上的流数据，为了尝试最大限度地压榨每个字节，对这些事情却极为敏感。

此外，由于我们所见、所闻和所做的许多东西都是压缩过的，我们对这些事情也变得敏感起来。现场录音分配到了可变的比特率，计算机场景模拟软件产生可变的帧率。那么，生活本身的熵是否就不均匀呢？了解压缩，教给了我们一些关于生活的什么奥妙呢？

损耗和利害关系

无损压缩的一个奇怪地方在于，某些东西有着违背直觉的高信息熵。静止是其中一例。由于静止（不管是音频还是视频形式）是随机的，按照定义而言，压缩软件没有可以利用的模式，故此它的信息熵基本上是最高的。可怪的是，这种信息的利害关系低——拥有大量信息，却没有一条有意义，这怎么可能呢？

不过，换到有损压缩，局面就不一样了。最终，有损压缩的质量必须由人的眼睛和耳朵来判断——它不像无损压缩那么精确。有一件事很明确：有些东西可以压缩到相当的程度，才能从主观上看得出质量损失。这也就是我们要谈到的"利害关系"。为"准确地"捕捉电视机屏幕上的雪花，你需要对它的颜色及其质地有个整体上的认识。由于它跟随机分布非常类似，很难进行无损压缩，但有损压缩却能将它压缩到近乎于无。

有损压缩更为模糊，它是一个更为主观、不精确的领域。但它也更为普遍。每当你用手机接听妈妈打来的电话，她问你这一天过得怎么样，她得到的回答经过了 3 次有损压缩：电话公司压缩了 1 次，剔去了音质保真度的若干指标，好让自己的网络带宽承载更多的通话。你自己压缩了一次，把一整天 60 秒 / 分钟 ×60 分钟 / 小时 ×8 小时 =30000 秒的生活体验压缩成了短短几百个音节。最后，是她自己的记忆压缩了一次，她把这几百个音节提炼成一个可以理解的"核心思想"，剩下的大部分音节，过不了几秒她就忘了。

故此，不仅摘录和引文，甚至连描述也是一种有损压缩的形式。事实上，有损压缩正是语言的本质。它是语言的巨大缺陷，又是其巨大的价值所在——它是"不知道"（艺术创作的先决条件）的又一个例子。

压缩和文学技巧

提喻这种修辞手段，是指我们用部分来替代整体——用"一套新轮胎"指代整辆车；用"有嘴巴要养活"指代人；用"漂亮的布料"指代衣服。它给了我们这样一种传输方式：保存并传播一种经历中最突出的环节，让读者理解后自动填补其他部分。叙事者采用提喻手法，就像是植物学家从考察现场回来，拿着一截刚切下来、将来能长成整棵树的枝干，又或者是蓝指海星，它能用断肢长出完整的身体。部分带回了整体。

1915 年，艾略特在他的著名诗篇《J . 阿尔弗瑞德·普鲁弗洛克的情歌》中写道，"我真该变成一双粗粝的螯爪 / 急匆匆穿过静寂的海底"。看到螯爪一词，我们能十分清楚地想象出甲壳类动物身体的其他部分，可要是他说，"我真该变成一只粗粝的螃蟹"，我们当然知道螯爪在哪儿，可它们就明显模糊起来，不够生动，"分辨率"太低。

和提喻类似的是"省略推理法"（Enthymemes），这是一种辩论的技巧，你解释一段推理过程，但将前提（因为你假设听众都已理解）或结论（因为你想要听众自己推导出来）留白。前者举例来说就是，"苏格拉底是个人，所以苏格拉底最终总会死"，它略去了第二重毋庸置疑的前提，也即"所有热的人最终总会死"。略去前提（因为你相信对话者可以自己将之补完），加速了对话，避免了啰嗦。[15] 省略结论，则可产生戏剧性效果，让听众一路推导出结论，比如："既然苏格拉底是个人，而人最终又都会死，那么……"部分证据表明，在法庭结案陈词和课堂讲座时，让听众（陪审员或学生）自己推导出结论，吸引力更大，故此冲击力也更大（不过，这得他们如你所愿得出你想要的结论才行。但有时候，听众也会照着自己的思路得出其他结论——比如，尸体也怕痒！——这大概就是省略推理法的损耗吧）。

15　当然，任何阐述、描叙和对话，都会对大量内容留白。从这一点来说，任何说出来的东西都是"不明显"（Non-obvious）的。因此，"显而易见"这个词（或者"当然"）必然有点虚伪，因为值得说出来的事情，至少会有点出人意料，或者带有一定的信息——人们才会把它说出来。（每一件说出来的事情，背后都有着假设别人不知道的前提。这就是为什么说，"显而易见"不仅效率低下，而且招人反感。但反过来说，留白太多也有自身的风险——香农指出了冗余的价值，俗话里也说得好，"不要假设，假设会让你我变白痴。"）——原注

同样，当一个想法或一条对话线索突然中断时，我们使用"顿绝"（Aposiopesis）手法（这是一种在编剧和剧作家当中很常见的手法）。

批评和压缩

你可以把批评也视为压缩，文学作品必须努力尽力求生，要做到比自己的营销推广和评论存活更久才行。因为后者，在某种意义上对书籍内容作了有损压缩。对一件艺术作品做出评论，跟原作形成了竞争关系。

有一种人总爱遭惹怨言，他们阅读名著导读，爱看书评或相关衍生文章，但却不读原著。嘿，如果《安娜·卡列尼娜》的信息密度足够低，只要相当于它原书长度 1% 的书评就能传达它 60% 的内容精华，那么这是托尔斯泰自己的错。他的读者都是些俗人，从出生到死亡，只有两万八千多个日子好过。如果他们就乐意读有损压缩版，谁又怪得了他们呢？

概念艺术也是如此，如果你能飞快地听人讲上一遍，并提炼出大部分的体验，有谁非得去看杜尚的马桶 [16] 不可呢？无论好坏，观

16　1917 年，法国人杜尚从商店买来一只白色马桶，签上假名 R. MUTT，然后把它送去纽约参加一个展览，并将之命名为《泉》。该马桶已为巴黎国家现代艺术博物馆收藏，并进入了艺术史的教科书。——译注

念艺术最容易受到有损压缩。

展示与讲述

许多创意写作工作室爱以"写出来看，别光讲"（Show, don't tell）为座右铭。为什么如此呢？信息熵是一方面的原因。当我们谈到"掉了牙齿"的时候，依靠合适的上下文，我们只会想到一幅画面，整个逝去的童年时代，整个受伴侣虐待的历史，又或者两者兼而有之，C.D.莱特（C. D. Wright）那令人颤栗的诗篇《旅行》（*Tours*）[17] 就是如此。但如果光听到人长期遭到配偶虐待，或是家有小女初长成，我们并不会产生如同掉了牙齿那般清晰而鲜明的想象。

但这只是支持展示胜于讲述的一个论据，不能把它视为教条；归根结底，它是经验性的东西。有时候，讲述的信息熵也会超过展示。身为作家或讲演者，如果遇到后一种情况，我们应该遵循更高一级别的规律。

米兰·昆德拉是一位精通此理的作家。每当他需要在小说里对读者"说"一件事，他并不会给自己的人物安排复杂的动作戏，让他们彼此互动，微妙地表达之；相反，他本人，昆德拉，会插身而

17　诗歌是这样开始的："女孩站在楼梯上，听见她爹在揍她娘。"诗歌结尾时则一语双关，即可指女孩，也可以指她母亲："有人把舌头挡在了原先长着牙齿的地方。"——原注

入亲自动口说出来（"正如我在第一部中指出……"），多有气派！不妨想象一下，街头艺人放弃了繁复的比划动作猜字谜游戏，张嘴说道："我被困在了盒子里。"

熵和流派

大卫·希尔兹（David Shields）写道："一旦一本书可以大体定位，在我看来，它的所有用心和目的就都死了……每当我受到形式的限制，我的思维就关机了，它静坐罢工，说，'这太枯燥了，我拒绝努力尝试。'""类型化"（Generic）或许是低熵的另一个说法罢了。事实上，低熵恐怕也是流派（Genre）的本质，即一种原型或典范，一条穿越香农游戏、深深印着车辙印的机耕道。罗杰·艾伯特（Roger Ebert）指出，动作英雄在枪林弹雨下奔跑受伤的概率，比别人用刀攻击刺伤他的概率明显低得多。大多数观众潜意识地明白这一点。事实上，任何一件艺术品，似乎都以它的初始姿势唤起了一种精致的期待框架，令得它其后的姿势在整体上变得不那么令人吃惊了。头脑逐渐冷却了。

你大概注意到，在香农游戏中，一个词语前几个字母的信息熵比后面的要高。佛罗里达理工学院的马特·马奥尼（Matt Mahoney）在研究中发现，最好的文本压缩软件，对一部小说的后半部压缩得比前半部更大。我猜，这是否意味着熵是分形的呢？小说和电影，是否会跟词汇显示出相同的峰值和低谷模式呢？

从这个角度考虑，生命是否也如此呢？——想想看，婴儿是多么让人不知所措，小孩子又多么叫人频生惊讶啊。

安妮·迪拉德（Annie Dillard），在《美国童年》（*American Childhood*）中解释她少年时代对文学的看法："事实上，大多数书籍一过半就走颓势，道理很浅显。随着书中主角并不怎么抗拒地，退出人生中最有趣的部分，就像是白痴自愿往水里扎猛子，进入未来几十年乏味的岁月，它们立刻就土崩瓦解了。书给了我事先的提醒，我不要这样消磨我的成年生活，每当事情无趣起来，我就去远航。"

我想我们的童话把这种关于成长的恐慌灌输给了孩子们。"从此他们都过上了幸福的生活"，再没有比这更叫人沮丧的话了，从信息熵的角度，它意味着他们余生再也没有碰到什么有趣、值得一提的事。还有，"你几乎可以想象出他们 40、50、60 岁的样子，巴拉巴拉巴拉，完了"。说这些童话故事撒下了离婚的种子，我认为并不算夸张。没有人知道结婚之后该做什么！就像是创业家得知自己的企业现在要给人收购了，就像是演员说完了台词却发现摄像机依然在转……对读着西方童话成长起来的人来说，婚姻，有着同样的诡异状态："呃……现在要怎么办啊？""我猜，啊……我们，就只要继续保持结婚状态就好了吧？"

"从来没人问：'你们两个是怎么在一起的？'大家总是问：'你们是怎么认识的？'"在 NPR 电视台的《这就是美国生活》（*This American Life*）节目里，一位丈夫，埃里克·哈约特（Eric

Hayot）抱怨说。而他们又是怎么在一起的呢？哈约特解释说，"那是一个挣扎的故事，充满痛苦，类似披荆斩棘，并最终穿越、克服。而这——这是一个你不会在大庭广众讲出来的故事"。这似乎也不是你会问的事儿；即便是这个小片段，这些话结束之后，其后的对话也主要集中在他和妻子的相遇经历上。我们该如何学习呢？

从头至尾始终维持熵值的罕有艺术作品是令人震惊的。基耶斯洛夫斯基（Krzysztof Kieslowski）的《蓝白红三部曲之白色》（*Three Colors：White*）就是一个难以定位的好例子，它一部分是喜剧，一部分是悲剧，一部分是政治电影，一部分是侦探故事，一部分是浪漫，一部分又反浪漫。任何一刻，你都猜不出它接下来的形状。这是一种最微妙的激进主义：不一定非要撕破信封，但通过变"三猜一"戏法的手段，让人永远没法猜中纸牌到底藏在哪个信封里。[18]

侯世达在《哥德尔、艾舍尔、巴赫：集异璧之大成》中沉思道，"或许，艺术作品最努力传达的就是自身的风格，这一愿望超过其他一切"。我认为，我们读一本书或看一部电影时，好奇的恐

---

18 普林斯顿"翻译与跨文化研究"项目主任大卫·贝罗斯（David Bellos）猜测，对计算机来说，固定的"类型"书籍可能更容易翻译："如果你对当代某些类型的外国小说（比如法国的奸情加争夺家产的小说）采取全然敌对的态度，那么，你恐怕会想，既然这类作品再没有什么新鲜内容可说，只会采用重复的桥段，那么，在翻译过大量同类小说、并将小说原文扫描上网之后，谷歌翻译应该能够相当好地把其他同类小说模仿着翻译出来……对真正新颖原创的作品（故此也值得翻译），使用统计方法的机器翻译没指望。"——原注

怕不是什么"我们的英雄会得救吗?"而是"这就是那种英雄总会得救的故事吗?"或许,我们对未来(之后会发生些什么,接下来的字母是哪一个)的兴趣不如眼前(全然地渐进):什么正在发生,我正在拼写什么单词。

片段

电影预告片——我喜欢看电影预告片。通过预告片,你将得到整部电影的最高熵。预告片里的每个片段都给了你整个世界。

正如"粗粝的螯爪"之于甲壳类动物,轶事也是对生活的提喻。诗歌评论家们毫不犹豫地引用原文片段,但小说评论家们似乎更喜欢归纳概括,为读者报上本书的有损"缩略图"。这是两种不同的有损压缩策略,各有各的压缩失真。不妨自己做个实验尝试一下,找一个星期,对朋友说,"告诉我这个星期做了什么"。再找一个星期说,"给我讲讲你这个星期发生的故事吧"。看看哪种有损压缩的方法效果更好。

熵和硬盘空间、带宽并不完全一样,不是彻底超脱了情感的东西。数据传输就是沟通。惊奇就是体验。信息熵位于硬盘大小和容量这一似是而非的空间当中,而你的生活,则位于你人生规模和能力的空间之中。

建议熵

我们带着问题去问朋友、同事或导师，谁的反应和回复我们最拿不准，我们从中获得的洞见最多，熵值也最高。

采访熵

它兴许还表明，把方程倒转过来，如果我们想最深刻地洞察一个人，我们应该向其提出最难预料其答案的问题。

我记得 2007 年 9 月 11 日看了《奥普拉秀》，那一回，她的嘉宾是一群 2001 年 9 月 11 日失去了父母的孩子。

奥普拉：我很高兴，这一回你们全都来参加这次纪念活动了。情况有所好转吗——我能问问大家吗？有没有——

她问，但这个问题本身包含了反应（谁敢自报家门说，"是啊，好些了"或者"很慢，很慢地好点了"）。问题本身确立起了一种道德准则，暗示正常人的悲痛无法消退——尽管证据与此相悖。[19] 她扔出的硬币感觉像是两面都是人头。接下来的采访让我再度摇头。

19　比方说，你可以参考哥伦比亚大学临床心理学家乔治·博纳诺（George Bonano）所著的《损失、创伤和人类的韧性：我们是否低估了人类遭遇逆境后的还原能力？》（*Loss, Trauma, and Human Resilience: Have Web Underestimated the Human Capacity to Thrive After Extremely Aversive Events*）——原注

奥普拉：你感觉像是9·11遗孤么？你有这种感觉吗？这就好比，每当有人知道，沙丽莎，你失去了挚爱的亲人，你就突然之间觉得自己成了9·11遗孤，你有这种感觉吗？

沙丽莎：是这样的。我认为是这样的。

奥普拉：嗯，你知道的，我在节目上说过很多次，虽说我不曾在那一天痛失我认识的任何一个人，但它真的不是一个过去了就算了的日子。我说，打开这个节目，你每天都跟它活在一起。它永远不会离开，对吧？

艾莉：是的。

面对这样的问题，你还能怎么说？首先，我真心怀疑，奥普拉是不是在9·11事件发生的6年来，每一天都想着它。其次，当你提出这样一个问题，你怎么可能指望有人诚实地回答它？奥普拉是在告诉嘉宾们该有些什么感觉，而不是在询问他们到底有些什么感觉。

奥普拉：每年的这时候是不是特别困难。

基尔斯滕：我想，这时候总是特别艰难。

我失望地换了其他频道。就算你把孩子们的反应给编辑裁切掉，也可以做出同样的采访米。

坦白地说，事后，我通过阅读对白记录得知，接下来，奥普拉的提问变得灵活了一些，孩子们也开始打开心扉了（光看书面记录就叫我哽咽起来），但身为观众的我感到沮丧的地方在于，她如此严格地限制了孩子们的反应。我希望在这种特殊情况下保留我个人的判断：兴许，让一群年轻、悲伤、紧张的嘉宾融入谈话，她采用的这种方式或许更容易些——说不定，这甚至是那次采访最好的策略。但另一方面，至少在其他环境下，这恐怕是不愿意真正了解别人的一种表现：别人会怎么回答你的问题，你早已成竹在胸。站在观众的角度，我觉得这些问题妨碍了我去理解这些孩子们，也妨碍了奥普拉。她真的想了解孩子们的真实感受吗？

说到采访，我们总想起那种正式的环境，一种评估、打量的环境。但从词源上看，"Interview"（采访）这个词指的是互相看。难道它不是一切有意义对话的目的么？

我记得看到《禅与摩托车维修艺术》里的一段话时挺吃惊。罗伯特·波西格说："'有什么新鲜事儿'是个有趣、宽泛的永恒问题，但如果一味追求，它只会带来无穷无尽的琐事和时尚，到了明天就化为淤泥。我更想问的问题是，'有什么最妙的事儿？'这个问题的切口不宽，但却更深，它的答案更容易清理掉下游的淤泥。"我意识到，就连对话的基本模式，都可以提出质疑。它们能够进一步改进。信息熵为我们提供了一种着手的方式。

短短几个月前，我落进了这个陷阱。上面这段波西格的引文把我捞了出来。我茫然地上着网，但新闻里没看到什么有趣的事，"脸书"上没什么有趣的事……我变得失望，沮丧——世界原本显得很有趣的……但突然之间，我醍醐灌顶，仿佛刚刚醒悟过来：世界上大部分的趣事乐事，都不是过去 24 小时里发生的。我怎么会忘了如此浅白的事实呢？（歌德说："未能透彻了解三千年历史之人，即使一天活过一天，他仍属于茫然无知。"）不知怎的，我认为互联网弄得所有民众忘记了这关键的一点。好吧，别的先不说，我读了些梭罗和济慈，感觉好多了。

同上道理也适用于个人领域。别以为你完全"跟上"某人时，"嘿，还有什么新鲜事儿吗"就会源源不断地自动跑出来。你对他们所不了解的大多数地方，跟你们两次对话的空档期全无关。

寒暄是低熵对话，它们不再是真切地询问，而是惯例。惯例当然也有优点，我没有半点模棱两可的意思。但如果我们真的想要彻底了解别人，我们需要让他们说出我们没法预料的句子来。[20]

LZ 算法；婴儿的大脑；"字"的重义

在许多压缩程序中（最有名的就是一种叫 Lempel-Ziv 的算法，简称 LZ 算法），一起出现的比特往往会按块一起压入同一个名为"字"[21] 单元。这个标签内涵深刻。

当代认知科学家普遍认为，婴儿学习母语的字词，靠的是把统

20　身为人类卧底，每当我（感觉我）知道评审会输入什么字样，我就直接跳入回答模式。这暗示香农熵或许和干扰学（尚未得到充分理解）有关系，也即如何完成另一句子、什么时候完成这两者之间的纽带。——原注

21　word，这里指构成可寻址贮存器最小单位的位集——译注

计上最常出现在一起的声音纳入直觉。此前我曾提到，在香农游戏里，词语靠前的几个字母有着较高的值，词末字母的值则较低。这也就是说，词语当中字母或固定音节对的熵，比跨词语音节对的熵明显要低。这种模式可能是婴儿掌握英语的第一个立足点，令得他们可以将父母的语音流拆分成不同的、可独立运用的片段（也即"字"）。婴儿还没掌握自己的名字之前，就通晓了信息熵。事实上，他们也必须通晓信息熵，才能掌握自己的名字。请记住，口头发言是没有暂停或中断的（我第一次看到人讲话的声压图很惊讶，字与字之间并无暂停），在人类历史的大部分时期，书面语言也是这样（字与字分开，显然是 7 世纪爱尔兰僧侣拉丁语掌握得不够纯熟所致）。这种香农熵高低起伏的模式（顺便说一句，从声谱仪上看，音符就是这个样子），这种从高往低走的斜坡，可能更接近字的起源。[22]

22 "你知道，要是人们说完全压缩过的文字，没人能够学会英语"，布朗大学计算机学及认知科学教授尤金·查尼亚克（Eugene Charniak）指出。成年人会发现，一眼就看出每一串字母或发音都至少有些意思的胡言乱语很困难，最出名的例子是"Colorless green ideas sleep furiously"（此处为若干单词的混乱组合），它毫无意义，要想上一秒钟才能明白。与此相反，人们一眼就能看出"Meck pren plaphth"是乱写的无意义字眼。但出于最大化追求精练和经济目的而压缩过的语言就不会有这种区别了。

最优压缩语言（如果真有人要学它的话）还损失了玩填字游戏的乐趣。克劳德·香农指出，如果我们的语言压缩得更大，如果单词更短（类似"meck"和"pren"这种短字母串全成了有效词汇），那么，要完成填字游戏就要难得多，因为错误的答案并不会带来其他行或列找不到合适单词填进去（表明出了错）的情况。有趣的是，反过来的情况，也就是假如一种语言压缩得不那么充分，平均有着更多非单词字母串和较长的单词，那就几乎不可能制作出填字游戏，因为你根本找不到足够多的写法刚好能以合适的方式进行十字交叉的有效单词。英语的熵用来玩填字游戏十分完美。——原注

人机大战   300

Lempel-Ziv 的分块过程，不光能在语言习得过程中看到，在语言演变中也可看到。"Bullpen"（牛栏，由 Bull 和 Pen 两个字组成），"Breadbox"（面包盒，由 Bread 和 Box 两个字组成），"Spacebar"（空格键，由 Space 和 Bar 两个字组成），"Motherfucker"（混账，由 Mother 和 Fucker 两个字组成）——常常成对出现的字，渐渐就变成了一个合成单词 [23]（"一般而言，永久复合字起初是经常使用的临时复合字，但因为一起使用的频率太高，后来就成了永久复合字。同样地，许多连在一起的复合字起初是分开的字，后来变成了中间带连字符的复合字，最后连字符也去掉了" [24]）。就算这种融合尚不足以拉拢两个单词之间的空格，去不掉当中的连字符，也能将之变成连语法也奈何不得的短语。比如，英语从诺曼法语（法语的一种方言）中进口的某些短语，一直紧紧地连在一起，而没有按符合英语语法的方式颠倒过来，"Attorney general"（意为律政司）、"Body politic"（政治体）和"Court martial"（军事法庭）都如此。这些词组，由于使用频率太高，人们下意识里把它们连在一起，像原子一样不容拆分。

故此，语言学习的过程就像是 Lempel-Ziv，语言演化的过程也像是 Lempel-Ziv。这种奇怪的相似之处是怎么来的呢？我向布朗大学的认知学教授尤金·查尼亚克提出了这个问题。他说："哦，这

23　我举的例子碰巧都是名词。但切勿以为这个过程只发生在名词身上，常用的形容词和副词不会出现这种情况，绝非如此。——原注

24　引自 *The American Heritage Book of English Usage* 的 §8（字母表和标点里都没有"§"符号，它大概相当于半个句子的熵。能用上它，我十分满足。类似地，诸如菱形符号、空白方格符号、三星符号、双箭头符号也有一样的效果。）——原注

可不仅仅是相似。根本就是一回事。"

香农游戏和你的拇指：T9 霸权

我猜，只要你用电话写过字（也就是跟今天的大部分人一样[25]），你就碰到过信息熵。手机不断预测你接下来要说什么。听起来挺耳熟？这就是香农游戏。

所以，我们对熵（扩展说来，也即"文字"的价值）其实拥有一套实证的检验标准：你有多对手机感到失望。你用它写东西要花多长时间。可以这么说，用的时间越长，手机越令人沮丧，但短信恐怕就越有意思。

我对文字预测功能有着强烈的依赖性，每个月平均发送 50 条短信，现在甚至靠它来记思路[26]，但我同样看出了它们的危险性：信息熵变成了霸权。为什么是霸权？因为每次你输入它并未预测出的单词，你必须明确地拒绝输入法的建议，否则你输入的词会自动被系统取代（至少 IPhone 上是这样）。大多数的时候，我很感激：它消除了因为误击键盘产生的错别字，带来了令人难以置信的快速

25　我最近看到的统计数据是，全球手机用户已达 46 亿，而全球总人口是 68 亿。——原注

26　据我所知，Dave Matthew Band 乐队的《你和我》（*You and Me*）是第一首用 iPhone 手机写出歌词的电台单曲——也就是说，文字预测不仅对人际沟通、也对艺术创作产生了持续走强的影响。——原注

文字输入。但它又有个邪恶的软肋——不光是 IPhone，我之前使用的手机也是这样，它配备标准的数字键盘，使用 T9 输入法。你轻轻地，甚至重重地按着、推着、挤着键盘，尝试按原始测试组的方式使用语言（倘若算法并不适应你的行为，情况尤其如此。好些算法，尤其是老款算法，都是这样）。于是，你开始不自觉地改变自己的词库，配合最顺手输入的单词。和诺顿·朱斯特（Norton Juster）在《神奇收费亭》（*Phantom Tollbooth*）里创造的超现实单词市场一样，有些词语变得太昂贵、太稀缺。很疯狂！对待语言不该这样。我用笔记本计算机键盘在文字处理软件里输入时，没有这样的文字预测功能，所以，我的错别字不会自动更正，我必须打出自己想输入的整个单词，光输入字首的几个字母可不行。但我想写什么就能写什么。平均而言，也许我的击键次数比使用文字预测输入法要多，但我和少见的语言用法之间没有东西阻挡。挺划算。

卡内基·梅隆大学的计算机科学家盖伊·布莱洛奇（Guy Blelloch）做了如下提议：

有人大概认为有损文本压缩不可接受，因为他们想到了字符的丢失或转换。设想一下，假若系统能将句子重新构词，变成更为标准化的形式，或是用同义词替换文字，从而更好地压缩文件。从技术上来说，这种压缩是有损的，因为文字发生了改变，但信息的"意义"和清晰度得到了完整保留，甚至有所提高。

但弗罗斯特却说，"一经翻译，诗意就丢了"。那么，压缩中失去了什么呢？

为语言使用确立"标准"和"非标准"，必然包含着一定程度的咄咄逼人［大卫·福斯特·华莱士在经典文章《权威和美语用法》（*Authority and American Usage*）指出了字典出版过程中的这一幕］。我认为，"标准"英语，以及符合它的各分区："学术英语"，特别领域和期刊的行文规则，等等，总是既牵扯到清晰度，又牵扯到陈腔滥调（"标准"英语不是通常所用的口语，这一点足以支持非标准英语的存在必然性，也足以说明某些霸权力量的存在，哪怕它完全出于好心）。

但在讲演人和作家社群中，人们一般不会注意到"标准"和"不标准"的区别，更别说施以惩罚了，如果你周围的人都说"ain't"（标准写法应为"arn't"），那么，说"ain't"不是"字"就显得太荒谬了。然而，世界的全球化发展倾向改变了这一点。如果美式英语主宰了互联网，你输入英国拼写法，返回的结果却大部分是美国拼写法，突然之间，英国这一带的年轻人发现："colour"成了"color"，"flavour"成了"flavor"，"neighbour"成了"neighbor"[27]。此外，再想想微软的 Word 软件：微软的某些人或某个团队决定在软件里插入字典，自作主张地判断哪些字在字典里，哪些字不在，从而微妙地把自家词汇灌输给了世界各地的用户。[28] 这下可好，巴尔的摩的码头工人或者休斯顿的化学家不得不留心自家词汇是否通得过西雅图地区软件工程师的批准了。于

27　前者均为英国写法，后者则为美国写法——译注

28　包括上文提到的"ain't"，哪怕从 18 世纪开始，就一直有人这么写。在谷歌搜索引擎上，它可检索出 8380 万个结果，2008 年的美国副总统辩论里也用到了它。——原注

是，一个群体的词库干涉了其他群体成员之间的沟通，把完全可以理解和标准的词语打上了错误记号。另一方面，只要你能把它拼写出来，这么写也行（随后再强制软件内置的字典不再给它打红色的下画波浪线）。软件实际上并没有阻止人们输入他们想要输入的东西。

但这是假设人们继续使用计算机而非手机的情况。一旦我们说到由文字预测拟定规则的手机，事情就可怕多了。有些时候，你根本没法写出一个不在它词库里的单词。

如上所述，压缩依赖于趋势，因为要让预期模式更容易出现，必然要消除意料之外的模式。让消费者更方便地使用"常态"语言，同时也意味着对违规者施以惩罚（诗人写诗时使用打字机的话，不把句首第一个字母或者人称代词"I"大写，既可能是因为作者懒惰，也可能是作者主动采用的一种审美姿态。但对于受制于自动"更正"的用户，则只可能是后一种情况）。

我们的手机越有用，要做自己就越难。对每一个力争写出个人特色、不可预测、不守规矩的文本的人，要硬着头皮对战拼写检查和自动补完功能：别让它们改变你，继续抗争吧。[29]

---

29 2008 年 10 月，20 000 多用户在网上请愿，终于说服苹果，在新版本的 IPhone 固件里允许用户禁用自动更正功能。——原注

压缩和时间概念

牵涉大量数据小幅调整的系统（如操作系统的版本更新，处理文档的连续变化；视频压缩软件，处理影片的连续帧），会使用一种叫作"增量压缩"的做法。增量压缩不是每一次都将新数据的拷贝存储起来，而是只存储原始版本，以及连续变化的文件。这些文件称为"Delta"（增量）或"Diff"（差分）。视频压缩有自己的一套规则：差分压缩叫"运动补偿"，完全存储的帧是"关键帧"或"I帧"（帧内编码帧），差分帧叫作"P帧"（预测帧）。

在视频压缩里采用的思路是这样：在视频压缩中，大部分帧都带有一些跟前一帧明显相似的内容。比方说，主演嘴巴和眉毛的动作都很细微，而静态背景更是完全一样。故此，你不用将整个画面编码（I帧才是这样），你只需要把后一帧和前一帧（也即P帧）的"差分"编码就行了。整个场景转换时，你可以使用新的I帧，因为它跟前一帧没有相似之处，所以，将所有的差分编码所花时间比编码新图像本身还长。摄像剪辑也有跟香农游戏里单词一样的高峰和衰退。

对大多数的压缩，降低冗余意味着提高了脆弱性：如果原始文档或关键帧受到损坏，差分文件几乎就毫无用处了，所有的内容都丢了。一般而言，误差或噪音往往会持续较长时间。此外，视频如果使用了运动补偿，跳到中间去会更难，因为为了渲染你要跳去的中间帧，解码器必须改变方向，后退寻找最近的关键帧，将其进行渲染，再把这一帧和你想要的那一帧之间所有的变化渲染出来。事实上，如果你曾好奇在线流媒体快进起来为什么这么艰难，大部分答案就在这里。[30]

但说增量压缩改变了我们对时间的认识，这是否又过头了一点呢？电影的帧，每一幅都被下一幅替换掉；"魔眼立体镜"（View-Master，美国的一种玩具，类似望远镜，可看 3D 小电影）胶卷的帧，每一幅都被下一幅挤到后面去……但这些动作比喻（也就是每一时刻都在被下一时刻取代，就像是自动武器"自动"把子弹壳踢出枪膛一样），并不适用于压缩视频。时间不再传递。未来并不取代现在，而是修正它、填充它、润色它。过去不是消逝时光的一幅幅并排画面，而是一层层叠加起来，色调淹没在一次次的刻画当中，就如同古罗马沉淀在当代历史的脚下。按这样的想法，一段视频就是无限薄的一层堆在一层上。

差分、营销和人格

电影海报从故事片 172 800 幅帧里挑出一幅来；旅游广告牌将巴哈马的一周体验浓缩成一个词；书籍简介试图将阅读一本新小说

30　一些艺术家其实利用压缩加工品和压缩干扰来创造有意为之的视觉美学，称为"数据荡舞"（Datamoshing）。从艺术短片，如村田舞《恶魔电影》（*Monster Movie*），到主流音乐录影带，如纳比尔·艾尔德金为嘻哈歌手坎耶·韦斯特（Kanye West）执导的《欢迎来到伤心地》（*Welcome to Heartbreak*），都可以看到一种或可称为"增量压缩恶作剧"的尝试。举例来说，你将一连串的差分用到错误的 I 帧，火车站的围墙就变出了深沟，奇怪地张开，如同坎耶·韦斯特的嘴巴一样。——原注

所需的十多个小时体验，提炼成短短三个形容词。营销恐怕要算是推至崩溃边缘的有损压缩形式了。它把句子从关键词上切下来，教我们了解语法。但如果我们专门从这个角度看待艺术的营销方式，其模式就很类似 I 帧和 P 帧；但本例中，则是套版和差分。也可以说，是流派和差分。

每当艺术家融入了一种风格化或叙事性的传统（从来如此），我们就可以（也经常这么做）用差分来形容他们的成就。你最典型的爱情故事，只是带个逆转的：＿＿＿＿。或者，就像＿＿＿＿的声音，只是有一个＿＿＿＿的音符。又或者，＿＿＿＿碰上了＿＿＿＿。

孩子成了父母的差分。新欢，是旧爱的差分。美学成为美学的差分。这个瞬间是刚过去的瞬间的差分。

昆德拉：
"我"的独特之处，完全藏在一个人最难以想象的地方。我们都能够想象每个人跟其他人类似的地方，人所共有的特点。个别的"我"有别于普通人的地方，就是猜不出来也算不出来的地方，必须除去面纱的地方。

如果视频两帧之间差分太大（大多出现在编辑和剪切之间），建立新的 I 帧往往比弥补所有差异更容易。人类体验的类似情况是，放弃"它就像是＿＿＿＿碰到＿＿＿＿"的差分解释模式，转而说，"要我解释它，所花时间比展示给你看的时间还要长些"，或者"我没法解释，你只有亲自去看看"。或许，这就是"升华"的定义？

差分和道德

托马斯·杰斐逊拥有奴隶，亚里士多德性别歧视。可我们认为他们睿智吗？值得敬重吗？态度开明吗？但在奴隶制社会里拥有奴隶，在性别歧视的社会里性别歧视，属于低熵的人格特质。在人的压缩版传记中，我们会把这些东西排除出去。但整体而言，较之高熵方面，我们对低熵的人格特点并不太做苛求。我们可以说，他们与他们所处社会之间的差分，基本上是睿智的，值得敬重的。那么，这是否暗示道德维度也可压缩呢？

放进去，拖出来：熵之本能

侯世达：

对于录音里包含着与一段音乐相同的信息，我们是深信不疑的，因为有录音播放机存在，它能"读"出录音，把唱片的沟槽变成声音……那么，认为……解码机制……只是简单地揭示了结构内部本质上就存在，只是有待"拖出来"的信息，也就很自然了。这个想法又带来了进一步的想法：每一种结构，都包含着可以拖出来的信息片段，而还有一些信息片段则不可能拖出来。但"拖出来"到底是什么意思呢？你拖得有多使劲？有时候，只要投入足够的努力，你可以从某些结构里拖出非常深奥的信息片段。事实上，"拖出来"可能涉及极其复杂的操作，让你感觉自己投入的信息比"拖出"的还要多。

解码器将信息置入拖出放入之间、暗示和推论之间的奇怪、模糊范围，是艺术批评和文学翻译，也是一种名为"讽刺"的有趣压缩技术兴旺繁盛的地方。讽刺靠的就是这种可上可下的含沙射影。这里头也有一种本能——我不知道你（打算）在哪里结束，我在哪里开始（阐述）——倾听这种行为把我们捆绑在了一起。

男与女：（仅仅是？）播放器

压缩 MP3 的音质有多好，部分取决于未压缩的原始数据保留了多少，另一部分则取决于 MP3 播放器猜测、插入未保留值的能力。说到文件的质量，我们必须考虑它与播放器的关系。

同样的道理，计算机科学界的所有压缩比赛，都要求参与者将压缩文件和解压软件的大小列在一起。否则，你就碰到"电唱机效应"（Jukebox effect）了——"嘿，你瞧，我把马勒第二交响曲压缩到只有两个字节了！就两个字符，'A7'！输入进去，就能听了！"其实，这首歌完全没压缩过，只是把数据转移到了解压软件里罢了。

不过，对于人，运作方式有点不同。我们解压软件的大小是固定的，大约 1000 亿个神经元。也就是说，它很大。既然如此，我们不妨好好用它。为什么要像激光扫描光盘那样疏离地阅读书籍呢？当我们投入艺术、投入世界、投入彼此的时候，不妨转动起我们所有的齿轮，寻找能最大限度利用我们播放器的东西，调动我们所有的人味。

我认为，人们以为小说蕴含的信息远超电影的原因在于，它们将场面设计和摄影环节外包给了读者。如果小说让人物"吃个鸡蛋"，身为读者的我们会自动补完盘子、银器、桌椅、杯盘碗盏……诚然，每一位读者的锅铲看起来可能不同，但电影却将它限定死了：看好了，就是这一柄锅铲，就是这一柄。这些规格对详细的视觉数据（故此，视频文件也比较大）提出了要求，但这类细节其实并不重要（故此，小说带来的体验更加复杂）。

在我看来，这是文学价值和力量的最大论据所在。电影对播放器的要求不太多。大多数人都明白这一点。精疲力尽的一天过去之后，你完全没办法读书了，但看看电视、听听音乐就还行。但语言的脆弱性较少有人谈到：你看带字幕的外国电影时，只有文字需要翻译；摄影和配乐，你完全可以欣赏。哪怕不靠任何形式的"翻译"，人也可以基本上原汁原味地欣赏外国歌曲、电影和雕塑。但外国文化的书籍，却带了太多的波浪线，比方说，你试着读 本日本小说，但这场体验却几乎不能给你带来任何感触。我们大概可以说，一切的症结就在于语言的个性化。电影和音乐的力量有相当一部分来自于它的普适性，语言顽固的非普适特点指向了一种完全不同的力量。

难以想象的追求

昆德拉：

做爱仅仅是永恒的重复吗？不尽然。它总有一小部分不可想象的地方。每当他看到穿着衣服的女性，多多少少会自然地想象她裸体的样子……但在想象的近似值和现实的精确值之间，总有一小段想象不到的差距。正是这种空隙，叫他无法休止。裸体的呈现，并不会阻止他继续追求那难以想象的地方，它会走得更远：她脱了衣服会有些什么表现？他对她做爱，她会说些什么？她的婉转呻吟会是怎样？当高潮来临，她的脸会怎样扭曲？……他痴迷的并不是女性，他痴迷的是她们每个人难以想象的地方……这种渴求，不是为了快感（快感是额外的奖励），而是为了占有世界。

对难以想象的追求，"信息的意愿"是风流的委婉说法吗？要有深度，先有广度？难说。但我认为，我们不妨记得，持久的爱是动态而非静态，是"长跑"（Long-running，本意是长期运行），而非"长站"（Long-standing，本意是长期、长久），是一条我们每天都踏入、却无法踏入两次的河流。我们必须敢于去寻找新的途径做自己，发现身上不可想象却最靠近自己的方面。

生命最初的几个月，我们处在一种没完没了的呆愣状态。然后，像电影、文字一样，（世界在我们眼里）从难以了解过渡到可以理解，再到熟悉平淡。除非我们保持机警：我相信，这种倾向是可以对抗的。[31] 与其说这是要占有世界，倒不如说是理解世界。是世界的疯狂细节和繁杂在闪耀。

在我看来，最高的道德渴望，就是好奇。好奇心里蕴含着最高的崇敬，最大的狂喜。我父母告诉我，我小时候，有几个月里，整天只做一件事：我指着各种东西大声叫，"这是什么！""zhuo 桌，桌布。""这是什么！""niao 尿，尿片。""这是什么！""bei 杯，杯托。""这是什么！""hua 花，花生酱。""这是什么！"……感谢他们，他们一早就商量决定，面对我的每个问题，都努力以最大的问题来回答，不管这对他们来说是多大的折磨，也不呵斥我，要我闭嘴，要我安静。那个星期，我开始收集车道拐角里的各种怪树枝，很快就把每一个树枝都给集齐了。我是怎么维持这种没个消停的好奇心的？我们怎样才能留住生活里的每一个比特？

希瑟·麦修（Heather McHugh）说："我们并不在乎诗人的长相，我们在乎的是诗人有怎样的眼光。"

弗雷斯特·甘德（Forrest Gander）说："或许，我们最多只能试着放下防备。不断地放弃习惯，放弃我们对事物的固有看法，放弃我们本来的预期，因为它们在我们周围结成了一层硬壳。把随处可见的绿豆苍蝇从桌布上赶走。保持关注。"

---

31 例如，蒂莫西·费里斯说："我的学习曲线现在极端陡峭。可一旦到达平原期，我会躲到克罗地亚几个月，做些别的事情。"不是所有人都能兴致一来就躲到克罗地亚去，可香农游戏暗示，只要问对了问题，就能够解决它。——原注

英语的熵

香农游戏（经过了大量的文本和大规模人群的检验）允许我们量化书面英语的信息熵。和投掷硬币一样，压缩依赖于概率，英语会话者预期段落文字的能力跟文本的可压缩性紧密相关。

大多数的压缩方案都使用二进制的匹配模式：本质上就是找出文件里反复出现的长数字串，用短数字串替换掉，再保留所谓的"字库"，告诉人们解压软件在哪里、又怎样把长数字串换回来。这种方法的魅力之处在于，压缩软件的算法以二进制为基础，不管是压缩音频、文本、视频、静态图像，甚至连计算机编码本身，算法的运作本质都基本上相同。不过，英语会话者在玩香农游戏的时候，也会发生一些十分搞怪的事情。大而且非常抽象的东西，如拼写、语法、流派等，开始引导读者的猜测。理想的压缩算法会知道，形容词往往出现在名词之前，还有，频繁出现在拼写中的模式（如"u"跟在"q"的后面就是个好例子，这种配对出现得太频繁，拼字游戏专门对它做了相应的调整）——这些都降低了英语的熵。此外，理想的压缩软件还知道，"珠光闪耀"（Pearlescent）和"帅哥"（Dudes）几乎不会在同一个句子里出现。[32] 而对法律文书来说，一个单词构成的句子，不管这个单词具体是什么，都太不合时宜、太简洁了。甚至于，21 世纪的散文，使用短句的倾向比 19 世纪要强。

---

32 这个句子恐怕是一个特例，但大概也是唯一的一个吧。——原注

所以，你可能会想，到底什么是英语的熵呢？好吧，如果我们将范围限制在 26 个字母加空格的话，我们就有 27 个字符，未经压缩时，每个字符大约需要 4.75 个比特。[33] 但根据香农 1951 年的论文《书面英语的预测和熵》（*Prediction and Entropy of Printed English*），母语会话者玩香农游戏，确定出来的每个字母的平均熵在 0.6 到 1.3 个比特之间。也就是说，平均而言，读者有一半的时间都可以正确地猜测出下一个字母（又或者，从作家的角度来看，香农说："我们在写英语的时候，我们所写的内容，一半由语言的结构所决定，另一半则是自由选择。"）。这就是说，一个字母中包含的信息，平均而言和投掷一次硬币差不多——1 个比特。

熵和图灵测试

让我们最后一次回到香农游戏上来。从克劳德·香农开始，科学家们都把创造它的最佳玩法等同于为英语创造最佳压缩法。这两项挑战的关系密切，基本上就是同一件事。

但直到现在，研究人员 [34] 才提出更进一步的主张，也即为英语创造最优压缩法，等同于是人工智能领域的另一重大挑战：通过图灵测试。

33 （log227=4.75）——原注

34 指佛罗里达理工学院的马特·马欧尼（Matt Mahoney）和布朗大学的尤金·查尼亚克。——原注他们说，如果计算机能最优化地玩香农游戏，最优化地压缩英语，它对语言就有着足够的了解，可以说"懂得"这种语言。我们必须将之视为"有智能"——对用字有着人类的感觉。

所以，一台计算机，要具备人类的智能，并不需要完成回应你的句子（就像图灵测试里一样），它只需要将你的句子补充完整即可。

每回你掏出手机，让拇指在上头翻飞，"嘿，伙计，7号见个面吧"，你都是在开展自己的图灵测试；你看着计算机最终能不能理解我们。请记住，每一次挫败，每一次"为什么它老在跟人说，'I'm feeling I'll today!？'""为什么它老是让我落款'Love, Asian!？'"（这两句都是手机输入法自动联想出来的句子，前者无意义，后者不合上下文）并不是最终定论，远远不是。这行句子本身跟你不搭。它也跟另一端的那个人不搭。

第十一章

结论：最有人味的人

2009 年最有人味计算机奖花落戴维·利维——就是 1997 年靠痴迷政治的"凯瑟琳"拿下大奖的同一位戴维·利维。利维是一个有趣的家伙：他是 20 世纪 80 年代计算机象棋领域的一位早期大腕儿，是马里恩·汀斯雷对战"奇努克"跳棋比赛的组织者，这场比赛比 90 年代的卡斯帕罗夫对深蓝大战还要早。他最近还写了一本非虚构书籍，《与机器人的爱与性》(*Love and Sex with Robots*)，呈现了他脑子里除了竞争洛伯纳大奖还在想些什么。

利维起身致谢，从菲利普·杰克逊和休·洛伯纳手里接过奖状，并就人工智能对光明未来，以及洛伯纳大奖对人工智能的重要性发表简短讲话。我知道接下来的日程怎么安排，在菲利普拿回麦克风之前的第二轮短暂沉默中，我的胃抽起筋来。我敢肯定，道格会拿到"最有人味的人"大奖；他和加拿大裁判从对话的第三句开始就在聊全美冰球联赛。

荒唐的加拿大佬，荒唐的冰球，我想。接着，我又想，我居然纵容自己一路跑来争夺这个傻里傻气的奖项，也足够荒唐的。再接着，我又想，飞了 5000 英里只为参加一个小时的即时消息对话，多么荒唐。再接着，我又想，如果能拿亚军也不错；如果我执意当条落水狗，大可着迷地反复审视本书里的对话记录。我可以想想到底是什么地方出了错。明年我可以再来，凭借在洛杉矶主场作战的文化优势，最终——

"根据评委们的评分，最有人味的人大奖是……"菲利普宣布，"'卧底 1 号'，布莱恩·克里斯汀。"

他把"最有人味的人"的奖状交到我手里。

对手；炼狱

我不知道那感觉到底该怎么形容。说它毫无意义、微不足道是太奇怪了，毕竟，我相当认真地做了准备，而准备工作又为我带来了回报。我发现自己出奇地看重结果——不光是我自己怎么做，还有我们四个人一起怎么做的。显然，这并不单单是一个比赛结果，这里面还有其他一些更有意义的东西。

但另一方面，把我赢回的新奖项（称道我是个真正的人）视为意义重大，同样叫我感觉有点不舒服。这想法叫我既骄傲（"嘿，我是个出色的标本呐，你们都这么说！"）又愧疚：如果我真的把这奖项视为"有意义的东西"，我该如何对待我这三个朋友呢？这可是未来几天大会里我唯一的朋友们啊，但又是评审们认为比我自己少了些人味的人？这会造成什么样的局面呢？（结果，他们整天拿这事儿调侃我）

最终，我把问题的高度给降了下来：道格、戴维和奥尔加是我的战友，不是敌人，我们一起以戏剧性的方式为 2008 年的错误报了仇。2008 年的人类卧底，5 票都输给了计算机，还让一台计算机得到了图灵的 30% 标准，创造了历史。但我们只让评审给机器投了 1 票。2008 年是人类的生死关头，2009 年却是机器的溃不成军。

起初这感觉有点失望，挺虎头蛇尾的。解释可以多种多样：2009 年的回合比较少，所以机器蒙人的机会也随之减少了。2008 年最强大的程序是"艾尔伯特"，出自一家名为"人工解决方案"（Artificial Solutions）的企业之手。许多新公司都利用聊天机器人技术"让我们的客户以更低的成本为消费者提供更好的服务"，这家企业就是其一。艾尔伯特夺下洛伯纳大奖的消息传开之后，该公司决定将艾尔伯特的软件优先应用于商业领域，所以不再参加 2009 年的比赛了。从某种意义而言，如果有它参赛的话，对抗会更势均力敌一些。

不过，在另一种意义上，结果也确实颇有戏剧性。我们认为科学是一场不停不息、永不休止的进步，明年市场上卖的 Mac 和 PC计算机，绝不可能速度更慢、样子更笨重、价格更昂贵。即便是在计算机要跟人类标准匹敌的领域，比如国际象棋，它们的进步也不可避免地呈直线型——甚至必然如此。或许这是因为人类已经太擅长这些事情了，好像它们从前如此，将来也会永远如此。可就"对话"这个项目，我们似乎大部分时候还能沾沾自喜，洋洋得意，而机器的改进余地还很大——

洛伯纳大奖的共同创办人罗伯特·爱泼斯坦写了一篇有关图灵

测试的文章，说："有一件事很肯定，比赛中的人类卧底没法变得更聪明，计算机却可以。"对于后者，我同意，对于前者，我却要强烈反对。

加里·卡斯帕罗夫说："运动员经常爱说，完成自我挑战，在比赛中全力发挥，这种欲望带来了动力，他们不在乎对手是谁。虽也有些道理，可我总觉得这略显虚伪。尽管人人都有独到的方法获得动力，保持状态，但所有的运动员，都是靠着比赛成长起来的，这也就是说，要击败某人，而不光是创下个人最好成绩……要是我们知道有人正死死跟在我们屁股后头，我们会训练得更辛苦，跑得更快速……没有一个像卡尔波夫那样的对手卡着我的脖子，逼着我一步步向前走，我是不可能发挥我的全部潜力的。"

有些人把计算机的未来想象成天堂一般。雷·库兹韦尔（Ray Kurzweil）（在《奇点临近》The Singularity Is Near）及其大堆支持者团结在"奇点"（Singularity）这一概念背后，设想到了某一天，我们造出了比自己还聪明的机器，机器又造出了比自己还聪明的机器，如此周而复始，整件事就以指数加速度朝着大规模、深不可测的"超智能"的方向发展了。在他们看来，这一刻会成为技术的狂欢，人类可以把意识上传到互联网，在精神上进入电力世界，进入永恒不朽的来生。

另一些人则把计算机的未来想象得如同地狱一般。机器遮挡了太阳，荒废了城市，把我们密封在高压气舱里，持久地抽吸着我们身体的热量。

不知为什么，哪怕我还在上主日学校的年岁，我也认为地狱显得有点太不可思议，天堂又闷到无趣。两个地方都太平静了。转世好像倒更可取些。对我而言，动荡多变的真实世界，更有趣，更好玩。我不是未来学家，但我认为，不管怎么说，人工智能的长远未来，既不是天堂，也不是地狱，而是炼狱：一个有缺陷，但乐于走向纯净，愿意变得更好的地方。

要是失败了

至于说 2010 年、2011 年，以及再往后的图灵测试之最终裁决嘛——

如果（或者一旦）计算机夺下洛伯纳大奖的金牌，那么，该奖就永远中止。这里有一个相当有说服力的同类事例，1996 年，卡斯帕罗夫在第一次对战中击败"深蓝"，他和 IBM 公司都相当爽快地答应来年再赛。而当 1997 年"深蓝"击败卡斯帕罗夫之后（我想补充一句，这事本身可真不够叫人信服），卡斯帕罗夫提议 1998 年再战一轮，IBM 却不肯了。他们立刻拔掉了"深蓝"的电源，拆掉了它，把他们当初答应要公诸于众的日志装进了文件箱。[1] 你是否像我一样，生出一种不安的印象：怎么？重量级挑战者自己竟然敲响了结束回合的计时钟？

1　这些日志在 3 年后放到了 IBM 的网站上，但却不完整，而且藏得很深，连卡斯帕罗夫自己都找不到——直到 2005 年他才把它们翻了出来。——原注

言下之意似乎是这样——由于技术演进速度比生物演进快太多（前者是以年为单位，后者至少以千年为单位），一旦智人的地位不保，它就再也赶不上来。简而言之，一旦计算机通过了图灵测试，那这事儿就成了定局，再也没有转圜的余地。坦白说，我才不信这一套。

IBM 在 1997 年比赛后的闪躲姿态，暗示了他们一方的不安全感——我认为这种看法很有道理。事实上，统治地球的就是人类（好吧，从技术角度而言，如果你考察生物量、总人口、生境多样性，你也可以说统治地球的是细菌，但我们也会顺其自然的），人类把持这一地位，因为人类是这个星球上最具适应性、最灵活、最创新、学习速度最快的物种。我们不会躺着白等着挨揍。

我想，计算机通过图灵测试的第一年，肯定是个划时代的历史性时刻，但那并不意味着故事结束了。我想，其实，第二年的图灵测试才真正好看——我们人类，从跌倒的地方站起来，重振旗鼓；我们会从那儿开始，学习如何更好地成为友人、艺术家、教师、家长和爱人；我们会从那儿卷土重来。我们会变得前所未有地有人味。为了这个，我希望那一天尽快到来。

如果胜利了

如果并未失败，反倒一次次凯旋了呢？我想最后一次引用卡斯帕罗夫的话："成功是下一次成功的敌人。"他说，"自满是你眼前最危险的敌人。我在自己和对手身上都见过，自满叫人放松戒备，结果犯了错，丢掉了机会……胜利能够叫你相信一切安好，哪怕你濒临灾难……现实世界中，只要你相信自己理所应当地拥有某样东西，奋斗得更厉害的别人就会趁机夺去它。"

如果说，在有一件事上，我认为人类自古以来就在犯错，那就是自满，一种理所应得的感觉。举个例子，每回得了感冒我总会有点怪怪地感到欣慰，因为它颠覆了我的傲慢情绪：哪怕你是进化成最高等级中的一员，也会有几天遭到一种单细胞组织的狠狠折腾。

一次挫败，一声值得跟进的警报信号，可能会造福我们这个世界。

或许，最有人味的人大奖不该叫人滋生自满情绪。"反方法"（Anti-method）没有形成规模，所以没法"推广宣传"。定点专用的哲学意味着在每一个场合，和每一个人开展的每一轮新对话，都是以独特方式成功（或失败）的新机会。定点专用不是让你能躺在上面睡大觉的功劳簿。

你过去跟谁说过话，对话激起了多少灵感的火花，你因为它招来了什么样的荣誉或批评，全都无关紧要。

我走出布莱顿中心，吹了一小会儿海风，走进一家小小的本地鞋店，想找份礼物带回家送给女朋友；店主留意到我的口音，我告诉她我从西雅图来；她是"Grunge"音乐的粉丝；我恭维了她店里放的音乐；她说，那是英伦风乐队"Florence + the Machine"；我对她说我挺喜欢，还推荐她去听听"Feist"，说不定会对她的胃口……

我走进一家名叫"假海龟"的下午茶加烤饼店，它提供的东西，类似我们在美国熟悉的咖啡和甜甜圈，只是它要用到13件银器和9种餐具。我想，这可真够英格兰的。一位老人，80多岁了，颤巍巍地吃着一种我从没见过的糕点，我问他这是什么。"咖啡馅饼"，他说，顺便评论了我的口音。一小时之后，他对我聊起了第二次世界大战，以及英国的人种多元化进度大幅提速、电视迷你剧集《纸牌屋》相当准确地描述了英国政坛，只是现实中的政坛没有谋杀案，而且，他说，我真的该去看看《军情五处》（Spooks），还问我："你是从网上下载《军情五处》的么……"

我和老上司吃了晚餐。我给他当过几年研究助理，偶尔跟他合著，我还考虑过做他的博士生，又过了一年，我们的研究道路并未真正交叉。我们想试试看，之前的同事兼上下属关系，在除掉了工作背景之后，能否变成单纯的友谊；我们点了开胃菜，说了些关于维基百科的话题，又聊到了托马斯·贝叶斯（18世纪的英国数学家），素食餐厅……

吃老本没用。如果你在过去曾让自己显露出了个性，而非面目模糊的路人，很好。但也就这样了。现在，你得从头开始。

尾声：

玻璃橱柜的低调之美

最像房间的房间：康奈尔盒

原来，在图像处理世界，有一种极为接近图灵测试的东西，叫作"康奈尔盒"，这是一个小小的模型房间，一面墙是红色的，另一面墙是绿色的（剩下两面为白色），房间里放着两块积木。它由康奈尔大学图形研究人员于1984年设计。随着研究人员利用它尝试更多的效果（反射、折射，等等），它也越变越复杂。它的基本设想是，研究人员在现实生活中修好这种房间，为它拍照，并将照片传上网。然而，图形团队尝试利用虚拟的康奈尔盒进行渲染，好让它看起来尽量像是真房子。这当然会带来一些重要的问题。

首先，图形团队并不把康奈尔盒视为竞争标准，姑且假设他们展出自己的渲染作品时都本着真诚的内心，不会弄虚作假。因为如果采用弄虚作假的手段，你可以简单地扫描实物照片，让软件一像素一像素地输出图像就行。和图灵测试一样，单纯的静态演示靠不住。评审和软件之间必须存在一定程度的"互动"：本例中，也就是搬动盒子内的积木块，改变颜色，让盒子反射，等等。

第二点是如果用这种房间来代表所有的视觉现实（跟以图灵测

试代表所有的语言使用情况一样），那么，我们或许该对这一房间提出某些问题。什么样的光线最棘手？哪些类型的表面最难表现？哪些类型最难以虚拟化？也就是说，我们该怎样让真实的康奈尔盒变成一个好的卧底，最像房间的房间呢？

我的朋友德文为动画长片做计算机生成图像（CGI）的工作。CGI 的电影世界是个有趣的地方；它需要从现实里汲取各种线索，但目的却并不一定是现实主义一般的还原现实（不过，他指出："就什么样的东西可信而言，你的范围比现实更宽泛"）。

计算机图形学让干这一行的人产生了观察和留意现实的特殊方式——大多数的工作都这样。比如说，因为我自己写过诗，我总有一种透过作者本意阅读文本的冲动。有一天，我看到报纸的标题是"英国首相的魅力攻势"（UK Minister's Charm Offensive，它也可以理解成"英国首相的魅力咄咄逼人"）。我觉得这太滑稽了。显然，他们把"Offensive"用作名词，指为外交目的策略性的展现魅力，但我总把它理解成形容词，以为是首相那叫人毛骨悚然的油滑惹恼了谁似的。我在警察部队和军队做事的朋友们，不反复打量出入口绝不进房间；我在消防部门的朋友，则是找不到报警器和灭火器绝不进你家。

但对做计算机图形设计的德文来说，他的着眼点又在哪里呢？"锐利的边缘——如果你观察任何人造物体，你总是看它有没有锐利的边缘，比如建筑，桌子，如果所有的边缘都够锐利，那么它的设计就相当不错。如果你观察黑暗房间里的角落——你总会看它到底够不够暗，又或者太暗了……总之，你观察的是复杂的表面和不规则形状。任意类型的不规则，你懂的。如果要靠计算机来生成，这些就是最难的地方了。你观察不规则物体和规则物体的品质，甚至纹理，诸如此类的东西。不过，这些都挺基础的。在另一个层面上，你必须要着手思考，比如，光从物体上反射的种种情况，嗯，你知道的，比如一面红色的墙紧邻着一面白色的墙，有多少红光跳进了白墙，诸如此类的事情能让你无法自拔"。

当然，他在手机上跟我说这些的时候，我环顾房间，仿佛是第一次注意到光线和阴影在角落里，以及顺着边缘反弹的古怪情况——很真实，我猜。我又透过窗户往天上看——你有多少次望着天空的时候会这么想："如果这是在电影里，我该怎么批评特效呢？"

你若是想要

绘出真实可信的天空

你必须牢牢记住

它本质上是假的

——爱德华多·乌尔塔多（Eduardo Hurtado）

德文最近的任务是刻画火箭发射器屁股后的航迹云，这个问题比他最初想象的要棘手多了。他耗去了好些个漫长的夜晚，只为得到它的波纹和它消散的样子。他最终解决了它，工作室很满意，电影里采用了它。但这一切的细细推敲伴随着代价。现在，每当他走到室外，看见飞机划过天际的轨迹云，他就满腹"疑云"。"我做这些延误轨迹工作的时候，每当我出门远足，看到飞机飞过，我就想要分析它的形状随着时间会发生怎样的改变……你甚至会时不时地质疑现实。比方说，你看到某样东西，比如烟雾什么的，你就会想，这也太规则了吧，烟雾看起来可不该这么规则……"

而这，就是现在我每次阅读电子邮件、拿起电话时的感受。即便是和我爸妈聊天，我发现自己也在等待，就像得了嗓音失认症的史蒂夫·罗伊斯特一样，非得等着他们说些无可争议具有"他们味儿"的话来不可。

玻璃橱柜的低调之美

好奇地学习，不光让不愉快的事情变得没那么不愉快了，更让愉快的事情变得更愉快了。自从我知道桃和杏最初是在中国，从汉代初期开始培育的，并由迦腻色伽王（King Kaniska）扣留的中国人质将它们传到了印度，又从印度传到了波斯，在 1 世纪传到了罗马帝国；英语里"Apricot"（杏）这个词和"Precocious"（早熟的）出自相同的拉丁词汇，因为杏成熟得很早，开头的字母"A"是误加的，来自一个假词源——打那以后，我更喜欢吃桃和杏了。这一切的知识，让水果的味道变得更甜了。

——伯特兰·罗素

反射和折射，在计算机上很难模拟，所以，计算机也很难模拟水的波纹。所谓的"焦散"（Caustics），也就是一杯红酒重新将光线汇聚成一个红点，落在餐桌上，渲染起来尤其困难。

反射和折射，计算起来也相当烦琐，因为它们有互相繁殖放大的习惯。你把两面镜子面对面摆着，镜像立刻就繁殖到了无限多幅。光速约为每秒 20 万千米：这是许许多多的"乒"和"乓"，它超出了大多数渲染算法的计算极限。通常，程序员会指定反射或折射的最大可接受数量，对其加以限制，超过这个点，某种软件"解围"机制就把光直接反射回眼睛：再不反弹了。

我挂断与德文的电话，径直进了厨房，打开了我的玻璃橱柜。我前所未有地沉醉在这满是镜子的小小空间。玻璃杯的侧面让我眼球膨胀，我观察着真实的生活，真实的物理，真实的光线流转。

玻璃橱柜是计算机的梦魇。

德文解释过，它就像是落叶的树林一样。裸体比穿了衣服的身体更折磨计算机：细小的毛发，不规则的曲线，略带斑驳的皮肤下半透明的静脉。

我超爱这些瞬间，这些理论、模型、近似值不够好用的瞬间。你只能老老实实地观察。啊，原来大自然是这样做的。它是这个样子的。我想，了解这些事情，知道它们无法模拟、不能构成、无法想象，这很重要，之后，才谈得上去追寻它们。

如今，德文，不在工作室干活的时候，对自然世界投以了一种宗教般的关注。我敢担保，这能帮助他更好地开展动画项目，只不过，手段和目的颠倒了过来。

"至少世界上有那么几件事情，跟计算机图形和我做的工作有关系的，原来是不能模仿再现的，这感觉，哇哦。你知道，我会写些东西，让人们等着，一帧画面就要渲染 10 个小时，可它看起来并不真实，甚至根本不对！我就像是，见鬼，第一，它远离现实，第二，它，呃，花上价值多少多少美元的运算，也把它造不出来。那么……"

德文笑起来。

"这感觉……每一天，工作结束，我睁开眼睛，观察某样东西，发现它的数量级层次要复杂得多，这感觉太好了。"

如此才能知道要到哪里去寻找它。

如此才能知道怎样识别它。

致谢

艾萨克·牛顿有一句名言（虽然它是当时人们的口头禅），"如果我看得远一点，那是因为我站在巨人的肩膀上"。我想换个更神经学的说法，如果我得以向我的轴突终端发送一个好信号，那多亏了站在我树突边上的人（当然，我得补充一句，噪声或信号失误，全都怪我）。

我要感谢和朋友同事们的大量对话，它们为本文提及的许多设想带来了灵感，做出了贡献。我尤其记得和 Richard Kenney, David Shields, Tom Griffiths, Sarah Greenleaf, Graff Haley, Francois Briand, Greg Jensen, Joe Swain, Megan Groth, Matt Richards, Emily Pudalov, Hillary Dixler, Brittany Dennison, Lee Gil-man, Jessica Day, Sameer Shariff, Lindsey Baggette, Alex Walton, Eric Eagle, James Rutherford, Stefanie Simons, Ashley Meyer, Don Creedon 和 Devon Penney 等人的谈话。

谢谢以下在各自领域术业有专攻的研究员和专家们，他们慷慨地挪出时间，与笔者进行了深入探讨：Eugene Charniak, Melissa Prober, Michael Martinez, Stuart Shieber, Dave Ackley, David Sheff, Kevin Warwick, Hava Siegelmann, Bernard Reginster, Hugh Loeb-ner, Philip Jackson, Shalom Lappin, Alan Garnham, John Carroll, Rollo Carpenter,

Mohan Embar, Simon Laven, 和 Erwin van Lun。

还要感谢跟我进行电子邮件沟通的人，他们为我提供了想法，或是指点我寻找重要的研究：Daniel Dennett, Noam Chomsky, Simon Liversedge, Hazel Blythe, Dan Mirman, Jenny Saffran, Larry Grobel, Daniel Swingley, Lina Zhou, Roberto Caminiti, Daniel Gilbert 和 Matt Mahoney。

谢谢华盛顿大学图书馆和西雅图公立图书馆，毫不夸张地说，我欠了你们的债。

谢谢 Graff Haley, Matt Richards, Catherine Imbriglio, Sarah Greenleaf, Randy Christian, Betsy Christian, 还要特别感谢 Greg Jensen，诸君阅读了本书初稿，并给予了反馈。

谢谢 AGNI 的 Sven Birkerts 和 Bill Pierce 发表了"离奇遭遇"一章的初期版本（当时名为《高压缩：生命的信息、亲密和熵》），感谢他们敏锐的编辑眼光和支持。

感谢我的经纪人，Zachary Shuster Harmsworth 出版社的 Janet Silver，她从第一天起就对我的项目坚信不疑，谢谢她始终如一的支持、智慧和热情。

感谢我的编辑，Bill Thomas 和 Melissa Danaczko，以及 Doubleday 团队的其余成员。谢谢他们专业的眼光，谢谢他们的信任，以及为本书诞生付出的辛苦劳动。

谢谢佛蒙特利普敦 Bread Loaf Writers' Conference、纽约 Saratoga Springs 的 Yaddo，以及新罕布什尔 Peterborough 的 MacDowell Colony 等组织提供的宝贵写作基金。对优秀作品的崇敬，让它们充盈着一种罕见的神圣感。

谢谢国会山和沃灵福德的咖啡馆，在西雅图的许多个早晨，我全靠咖啡接通大脑里的跳线呢。

谢谢 Osborn/Coleman 一家提供的住宿，干得好。

感谢 Michael Langan 拍摄的作者大头像。

谢谢 Philip Jackson，是他让我得以参加 2009 年洛伯纳大奖赛当人类卧底，也感谢同为卧底的 Dave Marks, Doug Peters 和 Olga Martirosian，能和你们一起展现人味，我很荣幸。

感谢我爸妈，Randy Christian 和 Betsy Christian，谢谢你们对我无条件的爱。

谢谢 Sarah Greenleaf，她功劳之大，不可估量。她清晰的头脑帮我快刀斩开了许多乱麻，她的勇气和热情，不光激励了本书，也激励了笔者。

谢谢每个对我言传身教的人，是你们教我知道人类到底是什么。

题词

David Foster Wallace, in interview with David Lipsky, *in Although of Course You End Up Becoming Yourself* (New York: Broadway Books ,2010).

Richard Wilbur, "The Beautiful Changes," *The Beautiful Changes andOther Poems* (New York:Reynal & Hitchcock, 1947).

Robert Pirsig, *Zen and the Art of Motorcycle Maintenance* (New York:Morrow, 1974).

Barack Obama, "Remarks by the President on the 'Education to Innovate' Campaign," press release, The White House, Office of the Press Secretary, November 23, 2009.

楔子

See, e.g., Neil J. A. Sloane and Aaron D. Wyner, "Biography of Claude Elwood Shannon," in *Claude Elwood Shannon: Collected Papers* (New York: IEEE Press, 1993).

第1章　序幕：最有人味的人

Alan Turing, "Computing Machinery and Intelligence," *Mind* 59,no. 236 (October 1950), pp. 433–460.

Turing initially introduces the Turing test by way of analogy to a game in which a judge is conversing over "teleprinter" with two *humans*, a man and a woman, both of whom are claiming to be the woman. Owing to some ambiguity in Turing's phrasing, it's not completely lear how strong of an analogy he has in mind; for example, is he suggesting that in the Turing test, a woman and a computer are both claiming specifically to be a woman? Some scholars have argued that the scientificcommunity has essentially swept this question of gender under the rug in the subsequent (gender-neutral) history of the Turing test, but in BBC radio interviews in 1951 and 1952, Turing makes it clear (using the word "man," which is gender-neutral in the context) that he is, in fact, talking about a *human* and a machine both claiming to be *human*, and therefore that the gender game was merely an example to help explain the basic premise at first. For an excellent discussion of the above, see Stuart Shieber, ed., *The Turing Test: Verbal Behavior as the Hallmark of Intelligence* (Cambridge, Mass.: MIT

Press, 2004).

Charles Platt, "What's It Mean to Be Human, Anyway?" *Wired*, no. 3.04 (April 1995).

Hugh Loebner's Home Page, www.loebner.net.

Hugh Loebner, letter to the editor, *New York Times*, August 18, 1994.

The Terminator, directed by James Cameron (Orion Pictures, 1984).

The Matrix, directed by Andy Wachowski and Larry Wachowski (Warner Bros., 1999).

Parsing the Turing Test, edited by Robert Epstein et al. (New York:Springer, 2008).

Robert Epstein, "From Russia, with Love," *Scientifi c American Mind*, October/November 2007.

97 percent of all email messages are spam: Darren Waters, citing a Microsoft security report, in "Spam Overwhelms E-Mail Messages," *BBC News*, April 8, 2009, ews.bbc.co.uk/2/hi/technology/7988579.stm.

Say, Ireland: Ireland consumes 25,120,000 megawatt hours of electricity annually, according to the CIA's *World Factbook*, www.cia.gov/library/publications/ the-world-factbook/rankorder/2042rank.html. The processing of spam email consumes 33,000,000 megawatt hours annually worldwide, according to McAfee, Inc., and ICF International's 2009 study, "The Carbon Footprint of Email Spam Report," newsroom.mcafee.com/images/10039/carbonfootprint2009.pdf.

David Alan Grier, *When Computers Were Human* (Princeton, N.J.: Princeton University Press, 2005).

Daniel Gilbert, *Stumbling on Happiness* (New York: Knopf, 2006).

Michael Gazzaniga, *Human: The Science Behind What Makes Us Unique* (New York: Ecco, 2008).

Julian K. Finn, Tom Tregenza, and Mark D. Norman, "Defensive Tool Use in a Coconut-Carrying Octopus," *Current Biology* 19, no. 23 (December 15, 2009), pp. 1069–1070.

Douglas R. Hofstadter, *Gödel, Escher, Bach: An Eternal Golden Braid* (New York: Basic Books, 1979).

Noam Chomsky, email correspondence (emphasis mine).

John Lucas, "Commentary on Turing's 'Computing Machinery and Intelligence,'" in Epstein et al., *Parsing the Turing Test*.

第2章 验明正身

Alix Spiegel, "'Voice Blind' Man Befuddled by Mysterious Callers," *Morning Edition*, National Public Radio, July 12, 2010.

17 David Kernell, posting (under the handle "rubico") to the message board www.4chan.org, September 17, 2008.

18 Donald Barthelme, "Not-Knowing," in *Not—Knowing: The Essays and Interviews of Donald Barthelme*, edited by Kim Herzinger (New York: Random House, 1997). Regarding "Bless Babel": Programmers have a concept called "security through diversity," which is basically the idea that a world with a number of different operating systems, spreadsheet programs,

etc., is more secure than one with a software "monoculture." The idea is that the effectiveness of a particular hacking technique is limited to the machines that "speak that language," the way that genetic diversity generally means that no single disease will wipe out an entire species. Modern operating systems are designed to be "idiosyncratic" about how certain critical sections of memory are allocated, so that each computer, even if it is running the same basic environment, will be a little bit different. For more, see, e.g., Elena Gabriela Barrantes, David H. Ackley, Stephanie Forrest, Trek S. Palmer, Darko Stefanovic, and Dino Dai Zovi, "Intrusion Detection: Randomized Instruction Set Emulation to Disrupt Binary Code Injection Attacks," *Proceedings of the 10th ACM Conference on Computer and Communication Security* (New York: ACM, 2003), pp. 281–289.

19 "Speed Dating with Yaacov and Sue Deyo," interview by Terry Gross, Fresh Air, National Public Radio, August 17, 2005. See also Yaacov Deyo and Sue Deyo, Speed Dating: *The Smarter, Faster Way to Lasting Love* (New York: HarperResource, 2002).

19 "Don't Ask, Don't Tell," season 3, episode 12 of *Sex and the City*, August 27, 2000.

20 For more on how the form/content problem in dating intersects with computers, see the excellent video by the Duke University behavioral economist Dan Ariely, "Why Online Dating Is So Unsatisfying," Big Think, July 7, 2010, bigthink.com/ideas/20749.

20 The 1991 Loebner Prize transcripts, unlike most other years, are unavailable through the Loebner Prize website. The Clay transcripts come by way of Mark Halpern, "The Trouble with the Turing Test," New Atlantis (Winter 2006). The Weintraub transcripts, and judge's reaction, come by way of P. J. Skerrett, "Whimsical Software Wins a Prize for Humanness," *Popular Science*, May 1992.

25 Rollo Carpenter, personal interview.

25 Rollo Carpenter, in "PopSci's Future of Communication: Cleverbot," Science Channel, October 6, 2009.

26 Bernard Reginster (lecture, Brown University, October 15, 2003).

26 "giving style to one's character": Friedrich Nietzsche, *The Gay Science*, translated by Walter Kaufman (New York: Vintage, 1974), sec. 290.

26 Jaron Lanier, *You Are Not a Gadget: A Manifesto* (New York: Knopf, 2010).

28 Eugene Demchenko and Vladimir Veselov, "Who Fools Whom?" in *Parsing the Turing Test*, edited by Robert Epstein et al. (New York: Springer, 2008).

29 *Say Anything...*, directed and written by Cameron Crowe (20th Century Fox, 1989).

29 Robert Lockhart, "Integrating Semantics and Empirical Language Data" (lecture at the Chatbots 3.0 conference, Philadelphia, March 27, 2010).

30 For more on Google Translate, the United Nations, and literature, see, e.g., David Bellos, "I, Translator," *New York Times*, March 20, 2010; and Miguel Helft, "Google's Computing Power Refines Translation Tool," *New York Times*, March 8, 2010.

30 *The Office*, directed and written by Ricky Gervais and Stephen Merchant,BBC Two, 2001–3.

31 Hilary Stout, "The End of the Best Friend," also titled "A Best Friend? You Must Be Kidding," *New York Times*, June 16, 2010.

34 *50 First Dates*, directed by Peter Segal (Columbia Pictures, 2004).

34 Jennifer E. Whiting, "Impersonal Friends," *Monist* 74 (1991), pp. 3–29. 也见 Jennifer E. Whiting, "Friends and Future Selves," *Philosophical Review* 95 (1986), pp. 547–580; and Bennett Helm, "Friendship," in *The Stanford Encyclopedia of Philosophy*, edited by Edward N. Zalta (Fall 2009 ed.).

35 Richard S. Wallace, "The Anatomy of A.L.I.C.E.," in Epstein et al., *Parsing the Turing Test*.

36 更多关于 MGonz 的内容，见 Mark Humphrys, "How My Program Passed the Turing Test," in Epstein et al., *Parsing the Turing Test*.

第3章 流浪的灵魂

39 Hiromi Kobayashi and Shiro Kohshima, "Unique Morphology of the Human Eye," *Nature* 387, no. 6635, June 19, 1997, pp. 767–768.

39 Michael Tomasello et al., "Reliance on Head Versus Eyes in the Gaze Following of Great Apes and Human Infants: The Cooperative Eye Hypothesis," *Journal of Human Evolution* 52, no. 3 (March 2007), pp. 314–320.

39 Gert-Jan Lokhorst, "Descartes and the Pineal Gland," in *The Stanford Encyclopedia of Philosophy*, edited by Edward N. Zalta (Spring 2009 ed.).

40 Carl Zimmer, *Soul Made Flesh: The Discovery of the Brain-and How It Changed the World* (New York: Free Press, 2004).

41 Karšu and the other terms: Leo G. Perdue, *The Sword and the Stylus: An Introduction to Wisdom in the Age of Empires* (Grand Rapids, Mich.: W. B. Eerdmans, 2008). See also Dale Launderville, *Spirit and Reason: The Embodied Character of Ezekiel's Symbolic Thinking* (Waco, Tex.: Baylor University Press, 2007).

41 "black wires grow on her head": The Shakespeare poem is the famous Sonnet 130, "My mistress' eyes are nothing like the sun..."

42 Hendrik Lorenz, "Ancient Theories of Soul," in *The Stanford Encyclopedia of Philosophy*, edited by Edward N. Zalta (Summer 2009 ed.).

42 "A piece of your brain": V. S. Ramachandran and Sandra Blakeslee, *Phantoms in the Brain: Probing the Mysteries of the Human Mind* (New York: William Morrow, 1998).

44 *All Dogs Go to Heaven*, directed by Don Bluth (Goldcrest, 1989).

44 *Chocolat*, directed by Lasse Hallström (Miramax, 2000).

46 Friedrich Nietzsche, *The Complete Works of Friedrich Nietzsche, Volume 4: The Will to Power, Book One and Two*, translated by Oscar Levy (London: George Allen and Unwin, 1924), sec. 75.

46 Aristotle, *The Nicomachean Ethics*, translated by J. A. K. Thomson and Hugh Tredennick (London: Penguin, 2004), 1178b5–25.

49 Claude Shannon, "A Symbolic Analysis of Relay and Switching Circuits" (master's thesis, Massachusetts Institute of Technology, 1940).

50 President's Commission for the Study of Ethical Problems in Medicine and Biomedical and

人机大战

340

Behavioral Research, *Defi ning Death: Medical, Legal, and Critical Issues in the Determination of Death* (Washington, D.C.: U.S. Government Printing Offi ce, 1981).

50 Ad Hoc Committee of the Harvard Medical School to Examine the Defi nition of Brain Death, "A Defi nition of Irreversible Coma," *Journal of the American Medical Association* 205, no. 6 (August 1968), pp. 337–340.

51 The National Conference of Commissioners on Uniform State Laws, Uniform Determination of Death Act (1981).

52 Michael Gazzaniga, "The Split Brain Revisited," *Scientifi c American* (2002). See also the numerous videos available on YouTube of Gazzaniga's interviews and research: "Early Split Brain Research: Michael Gazzaniga Interview," www.youtube.com/watch?v= 0lmfxQ - HK7Y; "Split Brain Behavioral Experiments," www.youtube.com/ watch?v=ZMLzP1VCANo; "Split-Brain Patients," www.youtube.com/ watch?v=MZnyQewsB_Y.

53 "You guys are just so *funny*": Ramachandran and Blakeslee, *Phantoms in the Brain*, citing Itzhak Fried, Charles L. Wilson, Katherine A. MacDonald, and Eric J. Behnke, "Electric Current Stimulates Laughter," Nature 391 (February 1998), p. 650.

54 a woman gave her number to male hikers: Donald G. Dutton and Arthur P. Aron, "Some Evidence for Heightened Sexual Attraction Under Conditions of High Anxiety," *Journal of Personality and Social Psychology* 30 (1974).

55 Oliver Sacks, *The Man Who Mistook His Wife for a Hat* (New York: Summit Books, 1985).

56 Ramachandran and Blakeslee, *Phantoms in the Brain*.

56 Ken Robinson, "Ken Robinson Says Schools Kill Creativity," TED.com.

57 Ken Robinson, "Transform Education? Yes, We Must," Huffi ngton Post, January 11, 2009.

58 Baba Shiv, "The Frinky Science of the Human Mind" (lecture, 2009).

58 Dan Ariely, *Predictably Irrational* (New York: Harper, 2008).

58 Dan Ariely, *The Upside of Irrationality: The Unexpected Benefi ts of Defying Logic at Work and at Home* (New York: Harper, 2010).

59 Daniel Kahneman, "A Short Course in Thinking About Thinking" (lecture series), Edge Master Class 07, Auberge du Soleil, Rutherford, Calif., July 20–22, 2007, www.edge.org/3rd_culture/kahneman07/ kahneman07_index.html.

60 Antoine Bechara, "Choice," *Radiolab, November 14, 2008.*

60 *Blade Runner*, directed by Ridley Scott (Warner Bros., 1982).

60 Philip K. Dick, *Do Androids Dream of Electric Sheep*? (Garden City, N.Y.: Doubleday, 1968).

62 William Butler Yeats, "Sailing to Byzantium," in *The Tower* (New York: Macmillan, 1928).

63 Dave Ackley, personal interview.

64 Ray Kurzweil, *The Singularity Is Near: When Humans Transcend Biology* (New York: Viking, 2005).

64 Hava Siegelmann, personal interview.

65 见 Jessica Riskin, "The Defecating Duck; or, The Ambiguous Origins of Artifi cial Life," *Critical Inquiry* 20, no. 4 (Summer 2003), pp. 599–633.

66   Roger Levy, personal interview.

67   Jim Giles, "Google Tops Translation Ranking," *Nature News*, November 7, 2006. See also Bill
      Softky, "How Google Translates Without Understanding," *The Register*, May 15, 2007; and the
      offi cial NIST results from 2006 at http://www.itl.nist.gov/iad/mig/tests/mt/2006/ doc/
      mt06eval offi cial results.html. It's worth noting that particularly in languages like German
      with major syntactical discrepancies from En glish, where a word in a sentence of the source
      language can appear in a very distant place in the sentence of the target language, a purely
      statistical approach is not quite as successful, and some hard-coding (or inference) of actual
      syntactical *rules* (e.g., "sentences generally have a 'subject' portion and a 'predicate'
      portion") will indeed help the translation software.

69   Randall C. Kennedy, "Fat, Fatter, Fattest: Microsoft's Kings of Bloat," InfoWorld, April 14,
      2008.

71   W. Chan Kim and Renée Mauborgne, *Blue Ocean Strategy: How to Create Uncontested Market
      Space and Make the Competition Irrelevant* (Boston: Harvard Business School Press, 2005).

72   awe: It appears that articles that inspire awe are the most likely to be emailed or become
      "viral," counter to popular thinking that fear, sex, and/or irony prevail online. See John
      Tierney, "People Share News Online That Inspires Awe, Researchers Find," *New York Times*,
      February 8, 2010, which cites the University of Pennsylvania's Jonah Berger and Katherine
      Milkman's study, "Social Transmission and Viral Culture."

第4章　定点专用与纯技术

75   Joseph Weizenbaum, *Computer Power and Human Reason: From Judgment to Calculation* (San
      Francisco: W. H. Freeman, 1976).

75   Joseph Weizenbaum, "ELIZA– a Computer Program for the Study of Natural Language
      Communication Between Man and Machine," *Communications of the Association for Computing
      Machinery* 9, no. 1 (January 1966), pp. 36–45.

75   To be precise, ELIZA was a software framework or paradigm developed by Weizenbaum, who
      actually wrote a number of different "scripts" for that framework. The most famous of these
      by far is the Rogerian therapist persona, which was called DOCTOR. However, "ELIZA
      running the DOCTOR script" is generally what people mean when they refer to "ELIZA,"
      and for brevity and ease of understanding I've followed the convention (used by
      Weizenbaum himself) of simply saying "ELIZA."

76   Kenneth Mark Colby, James B. Watt, and John P. Gilbert, "A Computer Method of
      Psychotherapy: Preliminary Communication," *Journal of Nervous and Mental Disease* 142, no. 2
      (February 1966).

76   Carl Sagan, in *Natural History* 84, no. 1 (January 1975), p. 10.

76   National Institute for Health and Clinical Excellence, "Depression and Anxiety:
      Computerised Cognitive Behavioural Therapy (CCBT)," www.nice.org.uk/guidance/TA97.

77   Dennis Greenberger and Christine A. Padesky, *Mind over Mood: Change How You Feel by*

Changing the Way You Think (New York: Guilford, 1995).

77 Sting, "All This Time," *The Soul Cages* (A&M, 1990).

78 Richard Bandler and John Grinder, *Frogs into Princes: Neuro Linguistic Programming* (Moab, Utah: Real People Press, 1979).

79 Weizenbaum, *Computer Power and Human Reason*.

79 Josué Harari and David Bell, introduction to *Hermes*, by Michel Serres (Baltimore: Johns Hopkins University Press, 1982).

80 Jason Fried and David Heinemeier Hansson, *Rework* (New York: Crown Business, 2010).

80 Timothy Ferriss, *The 4-Hour Workweek: Escape 9-5, Live Anywhere, and Join the New Rich* (New York: Crown, 2007).

82 Bill Venners, "Don't Live with Broken Windows: A Conversation with Andy Hunt and Dave Thomas," *Artima Developer*, March 3, 2003, www.artima.com/intv/fi xit.html.

83 U.S. Marine Corps, *Warfi ghting*.

83 "NUMMI," episode 403 of *This American Life*, March 26, 2010.

84 Studs Terkel, *Working: People Talk About What They Do All Day and How They Feel About What They Do* (New York: Pantheon, 1974).

85 Matthew B. Crawford, *Shop Class as Soulcraft: An Inquiry into the Value of Work* (New York: Penguin, 2009).

88 Robert Pirsig, *Zen and the Art of Motorcycle Maintenance* (New York: Morrow, 1974).

89 Francis Ponge, *Selected Poems* (Winston- Salem, N.C.: Wake Forest University Press, 1994).

89 Garry Kasparov, *How Life Imitates Chess* (New York: Bloomsbury, 2007).

90 Twyla Tharp, *The Creative Habit: Learn It and Use It for Life* (New York: Simon & Schuster, 2003).

90 "Australian Architect Becomes the 2002 Laureate of the Pritzker Architecture Prize," *Pritzker Architecture Prize*, www.pritzkerprize .com/laureates/2002/announcement.html.

90 "Life is not about maximizing everything" : From Geraldine O' Brien, "The Aussie Tin Shed Is Now a World- Beater," *Sydney Morning Herald*, April 15, 2002.

90 "One of the great problems of our period" : From Andrea Oppenheimer Dean, "Gold Medal: Glenn Murcutt" (interview), *Architectural Record*, May 2009.

91 "I think that one of the disasters" : Jean Nouvel, interviewed on *The Charlie Rose Show*, April 15, 2010.

91 "I fi ght for specifi c architecture" : From Jacob Adelman, "France's Jean Nouvel Wins Pritzker, Highest Honor for Architecture," Associated Press, March 31, 2008.

91 "I try to be a contextual architect" : *Charlie Rose*, April 15, 2010.

91 "It's great arrogance" : From Belinda Luscombe, "Glenn Murcutt: Staying Cool Is a Breeze," *Time*, August 26, 2002.

92 *My Dinner with Andre*, directed by Louis Malle (Saga, 1981).

92 *Before Sunrise*, directed by Richard Linklater (Castle Rock Entertainment, 1995).

92 Roger Ebert, review of *My Dinner with Andre*, January 1, 1981, at rogerebert.suntimes.com.

94 *Before Sunset*, directed by Richard Linklater (Warner Independent Pictures, 2004).

94　George Orwell, "Politics and the En glish Language," *Horizon* 13, no. 76 (April 1946), pp. 252–265.

98　Melinda Bargreen, "Violetta: The Ultimate Challenge," interview with Nuccia Focile, in program for Seattle Opera's *La Traviata*, October 2009.

第5章　摆脱"棋谱"

99　Paul Ekman, *Telling Lies: Clues to Deceit in the Marketplace, Politics, and Marriage* (New York: Norton, 2001).

99　Benjamin Franklin, "The Morals of Chess," *Columbian Magazine* (December 1786).

102　For Deep Blue engineer Feng-hsiung Hsu's take on the match, see *Behind Deep Blue: Building the Computer That Defeated the World Chess Champion* (Princeton, N.J.: Princeton University Press, 2002).

103　Neil Strauss, *The Game: Penetrating the Secret Society of Pickup Artists* (New York: ReganBooks, 2005).

103　Duchamp's quotation is attributed to two separate sources: Andy Soltis, "Duchamp and the Art of Chess Appeal," n.d., unidentifi ed newspaper clipping, object file, Department of Modern and Contemporary Art, Philadelphia Museum of Art; and Marcel Duchamp's address on August 30, 1952, to the New York State Chess Association; see Anne d'Harnoncourt and Kynaston McShine, eds., *Marcel Duchamp* (New York: Museum of Modern Art, 1973), p. 131. 104.Douglas R. Hofstadter, *Gödel, Escher, Bach: An Eternal Golden Braid* (New York: Basic Books, 1979).

104　"the conclusion that profoundly insightful chess-playing" : Douglas Hofstadter, summarizing the position taken by *Gödel, Escher, Bach* in the essay "Staring Emmy Straight in the Eye–and Doing My Best Not to Flinch," in David Cope, *Virtual Music: Computer Synthesis of Musical Style* (Cambridge, Mass.: MIT Press, 2001), pp. 33–82.

104　knight's training...Schwarzkopf: See David Shenk, *The Immortal Game* (New York: Doubleday, 2006).

104　"*The first time I*" : Hofstadter, quoted in Bruce Weber, "Mean Chess-Playing Computer Tears at the Meaning of Thought," *New York Times*, February 19, 1996.

104　"article in *Scientifi c American*" : Almost certainly the shocking Feng-hsiung Hsu, Thomas Anantharaman, Murray Campbell, and Andreas Nowatzyk, "A Grandmaster Chess Machine," *Scientifi c American*, October 1990.

105　"To some extent, this match is a defense of the whole human race" : Quoted by Hofstadter, "Staring Emmy Straight in the Eye," and attributed to a (since-deleted) 1996 article titled "Kasparov Speaks" at www.ibm.com.

105　"The sanctity of human intelligence" : Weber, "Mean Chess- Playing Computer."

105　David Foster Wallace (originally in reference to a tennis match), in "The String Theory," in *Esquire*, July 1996. Collected (under the title "Tennis Player Michael Joyce's Professional Artistry as a Paradigm of Certain Stuff about Choice, Freedom, Discipline, Joy, Grotesquerie, and Human Completeness") in *A Supposedly Fun Thing I'll Never Do Again* (Boston: Little, Brown, 1997).

106 "I personally guarantee": From the press conference after Game 6, as reported by Malcolm Pein of the London Chess Centre.

106 Claude Shannon, "Programming a Computer for Playing Chess," *Philosophical Magazine*, March 1950, the first paper ever written on computer chess.

107 Hofstadter, in Weber, "Mean Chess- Playing Computer."

107 Searle, in ibid.

107 "unrestrained threshold of excellence": Ibid.

108 Deep Blue didn't win it: As Kasparov said at the press conference, "The match was lost by the world champion [and not won by Deep Blue, was the implication] . . . Forget today's game. I mean, Deep Blue hasn't won a single game out of the five." Bewilderingly, he remarked, "It's not yet ready, in my opinion, to win a big contest." 113 checkmate in 262: See Ken Thompson, "The Longest: KRNKNN in 262," *ICGA Journal* 23, no. 1 (2000), pp. 35–36.

113 "*concepts do not always work*": James Gleick, "Machine Beats Man on Ancient Front," *New York Times*, August 26, 1986.

114 Michael Littman, quoted in Bryn Nelson, "Checkers Computer Becomes Invincible," msnbc. com, July 19, 2007.

114 Garry Kasparov, *How Life Imitates Chess* (New York: Bloomsbury, 2007).

116 Charles Mee, in "Shaped, in Bits, Drips, and Quips," *Los Angeles Times*, October 24, 2004; and in "About the (Re)Making Project," www.charlesmee.org/html/about.html.

116 "doesn't even count": From Kasparov's remarks at the post–Game 6 press conference.

117 Jonathan Schaeffer et al., "Checkers Is Solved," *Science* 317, no. 5844 (September 14, 2007), pp. 1518–1522. For more about Chinook, see Jonathan Schaeffer, *One Jump Ahead: Computer Perfection at Checkers* (New York: Springer, 2008).

118 Game 6 commentary available at the IBM website: www.research.ibm .com/deepblue/games/ game6/html/comm.txt.

121 Kasparov, *How Life Imitates Chess*.

123 Vin DiCarlo, "Phone and Text Game," at orders.vindicarlo.com/ noflakes.

123 "Once you have performed": Mystery, The Mystery Method: *How to Get Beautiful Women into Bed*, with Chris Odom (New York: St. Martin's, 2007).

123 Ted Koppel, in Jack T. Huber and Dean Diggins, *Interviewing Ameri-ca's Top Interviewers: Nineteen Top Interviewers Tell All About What They Do* (New York: Carol, 1991).

124 Schaeffer et al., "Checkers Is Solved."

126 "I decided to opt for unusual openings": Garry Kasparov, "Techmate," *Forbes*, February 22, 1999.

127 Bobby Fischer, interview on Icelandic radio station Útvarp Saga, October 16, 2006.

127 "pushed further and further in": From www.chess960.net.

130 Yasser Seirawan, in his commentary for the Kasparov–Deep Blue rematch, Game 4: www. research.ibm.com/deepblue/games/game4/html/comm.txt.

130 Robert Pirsig, *Zen and the Art of Motorcycle Maintenance* (New York: Morrow, 1974).

130 "Speed Dating with Yaacov and Sue Deyo," interview with Terry Gross, *Fresh Air*, National Public Radio, August 17, 2005. See also Yaacov Deyo and Sue Deyo, *Speed Dating: The Smarter, Faster Way to Lasting Love* (New York: HarperResource, 2002).

第6章 反专家

132 Garry Kasparov, *How Life Imitates Chess* (New York: Bloomsbury, 2007).

133 Jean-Paul Sartre, "Existentialism Is a Humanism," translated by Bernard Frechtman, reprinted (as "Existentialism") in *Existentialism and Human Emotions* (New York: Citadel, 1987).

134 Stephen Jay Gould, *Full House: The Spread of Excellence from Plato to Darwin* (New York: Harmony Books, 1996).

135 René Descartes, *Meditations on First Philosophy*.

135 *The Terminator*, directed by James Cameron (Orion Pictures, 1984).

135 *The Matrix*, directed by Andy Wachowski and Larry Wachowski (Warner Bros., 1999).

136 Douglas R. Hofstadter, *Gödel, Escher, Bach: An Eternal Golden Braid* (New York: Basic Books, 1979).

137 Mark Humphrys, "How My Program Passed the Turing Test," in *Parsing the Turing Test*, edited by Robert Epstein et al. (New York: Springer, 2008).

137 V. S. Ramachandran and Sandra Blakeslee, *Phantoms in the Brain: Probing the Mysteries of the Human Mind* (New York: William Morrow, 1998).

138 Alan Turing, "On Computable Numbers, with an Application to the Entscheidungsproblem," *Proceedings of the London Mathematical Society*, 1937, 2nd ser., 42, no. 1 (1937), pp. 230–265.

139 Ada Lovelace's remarks come from her translation (and notes thereupon) of Luigi Federico Menabrea's "Sketch of the Analytical Engine Invented by Charles Babbage, Esq.," in *Scientifi c Memoirs*, edited by Richard Taylor (London, 1843).

139 Alan Turing, "Computing Machinery and Intelligence," *Mind* 59, no. 236 (October 1950), pp. 433–460.

139 For more on the idea of "radical choice," see, e.g., Sartre, "Existentialism Is a Humanism," especially Sartre's discussion of a painter wondering "what painting ought he to make" and a student who came to ask Sartre's advice about an ethical dilemma.

140 Aristotle's arguments: See, e.g., *The Nicomachean Ethics*.

140 For a publicly traded company: Nobel Prize winner, and (says the Economist) "the most infl uential economist of the second half of the 20th century," Milton Friedman wrote a piece in the *New York Times Magazine* in 1970 titled "The Social Responsibility of Business Is to Increase Its Profi ts." The title makes his thesis pretty clear, but Friedman is careful to specify that he means *public* companies: "The situation of the individual proprietor is somewhat different. If he acts to reduce the returns of his enterprise in order to exercise his 'social responsibility' [or in general to do anything whose end is ultimately something other than

profit], he is spending his own money, not someone else's...That is his right, and I cannot see that there is any objection to his doing so."

141 Antonio Machado, "Proverbios y cantares," in *Campos de Castilla* (Madrid: Renacimiento, 1912).

141 Will Wright, quoted in Geoff Keighley, "Simply Divine: The Story of Maxis Software," *GameSpot*, www.gamespot.com/features/maxis/ index.html.

141 Ludwig Wittgenstein, *Philosophical Investigations*, translated by G. E. M. Anscombe (Malden, Mass.: Blackwell, 2001).

141 "Unless a man": Bertrand Russell, *The Conquest of Happiness* (New York: Liveright, 1930).

143 Allen Ginsberg, interviewed by Lawrence Grobel, in Grobel's *The Art of the Interview: Lessons from a Master of the Craft* (New York: Three Rivers Press, 2004).

144 Dave Ackley, personal interview.

144 Jay G. Wilpon, "Applications of Voice- Processing Technology in Telecommunications," in *Voice Communication Between Humans and Machines*, edited by David B. Roe and Jay G. Wilpon (Washington, D.C.: National Academy Press, 1994).

145 Timothy Ferriss, *The 4-Hour Workweek: Escape 9-5, Live Anywhere, and Join the New Rich* (New York: Crown, 2007).

146 Stuart Shieber, personal interview. Shieber is the editor of the excellent volume *The Turing Test: Verbal Behavior as the Hallmark of Intelligence* (Cambridge, Mass.: MIT Press, 2004), and his famous criticism of the Loebner Prize is "Lessons from a Restricted Turing Test," *Communications of the Association for Computing Machinery*, April 1993.

147 "The art of general conversation": Russell, *Conquest of Happiness*.

148 Shunryu Suzuki, *Zen Mind, Beginner's Mind* (Boston: Shambhala, 2006).

148 "Commence relaxation": This was from a television ad for Beck's beer. For more information, see Constance L. Hays, "Can Teutonic Qualities Help Beck's Double Its Beer Sales in Six Years?" *New York Times*, November 12, 1998.

148 Bertrand Russell, " 'Useless' Knowledge," in *In Praise of Idleness, and Other Essays* (New York: Norton, 1935); emphasis mine.

148 Aristotle on friendship: In *The Nicomachean Ethics*, specifically books 8 and 9. See also Richard Kraut, "Aristotle's Ethics," in *The Stanford Encyclopedia of Philosophy*, edited by Edward N. Zalta (Summer 2010 ed.). Whereas Plato argues in *The Republic* that "the fairest class [of things is] that which a man who is to be happy [can] love both for its own sake and for the results," Aristotle insists in *The Nicomachean* Ethics that any element of instrumentality in a relationship weakens the quality or nature of that relationship.

149 Philip Jackson, personal interview.

149 *Sherlock Holmes*, directed by Guy Ritchie (Warner Bros., 2009).

第7章 干扰

150 Steven Pinker, *The Language Instinct: How the Mind Creates Language* (New York: Morrow, 1994). For more on how listener feedback affects storytelling, see, e.g., Janet B. Bavelas, Linda Coates, and Trudy Johnson, "Listeners as Co- narrators," *Journal of Personality and Social Psychology* 79, no. 6 (2000), 941–952.

150 Bernard Reginster, personal interview. See also Reginster's colleague, philosopher Charles Larmore, who in *The Romantic Legacy* (New York: Columbia University Press, 1996), argues, "We can see the signifi cance of Stendhal's idea [in *Le rouge et le noir*] that the distinctive thing about being natural is that it is *unrefl ective*." Larmore concludes: "The importance of the Romantic theme of authenticity is that it disabuses us of the idea that life is necessarily better the more [and longer] we think about it."

151 Alan Turing, "Computing Machinery and Intelligence," *Mind* 59, no. 236 (October 1950), pp. 433–460.

152 John Geirland, "Go with the Flow," interview with Mihaly Csikszentmihalyi, Wired 4.09 (September 1996).

152 Mihaly Csikszentmihalyi, *Flow: The Psychology of Optimal Experience* (New York: Harper & Row, 1990). See also Mihaly Csikszentmihalyi, *Creativity: Flow and the Psychology of Discovery and Invention* (New York: HarperCollins, 1996); and Mihaly Csikszentmihalyi and Kevin Rathunde, "The Measurement of Flow in Everyday Life: Towards a Theory of Emergent Motivation," in *Developmental Perspectives on Motivation: Nebraska Symposium on Motivation, 1992*, edited by Janis E. Jacobs (Lincoln: University of Nebraska Press, 1993).

154 Dave Ackley, "Life Time," *Dave Ackley's Living* Computation, www.ackleyshack.com/lc/d/ai/time.html.

155 Stephen Wolfram, "A New Kind of Science" (lecture, Brown University, 2003); Stephen Wolfram, *A New Kind of Science* (Champaign, Ill.: Wolfram Media, 2002).

155 Hava Siegelmann, *Neural Networks and Analog Computation: Beyond the Turing Limit* (Boston: Birkhäuser, 1999).

155 Michael Sipser, *Introduction to the Theory of Computation* (Boston: PWS, 1997).

156 Ackley, "Life Time."

156 Noam Chomsky, *Aspects of the Theory of Syntax* (Cambridge, Mass.: MIT Press, 1965).

156 Herbert H. Clark and Jean E. Fox Tree, "Using *Uh* and *Um* in Spontaneous Speaking," *Cognition* 84 (2002), pp. 73–111. See also Jean E. Fox Tree, "Listeners' Uses of *Um* and *Uh* in Speech Comprehension," *Memory & Cognition* 29, no. 2 (2001), pp. 320–26.

158 The first appearance of the word "satisficing" in this sense is Herbert Simon, "Rational Choice and the Structure of the Environment," *Psychological Review* 63 (1956), pp. 129–138.

158 Brian Ferneyhough, quoted in Matthias Kriesberg, "A Music So Demanding That It Sets You Free," *New York Times*, December 8, 2002.

158 Tim Rutherford-Johnson, "Music Since 1960: Ferneyhough: Cassandra's Dream Song,"

Rambler, December 2, 2004, johnsonsrambler.wordpress .com/2004/12/02 /music-since-1960-ferneyhough-cassandras-dream -song.

159 "Robert Medeksza Interview— Loebner 2007 Winner," *Ai Dreams*, aidreams.co.uk/forum/index.php?page=67.

160 Kyoko Matsuyama, Kazunori Komatani, Tetsuya Ogata, and Hiroshi G. Okuno, "Enabling a User to Specify an Item at Any Time During System Enumeration: Item Identification for Barge-In-Able Conversational Dialogue Systems," *Proceedings of the International Conference on Spoken Language Processing* (2009).

160 Brian Ferneyhough, in Kriesberg, "Music So Demanding."

161 David Mamet, *Glengarry Glen Ross* (New York: Grove, 1994).

161 For more on back-channel feedback and the (previously neglected) role of the listener in conversation, see, e.g., Bavelas, Coates, and Johnson, "Listeners as Co-narrators."

162 Jack T. Huber and Dean Diggins, *Interviewing America's Top Interviewers: Nineteen Top Interviewers Tell All About What They Do* (New York: Carol, 1991).

163 Clark and Fox Tree, "Using Uh and Um."

163 Clive Thompson, "What Is I.B.M.'s Watson?" *New York Times*, June 14, 2010.

163 Nikko Ström and Stephanie Seneff, "Intelligent Barge-In in Conversational Systems," *Proceedings of the International Conference on Spoken Language Processing* (2000).

169 Jonathan Schull, Mike Axelrod, and Larry Quinsland, "Multichat: Persistent, Text-as-You-Type Messaging in a Web Browser for Fluid Multi-person Interaction and Collaboration" (paper presented at the Seventh Annual Workshop and Minitrack on Persistent Conversation, Hawaii International Conference on Systems Science, Kauai, Hawaii, January 2006).

171 Deborah Tannen, *That's Not What I Meant! How Conversational Style Makes or Breaks Relationships* (New York: Ballantine, 1987).

171 For more on the breakdown of strict turn-taking in favor of a more collaborative model of speaking, and its links to everything from intimacy to humor to gender, see, e.g., *Jennifer* Coates, "Talk in a Play Frame: More on Laughter and Intimacy," Journal of Pragmatics 39 (2007), pp. 29–49; and Jennifer Coates, "No Gap, Lots of Overlap: Turn- Taking Patterns in the Talk of Women Friends," in *Researching Language and Literacy in Social Context*, edited by David Graddol, Janet Maybin, and Barry Stierer (Philadelphia: Multilingual Matters, 1994), pp. 177–192.

第8章　世界上最糟糕的证人

174 Albert Mehrabian, *Silent Messages* (Belmont, Calif.: Wadsworth, 1971).

175 For more on telling stories backward, see, e.g., Tiffany McCormack, Alexandria Ashkar, Ashley Hunt, Evelyn Chang, Gent Silberkleit, and R. Edward Geiselman, "Indicators of Deception in an Oral Narrative: Which Are More Reliable?" *American Journal of Forensic Psychology* 30, no. 4 (2009), pp. 49–56.

175 For more on objections to form, see, e.g., Paul Bergman and Albert Moore, *Nolo's Deposition Handbook* (Berkeley, Calif.: Nolo, 2007). For additional research on lie detection in the realm of electronic text, see, e.g., Lina Zhou, "An Empirical Investigation of Deception Behavior in Instant Messaging," *IEEE Transactions on Professional Communication* 48, no. 2 (2005), pp. 147–160.

176 "unasking" of the question: This phrasing comes from both Douglas R. Hofstadter, *Gödel, Escher, Bach: An Eternal Golden Braid* (New York: Basic Books, 1979), and Robert Pirsig, *Zen and the Art of Motorcycle Maintenance* (New York: Morrow, 1974). Pirsig also describes mu using the metaphor of a digital circuit's "high impedance" (a.k.a. "floating ground") state: neither 0 nor 1.

177 Eben Harrell, "Magnus Carlsen: The 19-Year-Old King of Chess," Time, December 25, 2009.

178 Lawrence Grobel, *The Art of the Interview: Lessons from a Master of the Craft* (New York: Three Rivers Press, 2004).

178 For more on the topic of our culture's rhetorical "minimax" attitude, see, e.g., Deborah Tannen, *The Argument Culture* (New York: Random House, 1998).

180 Paul Ekman, *Telling Lies: Clues to Deceit in the Marketplace, Politics, and Marriage* (New York: Norton, 2001).

181 Leil Lowndes, *How to Talk to Anyone* (London: Thorsons, 1999).

181 Neil Strauss, *The Game: Penetrating the Secret Society of Pickup Artists* (New York: ReganBooks, 2005).

181 Larry King, *How to Talk to Anyone, Anytime, Anywhere* (New York: Crown, 1994).

181 Dale Carnegie, *How to Win Friends and Influence People* (New York: Pocket, 1998).

185 David Foster Wallace, *Infinite Jest* (Boston: Little, Brown, 1996).

188 Melissa Prober, personal interview.

188 Mike Martinez, personal interview.

190 David Sheff, personal interview.

191 Ekman, *Telling Lies*.

192 Will Pavia tells his story of being fooled in the 2008 Loebner Prize competition in "Machine Takes on Man at Mass Turing Test," *Times* (London), October 13, 2008.

194 Dave Ackley, personal interview. 9. *Not Staying Intact*

第9章　并非原封不动

196 Bertrand Russell, *The Conquest of Happiness* (New York: Liveright, 1930).

196 Racter, *The Policeman's Beard Is Half Constructed* (New York: Warner Books, 1984).

198 David Levy, Roberta Catizone, Bobby Batacharia, Alex Krotov, and Yorick Wilks, "CONVERSE: A Conversational Companion," *Proceedings of the First International Workshop of Human–Computer Conversation* (Bellagio, Italy, 1997).

198 Yorick Wilks, "On Whose Shoulders?" (Association for Computational Linguistics Lifetime Achievement Award speech, 2008).

199 Thomas Whalen, "Thom's Participation in the Loebner Competition1995; or, How I Lost the Contest and Re-evaluated Humanity," thomwhalen. com- ThomLoebner1995.html. 200 The PARRY and ELIZA transcript comes from their encounter on September 18, 1972.

201 Michael Gazzaniga, *Human: The Science Behind What Makes Us Unique* (New York: Ecco, 2008).

201 Mystery, The Mystery Method: *How to Get Beautiful Women into Bed*, with Chris Odom (New York: St. Martin's, 2007).

201 Ross Jeffries, in "Hypnotists," *Louis Theroux's Weird Weekends*, BBC Two, September 25, 2000.

202 Richard Bandler and John Grinder, *Frogs into Princes: Neuro Linguistic Programming* (Moab, Utah: Real People Press, 1979).

202 Will Dana, in Lawrence Grobel, *The Art of the Interview: Lessons from a Master of the Craft* (New York: Three Rivers Press, 2004).

202 David Sheff, personal interview.

203 Racter, *Policeman's* Beard.

204 Ludwig Wittgenstein, *Philosophical Investigations*, translated by G. E. M. Anscombe (Malden, Mass.: Blackwell, 2001).

204 My money-and that of many others: See also the famous 1993 accusation by early blogger (in fact, inventor of the term "weblog") Jorn Barger: " 'The Policeman's Beard' Was Largely Prefab！" www.robot wisdom. com/ai/racterfaq. html.

204 a YouTube video: This particular video has since been pulled down, but I believe it was Leslie Spring of Cognitive Code Corporation and his bot SILVIA.

205 Salvador Dalí, "Preface: Chess, It's Me," translated by Albert Field, in Pierre Cabanne, *Dialogues with Marcel Duchamp* (Cambridge, Mass.: Da Capo, 1987).

205 Richard S. Wallace, "The Anatomy of A.L.I.C.E.," in *Parsing the Turing Test*, edited by Robert Epstein et al. (New York: Springer, 2008).

205 Hava Siegelmann, personal interview.

205 George Orwell, "Politics and the En glish Language," *Horizon* 13, no. 76 (April 1946), pp. 252–265.

206 Roger Levy, personal interview.

206 Dave Ackley, personal interview.

206 *Freakonomics* (Levitt and Dubner, see below) notes that "the Greater Dallas Council on Alcohol and Drug Abuse has compiled an extraordinarily entertaining index of cocaine street names."

207 Harold Bloom, *The Anxiety of Infl uence: A Theory of Poetry* (New York: Oxford University Press, 1973).

207 Ezra Pound's famous battle cry of modernism, "Make it new," comes from his translation of the Confucian text *The Great Digest*, a.k.a. *The Great Learning*.

207 Garry Kasparov, *How Life Imitates Chess* (New York: Bloomsbury, 2007).

207 Sun Tzu, *The Art of War*, translated by John Minford (New York: Penguin, 2003).

208 The phrase "euphemism treadmill" comes from Steven Pinker, *The Blank Slate* (New York: Viking, 2002). See also W. V. Quine, "Euphemism," in Quiddities: *An Intermittently Philosophical Dictionary* (Cambridge, Mass.: Belknap, 1987).

208 The controversy over Rahm Emanuel's remark appears to have originated with Peter Wallsten, "Chief of Staff Draws Fire from Left as Obama Falters," *Wall Street Journal, January 26, 2010.*

208 Rosa's Law, S.2781, 2010.

208 "Mr. Burton's staff" : Don Van Natta Jr., "Panel Chief Refuses Apology to Clinton," *New York Times,* April 23, 1998.

209 Will Shortz, quoted in Jesse Sheidlower, "The Dirty Word in 43 Down," *Slate Magazine,* April 6, 2006.

209 Steven D. Levitt and Stephen J. Dubner, *Freakonomics: A Rogue Economist Explores the Hidden Side of Everything* (New York: William Morrow, 2005).

209 Guy Deutscher, *The Unfolding of Language: An Evolutionary Tour of Mankind's Greatest Invention* (New York: Metropolitan Books, 2005).

210 Joseph Weizenbaum, *Computer Power and Human Reason: From Judgment to Calculation* (San Francisco: W. H. Freeman, 1976).

210 The effect that photons have on the electrons they are measuring is called the Compton effect; the paper where Heisenberg uses this to lay the foundation for his famous "uncertainty principle" is "Über den anschaulichen Inhalt der quantentheoretischen Kinematik und Mechanik," *Zeitschrift für Physik* 43 (1927), pp. 172–98, available in English in *Quantum Theory and Measurement,* edited by John Archibald Wheeler and Wojciech Hubert Zurek (Princeton, N.J.: Princeton University Press, 1983).

210 Deborah Tannen's *That's Not What I Meant! How Conversational Style Makes or Breaks Relationships* (New York: Ballantine, 1987) has illuminating sample dialogues of how trying to ask a question "neutrally" can go horribly wrong.

210 A famous study on wording and memory, and the one from which the car crash language is taken, is from Elizabeth F. Loftus and John C. Palmer, "Reconstruction of Automobile Destruction: An Example of the Interaction Between Language and Memory," *Journal of Verbal Learning and Verbal Behavior* 13, no. 5 (October 1974), pp. 585–589.

211 For more on the "or not" wording, see, e.g., Jon Krosnick, Eric Shaeffer, Gary Langer, and Daniel Merkle, "A Comparison of Minimally Balanced and Fully Balanced Forced Choice Items" (paper presented at the annual meeting of the American Association for Public Opinion Research, Nashville, August 16, 2003).

211 For more on how asking about one dimension of life can (temporarily) alter someone's perception of the rest of their life, see Fritz Strack, Leonard Martin, and Norbert Schwarz, "Priming and Communication: Social Determinants of Information Use in Judgments of Life Satisfaction," *European Journal of Social Psychology* 18, no. 5 (1988), pp. 429–442. Broadly, this is referred to as a type of "focusing illusion."

211 Robert Creeley and Archie Rand, *Drawn & Quartered* (New York: Granary Books, 2001).

211 Marcel Duchamp, *Nude Descending a Staircase*, No. 2 (1912), Philadelphia Museum of Art.

212 Hava Siegelmann, *Neural Networks and Analog Computation: Beyond the Turing Limit* (Boston: Birkhäuser, 1999).

212 Ackley, personal interview.

213 Plato, *Symposium*, translated by Benjamin Jowett, in *The Dialogues of Plato, Volume One* (New York: Oxford University Press, 1892).

213 Phil Collins, "Two Hearts," from *Buster: The Original Motion Picture Soundtrack*.

213 John Cameron Mitchell and Stephen Trask, *Hedwig and the Angry Inch*, directed by John Cameron Mitchell (Killer Films, 2001).

214 Spice Girls, "2 Become 1," *Spice* (Virgin, 1996).

214 *Milk*, directed by Gus Van Sant (Focus Features), 2008.

215 Kevin Warwick, personal interview.

215 Thomas Nagel, "What Is It Like to Be a Bat?" *Philosophical Review* 83, no. 4 (October 1974), pp. 435–50.

216 Douglas R. Hofstadter, *I Am a Strange Loop* (New York: Basic Books, 2007).

216 Gazzaniga, *Human*.

217 Russell, *Conquest of Happiness*.

217 Roberto Caminiti, Hassan Ghaziri, Ralf Galuske, Patrick Hof, and Giorgio Innocenti, "Evolution Amplified Processing with Temporally Dispersed Slow Neuronal Connectivity in Primates," *Proceedings of the National Academy of Sciences* 106, no. 46 (November 17, 2009), pp. 19551–19556.

218 The Bach cantata is 197, "Gott ist unsre Zuversicht." For more, see Hofstadter's *I Am a Strange Loop*.

218 Benjamin Seider, Gilad Hirschberger, Kristin Nelson, and Robert Levenson, "We Can Work It Out: Age Differences in Relational Pronouns, Physiology, and Behavior in Marital Conflict," *Psychology and Aging* 24, no. 3 (September 2009), pp. 604–613.

第10章　离奇遭遇

222 Claude Shannon, "A Mathematical Theory of Communication," *Bell System Technical Journal* 27 (1948), pp. 379–423, 623–656.

223 average American teenager: Katie Hafner, "Texting May Be Taking a Toll," *New York Times*, May 25, 2009.

226 The two are in fact related: For more information on the connections between Shannon (information) entropy and thermodynamic entropy, see, e.g., Edwin Jaynes, "Information Theory and Statistical Mechanics," Physical Review 106, no. 4, (May 1957), pp. 620–630; and Edwin Jaynes, "Information Theory and Statistical Mechanics II," *Physical Review* 108, no. 2 (October 1957), pp. 171–190.

228 Donald Barthelme, "Not-Knowing," in Not- Knowing: *The Essays and Interviews of Donald Barthelme*, edited by Kim Herzinger (New York: Random House, 1997).

229 Jonathan Safran Foer, *Extremely Loud and Incredibly Close* (Boston:Houghton Miffl in, 2005).

229 The cloze test comes originally from W. Taylor, "Cloze procedure: A New Tool for Measuring Readability," *Journalism Quarterly* 30 (1953), pp. 415–433.

231 Mystery, *The Mystery Method: How to Get Beautiful Women into Bed*, with Chris Odom (New York: St. Martin' s, 2007).

232 Scott McDonald and Richard Shillcock, "Eye Movements Reveal the On- Line Computation of Lexical Probabilities During Reading," *Psychological Science* 14, no. 6, (November 2003), pp. 648–652.

232 Keith Rayner, Katherine Binder, Jane Ashby, and Alexander Pollatsek, "Eye Movement Control in Reading: Word Predictability Has Little Infl uence on Initial Landing Positions *in* Words" (emphasis mine, as they reference its effects on words). *Vision Research* 41, no. 7 (March 2001), pp. 943–954. For more on entropy' s effect on reading, see Keith Rayner, "Eye Movements in Reading and Information Processing: 20 Years of Research," Psychological Bulletin 124, No. 3, (November 1998), pp. 372–422; Steven Frisson, Keith Rayner, and Martin J. Pickering, "Effects of Contextual Predictability and Transitional Probability on Eye Movements During Reading," *Journal of Experimental Psychology: Learning, Memory, and Cognition* 31, No. 5 (September 2005), pp. 862–877; Reinhold Kliegl, Ellen Grabner, Martin Rolfs, and Ralf Engbert, "Length, Frequency, and Predictability Effects of Words on Eye Movements in Reading," *European Journal of Cognitive Psychology* 16, nos. 1–2 (January–March 2004), pp. 262–284.

233 Laurent Itti and Pierre Baldi, "Bayesian Surprise Attracts Human Attention," *Vision Research* 49, no. 10 (May 2009), pp. 1295–1306. See also, Pierre Baldi and Laurent Itti, "Of Bits and Wows: A Bayesian Theory of Surprise with Applications to Attention," *Neural Networks* 23, no. 5 (June 2010), pp. 649–666; Linda Geddes, "Model of Surprise Has 'Wow' Factor Built In," *New Scientist*, January 2009; Emma Byrne, "Surprise Moves Eyes," Primary Visual Cortex, October 2008; T. Nathan Mundhenk, Wolfgang Einhäuser, and Laurent Itti, "Automatic Computation of an Image' s Statistical Surprise Predicts Performance of Human Observers on a Natural Image Detection Task," *Vision Research* 49, no. 13 (June 2009), pp. 1620–1637.

233 al Qaeda videos: In Kim Zetter, "Researcher' s Analysis of al Qaeda Images Reveals Surprises," *Wired*, August 2, 2007.

233 fashion industry: Neal Krawetz, "Body by Victoria," *Secure Computing* blog, www. hackerfactor.com/blog/index.php?/archives/322-Body-By -Victoria.html.

236 T. S. Eliot, "The Love Song of J. Alfred Prufrock," Poetry, June 1915.

237 Marcel Duchamp, *Fountain* (1917).

238 C .D. Wright, "Tours," in *Steal Away* (Port Townsend, Wash.: Copper Canyon Press, 2002).

238 Milan Kundera, *The Unbearable Lightness of Being* (New York: Harper & Row, 1984).

238 David Shields, quoted in Bond Huberman, "I Could Go On Like This Forever," *City Arts*, July 1, 2008.

238 Roger Ebert, review of *Quantum of Solace*, November 12, 2008, at rogerebert.suntimes.com.

239 Matt Mahoney, "Text Compression as a Test for Artificial Intelligence," *Proceedings of the Sixteenth National Conference on Artificial Intelligence and the Eleventh Innovative Applications of Artificial Intelligence Conference* (Menlo Park, Calif.: American Association for Artificial Intelligence, 1999). See also Matt Mahoney, *Data Compression Explained* (San Jose, Calif.: Ocarina Networks, 2010), www.mattmahoney.net/dc/dce.html. 239 Annie Dillard, *An American Childhood* (New York: Harper & Row,1987).

240 Eric Hayot, in "Somewhere Out There," episode 374 of *This American Life*, February 13, 2009.

240 *Three Colors: White*, directed by Krzysztof Kie'slowski (Miramax, 1994).

240 David Bellos, "I, Translator," *New York Times*, March 20, 2010.

241 Douglas R. Hofstadter, *Gödel, Escher, Bach: An Eternal Golden Braid* (New York: Basic Books, 1979).

242 "Six Years Later: The Children of September 11," *The Oprah Winfrey Show*, September 11, 2007.

242 George Bonanno, "Loss, Trauma, and Human Resilience: Have We Underestimated the Human Capacity to Thrive After Extremely Adverse Events?" *American Psychologist* 59, no. 1 (January 2004), pp. 20–28. See also George Bonanno, *The Other Side of Sadness: What the New Science of Bereavement Tells Us About Life After Loss* (New York: Basic Books, 2009). 243 Robert Pirsig, *Zen and the Art of Motorcycle Maintenance* (New York: Morrow, 1974).

245 It's widely held: See, e.g., papers by the University of Edinburgh's Sharon Goldwater, Brown University's Mark Johnson, UC Berkeley's Thomas Griffiths, the University of Wisconsin's Jenny Saffran, the Moss Rehabilitation Research Institute's Dan Mirman, and the University of Pennsylvania's Daniel Swingley, among others.

246 ugene Charniak, personal interview.

246 Shannon, "Mathematical Theory of Communication."

246 *The American Heritage Book of English Usage: A Practical and Authoritative Guide to Contemporary English* (Boston: Houghton Mifflin, 1996).

247 "attorney general": These three examples taken from Bill Bryson, *The Mother Tongue: English and How It Got That Way* (New York: Morrow, 1990).

247 Dave Matthews Band, "You and Me," Big *Whiskey and the GrooGrux King* (RCA, 2009).

248 Norton Juster, *The Phantom Tollbooth* (New York: Epstein & Carroll, 1961).

248 Guy Blelloch, "Introduction to Data Compression," manuscript, 2001.

249 David Foster Wallace, "Authority and American Usage," in *Consider the Lobster* (New York: Little, Brown, 2005).

251 Takeshi Murata, "Monster Movie" (2005).

251 Kanye West, "Welcome to Heartbreak," directed by Nabil Elderkin (2009).

252 Kundera, *Unbearable Lightness of Being*.

253 Hofstadter, *Gödel, Escher, Bach*.

256 Kundera, *Unbearable Lightness of Being*.

257 Timothy Ferriss, interview with Leon Ho, *Stepcase Lifehack*, June 1, 2007.

257 Heather McHugh, "In Ten Senses: Some Sentences About Art's Senses and Intents" (lecture,

University of Washington, Solomon Katz Distinguished Lectures in the Humanities, December 4, 2003).

257 Forrest Gander, *As a Friend* (New York: New Directions, 2008).

258 Claude Shannon, "Prediction and Entropy of Printed En glish," Bell *System Technical Journal* 30, no. 1 (1951), pp. 50–64.

259 Shannon, "Mathematical Theory of Communication."

第11章　结论：最有人味的人

260 David Levy, *Love and Sex with Robots* (New York: HarperCollins, 2007).

262 Robert Epstein, "My Date with a Robot," *Scientifi c American Mind*, June/July 2006.

262 Garry Kasparov, *How Life Imitates Chess* (New York: Bloomsbury, 2007).

263 Ray Kurzweil, *The Singularity Is Near: When Humans Transcend Biology* (New York: Viking, 2005).

264 bacteria rule the earth: See Stephen Jay Gould, *Full House: The Spread of Excellence from Plato to Darwin* (New York: Harmony Books 1996). *Epilogue: The Unsung Beauty of the Glassware Cabinet.*

267 The idea of the Cornell box dates back to Cindy M. Goral, Kenneth E. Torrance, Donald P. Greenberg, and Bennett Battaile, "Modeling the Interaction of Light Between Diffuse Surfaces," *Computer Graphics (SIGGRAPH Proceedings)* 18, no. 3 (July 1984), pp. 213–222.

267 Devon Penney, personal interview.

269 Eduardo Hurtado, "Instrucciones para pintar el cielo" ("How to Paint the Sky"), translated by Mónica de la Torre, in *Connecting Lines: New Poetry from Mexico*, edited by Luis Cortés Bargalló and Forrest Gander (Louisville, Ky.: Sarabande Books, 2006).

270 Bertrand Russell, "In Praise of Idleness," *in In Praise of Idleness, and Other Essays* (New York: Norton, 1935).

译后记

时间过得真快，本书中文版第一版刚出那年，我在译后记里赞美过的 Translate Tool Kit（译员工作包），到今年，也就是 2019 年 12 月 4 日，便正式停止服务。从 2009 年到 2019 年这 10 年间，谷歌为机器翻译数次更换过算法，其中，以神经网络算法更新之后带来的翻译能力提升最大。西方语系之间的互译，准确率已经非常之高。与此同时，国内的科技企业，也在英汉和汉英翻译上大下功夫，到我撰写这篇小文的时候，以网易有道词典的长句翻译准确率最高，一段浅显的话，基本上能译对九成。人工译员已经进入不能不与机器合作翻译的阶段了。

2012 年的时候，本书还介绍了机器算法怎样强行破解国际象棋的棋局。没过多久的 2016 年，AlphaGo 战胜韩国棋手李世石，自此以后棋力一路绝尘而去，人类棋手再也无法与之一较长短。而由此带来的另一个意料之外但又情理之中的事情是，在各种人工智能围棋软件的帮助下，人类棋手的棋力，在这几年里突飞猛进。

既然技术领域的突破如此之快，5 年后再版这本讲述人工智能的意义在哪里呢？那就是：我们作为人的内核，在这 5 年里丝毫未变；而我们所遭遇的人性上的困境，在技术的裹挟下，非但未能松绑突围，反倒变本加厉地造就人与人之间的隔阂，让"人味儿"大大地退步了。在2019年这个时间点，我们过分地热衷于跟自己的手机进行交互。哪怕我们彼此正置身同一时空，我们也宁可放弃跟对方聊天，而是不停地刷新手里的智能手机。尤其是更年轻一代的"数码原住民"，简直丧失了对活生生的"人"的兴趣。这种局面，在2012年翻译这本书的时候，我从不曾想象到。那时候的大家，对"人际交流"，还有着迫切的渴望。

我不知道这本书的读者，到底是"文科生"多一些，还是"理科生"多一些。照我的观察，"文科生"们一般会对技术保持本能的怀疑，而"理科生"们秉持"死理性派"的态度多一些，认为技术能解决一切。而这本书很好地在技术和人文背景中找到了平衡，通过对技术的介绍，转过头来审视作为"人"的种种特点。

希望这次的新版，能通过出版和营销技术的推进，抵达更多人的心。

最后，是我一贯留在书尾的话：由于译者水平有限，或一时的疏忽，可能会出现一些错译、曲解的地方。如读者在阅读过程中发现不妥之处，或是有心得愿意分享，请一定和我联系，豆瓣上搜索我翻译的任何一本书，都可找到我的豆瓣小站。

闲　佳
2019 年秋